国家自然科学基金项目资助（31870389）

白蚁转录组数据处理与机器学习

Transcriptome Data Processing and Machine Learning for Termites

叶晨旭　苏晓红　邢连喜◎著

世界图书出版公司
西安　北京　上海　广州

图书在版编目（CIP）数据

白蚁转录组数据处理与机器学习 / 叶晨旭，苏晓红，邢连喜著. —西安 : 世界图书出版西安有限公司，2023.1
ISBN 978-7-5232-0110-7

Ⅰ.①白… Ⅱ.①叶… ②苏… ③邢… Ⅲ.①等翅目—社会性昆虫—动物生态学—研究 Ⅳ.①Q969.29

中国版本图书馆CIP数据核字（2023）第008331号

书　　名	白蚁转录组数据处理与机器学习 BAIYI ZHUANLUZU SHUJU CHULI YU JIQI XUEXI
主　　编	叶晨旭　苏晓红　邢连喜
策　　划	王　冰
责任编辑	王　冰
出版发行	世界图书出版西安有限公司
地　　址	西安市雁塔区曲江新区汇新路355号
邮　　编	710061
电　　话	029-87214941　029-87233647（市场营销部） 029-87234767（总编室）
网　　址	http://www.wpcxa.com
邮　　箱	xast@wpcxa.com
经　　销	全国各地新华书店
印　　刷	陕西龙山海天艺术印务有限公司
开　　本	787mm × 1092mm　1/16
印　　张	15
字　　数	280千字
版次印次	2023年1月第1版　2023年1月第1次印刷
国际书号	ISBN 978-7-5232-0110-7
定　　价	168.00元

内容简介

Introduction

白蚁是已知的最古老的社会性昆虫，具有复杂和显著的品级分化。白蚁社会性生存是最神奇的生物学事件之一，白蚁巢群发育也一直是研究者关注的焦点。本书以散白蚁属 *Reticulitermes* 为代表，揭示了不同品级（生殖蚁、工蚁和兵蚁）性腺发育的特征，并基于散白蚁发育、转录组数据与机器学习交叉结合，对散白蚁巢群结构和发育进行预测。本书给出了不同于以往的针对白蚁的研究方法，使用机器学习各类经典模型来预测蚁巢内的品级结构和生存状态，并对各个模型的优劣进行了讨论，尤其是对基于深度学习构建的模型进行了大量尝试和比较。本书可作为广大白蚁研究人员，尤其是非生物信息学的研究人员，进行非模式动物大数据处理、代码编程和深度学习研究的参考资料，为白蚁的研究带来了未来交叉发展的方向，也为白蚁防治行业从业者了解白蚁品级发育和巢群生存策略以及深刻理解白蚁防治工作的复杂性提供了通俗易懂、图文并茂的介绍，为今后开展精准和高效的白蚁防治提供了依据。

序

Preface

与高等白蚁相比，低等白蚁是完美的研究白蚁发育可塑性的类群，其中散白蚁属 *Reticulitermes* 更是人们关注最多的类群。我国是世界上白蚁资源丰富的国家之一，已知 4 科 44 属 473 种，其中散白蚁属有 111 种。散白蚁是危害世界建筑和林木的主要蚁种之一[①②]。同时，白蚁在全球植物材料降解和碳循环中起着非常重要的作用，是地球上重要的生物反应器之一；白蚁巢保湿和恒温的功能有助于稳定全球气候变化下的生态系统[③④⑤]。因此，我们对白蚁进行深入和持久的研究是非常必要的。

由于白蚁是非遗传多型性的社会性昆虫，转录组数据是白蚁研究者首先需要建立和使用的数据库。对于非生物信息学的研究人员而言，转录组的数据分析处理往往只能交给转录组测序公司完成，对转录组的了解仅限于相应结题报告中的组间表达量差异分析。由于缺乏对转录组的深入了解，他们往往不知道每一具体步骤获得

---

① 黄复生．中国动物志，昆虫纲，第十七卷，等翅目 [M]. 北京：科学出版社，2000.

② 程冬保，杨兆芬．白蚁学 [M]. 北京：科学出版社，2014.

③ Bonachela JA, Pringle RM, Sheffer E. Coverdale TC, Guyton JA, Caylor KK. Termite mounds can increase the robustness of dryland ecosystems to climatic change[J]. Science, 2015, 347: 651–655.

④ Ashton LA, Griffiths HM, Parr CL, et al. Termites mitigate the effects of drought in tropical rainforest[J]. Science, 2019, 363: 174–177.

⑤ Wu C, Ulyshen MD, Shu C, etal. Stronger effects of termites than microbes on wood decomposition in a subtropical forest[J]. Forest Ecology and Mangagement, 2021, 493: 1–10.

的结果所代表的含义，无法充分利用转录组测序数据完成自己的个性化分析，甚至不知道可以用转录组来做些什么，浪费了大量人力和物力。在处理非模式动物的转录组及后续分析方面，尚未有一本书可以带领非生物信息学的研究人员独立地完成一次实战。少数相关书籍也往往只注重原理和算法，缺乏完整的软件使用实例和函数参数讲解，让人难以在自己的电脑上着手使用。比如，这些书籍对于某一步骤在个人电脑上需要运行数周这件事只字不提。

本书首次以散白蚁发育为模型，提供了从原始数据处理开始到后续个性化分析的一整套流程，以简洁明了、易懂的方式阐述每一步骤的目的，并给出了具体运行代码以及运行结果展示，还针对实际操作过程中出现步骤运行时间过长、报错解决等方面的问题提出了建议，使得读者可以切实地在个人电脑上进行操作并将结果运用于自己的实验中，这将为想要学习独立处理转录组原始数据的读者节约至少数百小时的时间。

本书给出了不同于以往的对于白蚁的研究方式，使用了机器学习的各类经典模型来预测白蚁巢内的品级结构和生存状态，比如白蚁巢中是否有蚁后存在，并对各个模型的优劣进行了讨论，尤其是对深度学习模型构建部分进行了大量尝试和比较。最终建立的模型可以在无需挖掘白蚁巢的情况下，以极小的代价就可以得知巢中有无生殖蚁，节省了大量人力和物力，为白蚁的研究带来了便利和未来交叉发展的方向，具有重要的学术价值。同时，本书基于白蚁发育、转录组数据与机器学习学科交叉，可以进行白蚁巢群结构和发育预测，为精准防治提供依据，适于广大白蚁研究和防治从业人员使用，对白蚁（尤其是散白蚁）防治和监测工作有积极的开拓意义。

本书内容基于作者多年研究积累，希望我们拍摄的散白蚁发育照片能让读者更容易了解白蚁品级发育机制和巢群生存策略，以及深刻理解白蚁防治工作的复杂性。将当代人工智能的核心技术“机器学习”应用到白蚁巢群结构预测，这是我们新的尝试和探索。由于白蚁（尤其是散白蚁）品级发育和巢群适应对策的复杂性，以及作者的研究涉及有限，书中不足之处在所难免，恳请读者和同行指正。

2023 年 1 月 1 日于西北大学

目录

Contents

第 1 章 白蚁品级分化和发育

1.1 白蚁品级的类型及外部形态 / 002

1.1.1 工蚁 / 003

1.1.2 兵蚁 / 003

1.1.3 生殖蚁 / 003

1.2 品级分化途径 / 008

1.3 生殖蚁、工蚁和兵蚁的性腺发育 / 009

1.3.1 生殖蚁、工蚁和兵蚁的卵巢发育 / 010

1.3.2 生殖蚁、工蚁和兵蚁的卵子发生 / 011

1.3.3 生殖蚁、工蚁和兵蚁的精巢发育 / 014

1.3.4 生殖蚁、工蚁和兵蚁的精子发生 / 015

1.4 工蚁向生殖蚁转化的可塑性 / 017

1.4.1 工蚁向生殖蚁转化的发育途径 / 018

1.4.2 工蚁向生殖蚁转化的卵巢发育及卵子发生 / 020

1.4.3 工蚁生殖可塑性的分子机制 / 023

第 2 章 原始数据的处理

2.1 原始数据的概览 / 034

2.2 原始数据的过滤 / 035

2.3 原始数据的组装 / 040
2.3.1 从头组装软件：Trinity / 040
2.3.2 使用 Trinity 对原始数据进行组装 / 043
2.3.3 用 iAssembler 处理欠拼接问题 / 049
2.4 获得蛋白编码序列（CDS）/ 052
2.4.1 CDS 基础介绍 / 052
2.4.2 用 transdecoder 预测 ORF / 054
2.4.3 使用 diamond 建立索引 / 055
2.4.4 进行氨基酸序列比对和核酸序列比对 / 057
2.4.5 用 hmmer 进行基于 hmm 的蛋白数据库比对 / 059
2.4.6 用 TransDecoder.Predict 预测 CDS / 062
2.5 使用 biowtie2 和 samtools 获得原始计数 / 064
2.5.1 获取原始计数流程简介 / 064
2.5.2 代码实例 / 066
2.6 使用 emapper 进行注释 / 078
2.6.1 关于 emapper 和 eggnog / 080
2.6.2 代码实例 / 081
2.7 温故而知新 / 086

第 3 章 组间差异基因分析

3.1 使用 DESeq2 包筛选差异基因 / 088
3.1.1 安装 R 包 / 088
3.1.2 导入原始计数文件 / 089
3.1.3 使用 DESeq2 包 / 089
3.1.4 筛选结果 / 091
3.2 创建自己的物种注释包 / 093
3.2.1 导入注释表格 / 093
3.2.2 创建 unigene 到 GOID 的映射表格 / 094
3.2.3 创建 unigene 到 KOID 的映射表格 / 096

3.2.4 生成注释包 / 099
3.3 表达量显著差异基因富集分析 / 100
3.3.1 表达量显著差异基因的 GO 富集 / 100
3.3.2 GO 的基因集富集分析（gsea） / 104
3.3.3 表达量显著差异基因的 KEGG 富集 / 108
3.3.4 KEGG 的基因集富集分析（gsea） / 111

第 4 章 构建分类模型

4.1 构建数据集 / 116
4.1.1 计算 rpkm / 116
4.1.2 根据 gsea 结果筛选 GOID / 117
4.1.3 构建表达量数据集 / 118
4.2 随机森林 / 122
4.3 支持向量机 / 127
4.3.1 寻找合适的参数 / 128
4.3.2 构建 svm 模型 / 130
4.4 KNN / 131
4.5 判别分析 / 134
4.5.1 线性判别 lda / 135
4.5.2 非线性判别 qda / 138
4.6 梯度提升机 / 140
4.6.1 安装 H2O 包 / 140
4.6.2 导入数据集 / 143
4.6.3 构建 GBM 模型 / 144
4.6.4 搜索合适的参数来改善模型 / 150
4.7 深度学习（基于 H2O 包） / 155
4.7.1 神经网络简介 / 155
4.7.2 激活函数 / 157
4.7.3 构建神经网络模型 / 158
4.7.4 超参数搜索 / 168

第5章 基于 Keras 的深度学习

5.1 Keras 简介 / 178
5.2 再次处理数据集 / 179
5.3 用 Keras 构建第一个神经网络模型 / 180
5.3.1 搭建一个全连接网络模型 / 180
5.3.2 了解你的神经网络层 / 182
5.3.3 编译模型 / 183
5.3.4 训练模型 / 183
5.3.5 使用模型来预测新数据集 / 185
5.4 卷积神经网络 / 186
5.4.1 认识卷积层 / 186
5.4.2 池化操作 / 186
5.4.3 使用卷积神经网络 / 187
5.4.4 改变数据格式 / 189
5.4.5 训练模型 / 190
5.5 循环神经网络 / 192
5.5.1 循环神经网络简介 / 192
5.5.2 使用一个简单的 RNN / 193
5.5.3 LSTM 和 GRU / 195
5.6 一维卷积 / 205
5.7 深度可分离卷积 / 208
5.8 双向循环神经网络 / 210
5.9 函数 API / 213
5.9.1 函数 API 简介 / 213
5.9.2 利用函数 API 构建多输入模型 / 214
5.9.3 在训练中加入 Tensorboard / 219
5.10 将新数据用于 qda 和 GBM 模型 / 221
5.10.1 qda / 222
5.10.2 GBM 模型 / 222

参考文献 / 227

第 1 章

白蚁品级分化和发育

在所有的社会性昆虫中，白蚁尤其是低等白蚁具有最复杂和显著的品级分化（生殖蚁、工蚁和兵蚁）。白蚁社会性生存进化一直是最神奇的生物学事件之一，它们独特的社群结构和有效的品级分化方式是维持其种群稳定和物种延续的基本保证。尤其工蚁具有生殖可塑性，当巢群缺乏生殖蚁和兵蚁时，可以根据巢群需要向补充生殖蚁或兵蚁转化，工蚁是巢群存活和发展必不可少的品级。工蚁生殖的可塑性对于调节和维持巢群内最优化的群体结构具有最重要的作用，也体现着白蚁种群内特殊的生存策略。白蚁品级发育远要比人们了解的复杂，非常令人惊讶，这些隐蔽而生动的“小精灵”，为了维持巢群生存和发展，历经 2 亿年的进化，构成如此紧密而有序的社会结构。

1.1 白蚁品级的类型及外部形态

白蚁是多态的社会性昆虫，蚁巢内不是简单的个体聚集，而是有非常严密的组织和严格的劳动分工(见图 1-1)。在同一巢群内有不同品级的分化,由于品级的不同，所处的地位不同、分工也不同[①]。白蚁由于个体之间的分化和相互合作而构成了极其复杂的品级结构和相互关系，群体内形成明确的品级形式执行完全不同的职能，因此“分工合作”是白蚁在生态学上高度进化的一个重要特征。通常白蚁巢群内有三个品级：生殖蚁（reproductives）、工蚁（workers）和兵蚁（soldiers），三者在形态上表现出与功能相适应的显著差异。非生殖型的工蚁和兵蚁不参与生殖，可以使个体在发育时消耗较少的能量，也能增强劳动能力，对蚁群的发展具有重要作用。

图 1-1　散白蚁巢内有形态和功能不同的品级

① 黄复生．中国动物志，昆虫纲，第十七卷，等翅目 [M]. 北京：科学出版社，2000.

1.1.1 工蚁

工蚁对于维持巢群的结构和生存具有决定性的作用，我们认为工蚁才是巢群的主宰，而不是蚁后。工蚁是巢内数量最多的品级，可达巢群个体数目的 90% 以上（见图 1–2）。成熟蚁巢中数以万计的工蚁构建了庞大而又细致的劳作体系，它们修建巢穴、寻觅食物、清理致病微生物、喂养其他个体（如蚁后、幼蚁和兵蚁）、确保卵孵化等。虽然工蚁眼睛退化，没有视觉功能，但它们有敏锐的化学感受器和触觉感受器，因此在巢穴内从事这些复杂的工作时极其有序。工蚁在外部形态上与兵蚁和生殖蚁有着明显差异，身体没有特化出显著特别的结构，始终保持类似幼体的形态，身体随着蜕皮次数增加而增大。工蚁是巢群内唯一具有发育可塑性的品级，当巢内缺乏生殖蚁和兵蚁时，工蚁可以转化为补充生殖蚁和兵蚁。

1.1.2 兵蚁

兵蚁的数量与巢群大小有关，通常在 1% ~ 10%（见图 1–2）。兵蚁分布在蚁巢的不同位置，仅在成虫婚飞的时候，人们可以看到大量兵蚁聚集在分飞孔周围。兵蚁口器特化，具有异常发达的上颚，这是它们用于防御的工具。上颚颜色比较深，犹如巨大的钳子，可以绞杀入侵的异巢白蚁和天敌。由于口器特化为“武器”，兵蚁失去自己取食的能力，需要工蚁喂养。兵蚁是巢群的保卫者，除执行防御工作外，不从事群体内的其他工作。

1.1.3 生殖蚁

生殖蚁（蚁后和蚁王）的生殖器官发育成熟，尤其是雌性生殖蚁，其逐渐增大的卵巢使得腹部不断膨胀，这种身体的增大，并不是通过蜕皮完成的，而是节间膜极度延伸而成。原始生殖蚁在建巢初期承担繁殖和劳动功能，但随着巢内工蚁的出现和生殖蚁性腺增大，生殖蚁只具有繁殖后代的功能，同时它们释放信息素抑制补充生殖蚁的产生以维持巢群平衡。与工蚁和兵蚁相比，生殖蚁在巢群中的数量最少。散白蚁的一个巢内通常有多个蚁后，这也是散白蚁种群扩散力强的原因之一。当生殖蚁生殖能力下降或个体死亡时，必定要有新的补充生殖蚁产生，否则巢群无法存活和扩展，最终会完全灭亡。原始生殖蚁和补充生殖蚁在来源以及形态上是不同的，通常根据蚁后的形态就可以了解巢群发育的基本情况。

原始生殖蚁（primary reproductives），包括原始蚁后和原始蚁王，是长翅成虫在婚飞季节一起分飞出原巢，经过追逐配对和脱翅后的个体（见图 1–2）。雌虫成为蚁后，雄虫成为蚁王，它们是新巢的创建者。原始生殖蚁初期的体色为黑色或深褐色，体壁角质化程度很高，有发达的复眼和单眼，中胸和后胸有残存的翅鳞。随着卵巢的极度发育，蚁后的腹部会逐渐膨胀增大，显示其日渐增强的生殖能力。成虫不是全年性分飞，

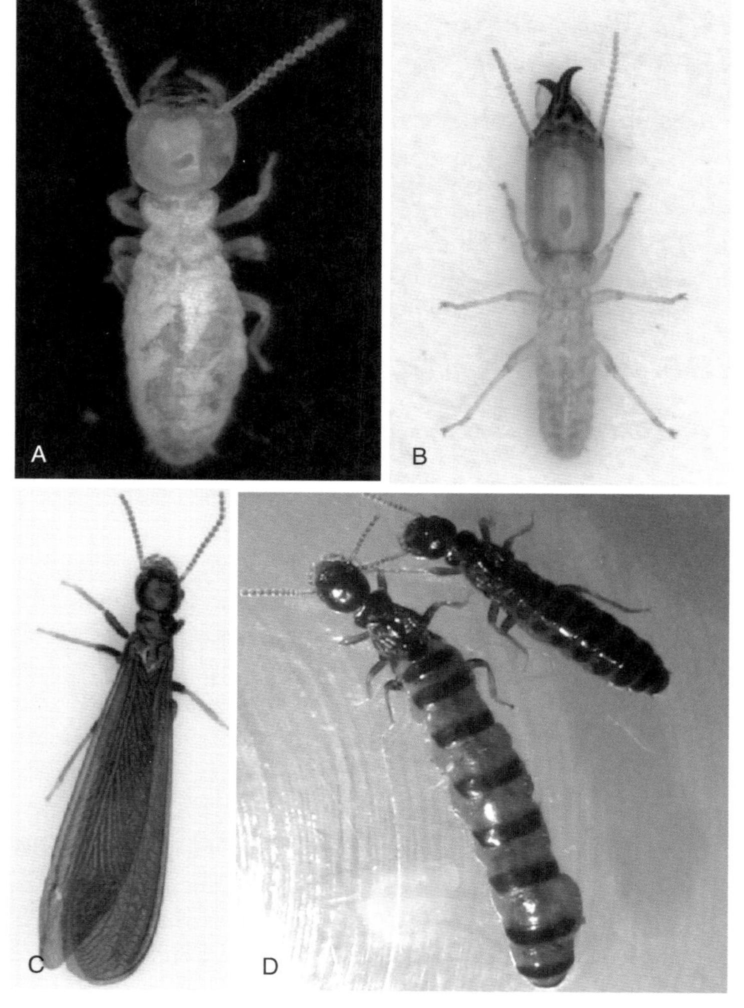

图 1–2　散白蚁工蚁、兵蚁和原始生殖蚁外部形态

A：工蚁；B：兵蚁；C：分飞出原巢的成虫；D：原始蚁后（腹部膨大）和原始蚁王

而是有特定的分飞季节，比如尖唇散白蚁 *Reticulitermes aculabialis* 在陕西省西安市分飞发生于 4 月底至 5 月初，黄胸散白蚁 *R. flaviceps* 在 4 月中旬分飞。成虫分飞过程会受诸多因素的影响，如天敌的捕食、雌雄比例、病原体感染、气温和湿度等，99% 以上的成虫因死亡而不能成功创建新的群体。

当巢群内的原始生殖蚁生殖能力下降或个体死亡，或者当巢群需要扩张时，巢内可以产生补充生殖蚁（neotenic reproductives）。与原始生殖蚁不同，补充生殖蚁由若蚁和工蚁蜕皮发育而来，它们的身体颜色与工蚁的体色更接近。散白蚁的一个巢群内可以有多个蚁后共存，即使在一个仅有百头个体的小巢群内，常可以看到 2 ～ 3 头蚁后共存（见图 1–3）。大多数成熟巢群是由补充生殖蚁承担繁衍任务，我们统计了 5 个野外巢群，只有 1 个蚁巢内有原始生殖蚁，其余 4 个蚁巢内均为补充生殖蚁①。补充生殖蚁对巢群的稳定和扩张起着长期重要的作用。

图 1–3 散白蚁一个野外巢内可以有多个补充生殖蚁（蚁后）

① 刘明花，张小晶，薛薇，等．圆唇散白蚁补充生殖蚁的类型与建群能力 [J]. 昆虫学报，2014, 57(11): 1328-1334.

散白蚁有三种类型的补充生殖蚁：

（1）无翅型补充生殖蚁（apterous neotenic reproductives）

无翅型补充生殖蚁由工蚁转化产生（见图 1–4）。刚转化而来的补充生殖蚁，腹部细长，身体麦黄色，雌性第七腹板呈明显的圆弧状并覆盖于第八和第九腹板上，有的种类头顶上有深棕色色素沉积带。随着卵巢发育，雌性补充生殖蚁腹部会明显膨胀[①]。

（2）翅芽型补充生殖蚁（brachypterous neotenic reproductives）

翅芽型补充生殖蚁由若蚁经过蜕皮转化而来（见图 1–4）。翅芽型补充生殖蚁具有翅芽，体色为麦色，节间膜延伸，翅芽基部为深棕色，有的种类头部有深棕色条纹。

（3）拟成虫型补充生殖蚁（adultoid reproductives）

拟成虫型补充生殖蚁由末龄若蚁经过蜕皮发育而来（见图 1–4）。刚羽化时体色为乳白色，随后为枯草色；羽化后的翅比较透明、柔软，没有飞行能力，不会飞离原巢。翅会在一周左右脱落并在中胸和后胸留下两对黑褐色的翅痕，有的种类头部有深棕色条纹状的色素沉淀。与长翅成虫个体相比，拟成虫型补充生殖蚁骨化程度低，并且色素沉淀很轻，身体颜色浅。在陕西中部圆唇散白蚁 *R. labralis* 的末龄若蚁出现在 8 月至第二年 4 月。4 月至 5 月是圆唇散白蚁长翅成虫分飞的季节，巢中所有的末龄若蚁在这个时期蜕皮羽化为大量长翅成虫和少量拟成虫。长翅成虫只有在分飞季节才会产生，而拟成虫型补充生殖蚁在巢群需要时就可以由末龄若蚁转化形成[②③]。并不是所有种类的散白蚁在巢群内可以产生拟成虫型补充生殖蚁，比如

---

① Su X, Yang X, Li J, et al. The transition path from female workers to neotenic reproductives in the termite *Reticulitermes labralis*[J]. *Evolution & Development,* 2017, 19: 218–226.

② Su XH, Xue W, Liu H, et al. The development of adultoid reproductives and brachypterous neotenic reproductives from the last instar nymphs in *Reticulitermes labralis* (Isoptera: Rhinotermitidae): a comparative study[J]. Journal of Insect Science, 2015, (1): 1.

③ Su X, Liu H, Yang X, et al. Characterization of the transcriptomes and cuticular protein gene expression of alate adult, brachypterous neotenic and adultoid reproductives of *Reticulitermes labralis*[J]. Scientific Reports, 2016, 6: 34183, 1–9.

圆唇散白蚁可以产生拟成虫型补充生殖蚁，而我们在尖唇散白蚁中没有发现有此类型的补充生殖蚁出现。

图 1–4　圆唇散白蚁三种类型补充生殖蚁的形态

A：无翅型补充生殖蚁；B：翅芽型补充生殖蚁；C：拟成虫型补充生殖蚁（有软的长翅）；D：拟成虫型补充生殖蚁（翅脱落）

1.2 品级分化途径

研究者普遍认为，在卵期并不包含决定品级分化的某种特殊的因素，品级分化现象是在卵期以后的发育阶段中才出现的，称为“非遗传多型性”。早在半个世纪前 Buchli（1958）为北美散白蚁 *R. flavipes* 建立了基本发育途径并提出了品级发育的可塑性，即卵孵化后经过 2 个龄期幼蚁发育途径开始向两个方向分化：一种是若蚁途径（生殖型途径），长翅成虫就是由此途径产生并经过婚飞配对建立新巢成为原始蚁后和蚁王，也可形成补充生殖蚁；另一种是工蚁途径，工蚁发育有三种可能的结果：①维持工蚁品级，②经过 2 次蜕皮转化为兵蚁，③经过蜕皮成为补充生殖蚁（见图 1-5）。近年的研究发现，散白蚁的雌性工蚁和雄性工蚁参与生殖的方式非常不同，雌性工蚁必须经过蜕皮转化为补充生殖蚁之后才具有生殖能力，而雄性工蚁不经过转化维持原有形态就可以直接参与交配生殖[①②]。兵蚁是品级分化的终极形式，不具有向工蚁或生殖蚁转化的可塑性。我们对尖唇散白蚁和圆唇散白蚁的研究也证实散白蚁的确遵循了这种品级分化模式，并且发现雌性工蚁转化成为补充生殖蚁需要经历两次蜕皮，这个过程与若蚁转化成补充生殖蚁相比，更加复杂，需要的时间更长。雌性工蚁转化成补充生殖蚁通常需要 4 周左右，而若蚁转化为补充生殖蚁仅需要 1 周的时间。

---

① Fujita A, Watanabe H. Inconspicuous matured males of worker form are produced in orphaned colonies of *Reticulitermes speratus* (Isoptera: Rhinotermitidae) and participate in reproduction[J]. Journal of Insect Physiology, 2010, 56(11): 1510–1515.

② Su X, Yang X, Li J, et al. The transition path from female workers to neotenic reproductives in the termite *Reticulitermes labralis*[J]. Evolution & Development, 2017, 19: 218–226.

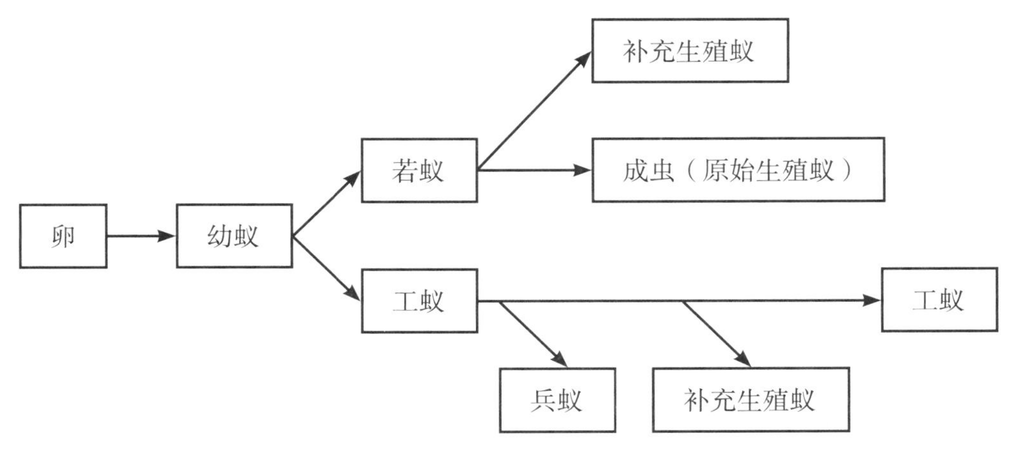

图 1–5　散白蚁品级分化途径

1.3 生殖蚁、工蚁和兵蚁的性腺发育

生殖能力的分化是社会性昆虫最主要的特征①，白蚁也是同样如此。在白蚁巢群中，生殖能力的分化达到了极端，一部分个体在发育中增强了生殖能力、失去自我生活能力而成为生殖机器，即“蚁后和蚁王”；另一部分个体生殖能力被抑制或完全不育成为“工蚁和兵蚁”。令人着迷的是，工蚁虽然自身不育，但是可以根据巢群的需要转化成为生殖蚁。兵蚁是品级分化的终极形式，不再具有成为其他品级的可能性。不同品级间生殖能力的差异必定是与性腺发育水平的不同有

① Shimada K, Maekawa K. Changes in endogenous cellulase gene expression levels and reproductive characteristics of primary and secondary reproductives with colony development of the termite *Reticulitermes speratus* (Isoptera: Rhinotermitidae)[J]. Journal of Insect Physiology, 2010, 56:1118–1124.

直接关系，尤其在生殖细胞发育上体现最明显[①②③④]。生殖蚁具有发育充分的卵巢和精巢，以及完整的卵子发生和精子发生过程；兵蚁虽然也具有卵巢和精巢，但由于极度退化，导致丧失了生殖可能性。工蚁的情况比较复杂，雌性工蚁必须转化成为雌性补充生殖蚁才具有生殖能力，卵母细胞也才能够发育成熟，而雄性工蚁本身可以产生大量精子，因此不需要转化成为补充生殖蚁就能直接参与交配。能够完成卵子和精子发生的过程、产生卵和精子是个体具备生殖能力的基础，在这里我们以散白蚁为例，比较生殖蚁、工蚁和兵蚁的生殖细胞发育水平，可以解释导致不同品级间产生生殖能力差异的原因。

1.3.1 生殖蚁、工蚁和兵蚁的卵巢发育

白蚁有一对卵巢，呈梭形，每个卵巢由多条卵巢管组成，卵子发生在卵巢管内完成（见图 1-6）。我们可以清楚看到卵母细胞按照发育顺序整齐排列在卵巢管中，生殖蚁的卵母细胞积累卵黄之后，卵巢管末端膨大可见成熟卵子。生殖蚁的卵巢最大，兵蚁的最小，尖唇散白蚁分飞成虫卵巢的长度是工蚁（老龄工蚁）的 2 倍，是兵蚁的 6 倍；宽度是工蚁的 2 倍，是兵蚁的 3 倍[⑤]。这些数据表明工蚁向兵蚁转化过程中卵巢进一步退化，兵蚁卵巢极度退化使其丧失了成为补充生殖蚁的可能性。圆唇散白蚁工蚁转化为补充生殖蚁之后，补充生殖蚁卵巢长度和宽度分别是工蚁的

① 董丹，苏晓红，邢连喜．类雄激素受体在尖唇散白蚁繁殖蚁和工蚁卵子发生中的免疫细胞化学表达 [J]. 昆虫学报，2008, 51（7）:769-773.

② 苏晓红，邢连喜，阴灵芳．雌激素受体在白蚁精子发生过程中的表达 [J]. 分子细胞生物学报，2007, 40（2）:230-235.

③ 苏晓红，王云霞，魏艳红，等．类雄激素受体在尖唇散白蚁繁殖蚁和工蚁精子发生中的免疫细胞化学定位 [J]. 昆虫学报，2010, 53（2）：221-225.

④ 苏晓红，刘晓，吴佳，等．Bcl-2-like 和 Bax-like 蛋白在白蚁生殖蚁和工蚁精子发生过程中的表达比较分析 [J]. 昆虫学报，2011, 54（10）:1104-1110.

⑤ Su XH, Wei YH, Liu MH. Ovarian development and modes of apoptosis during oogenesis in various castes of the termite *Reticulitermes aculabialis*[J]. Physiological Entomology, 2014, 39: 44-52.

2.5 倍和 3 倍[①]。很显然，与生殖蚁的卵巢相比，工蚁卵巢发育被抑制。

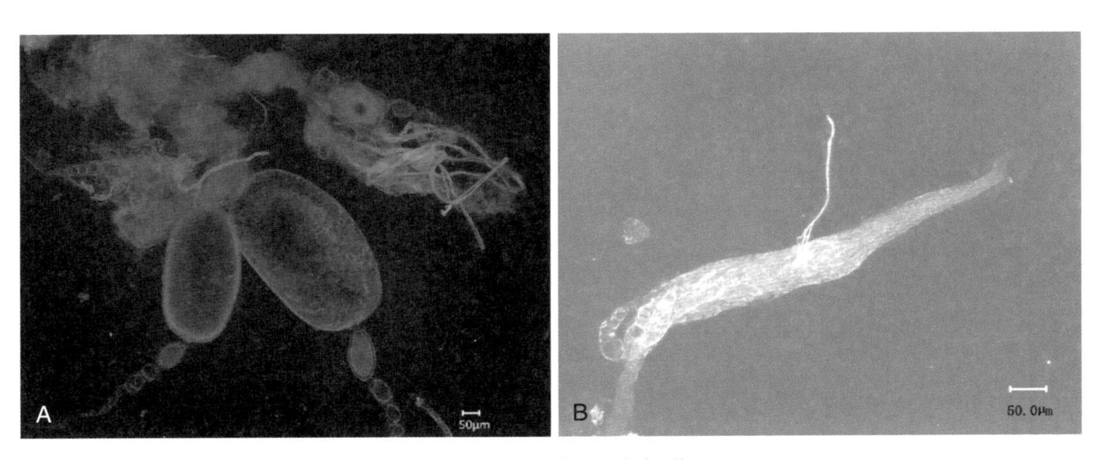

图 1–6　散白蚁的卵巢

A: 生殖蚁卵巢管内有具卵黄的卵母细胞；B: 工蚁的卵巢

1.3.2 生殖蚁、工蚁和兵蚁的卵子发生

1.3.2.1　生殖蚁的卵子发生

生殖蚁具有完整的卵子发生过程，这个过程历经三个时期：卵母细胞分化期、卵母细胞生长期和卵黄形成期。划分的主要形态学依据为卵母细胞体积的变化、滤泡细胞的形态变化、卵黄的形成与积累（见图 1–7）。

卵母细胞的分化期：这个时期卵原区的卵原细胞进行有丝分裂，最终发育为卵母细胞。卵原细胞排列紧密，界限不清，细胞核圆形，几乎充满整个细胞。

卵母细胞生长期：卵母细胞离开卵原区进入生长区，体积逐渐增大，可以看到一层滤泡细胞形成并包围住卵母细胞。卵母细胞渐渐增大，细胞核位于细胞质中央呈圆形；核内可见染色极深的染色质；滤泡细胞也随之增大，并且数量增加，为柱

① Su X, Yang X, Li J, et al. The transition path from female workers to neotenic reproductives in the termite *Reticulitermes labralis*[J]. Evolution & Development, 2017, 19: 218–226.

状细胞，滤泡细胞层加厚。卵母细胞发育依赖于滤泡细胞的支持，发育所需的营养、调节因子及信号转导都要经过滤泡细胞的调控。

卵母细胞的卵黄形成期：卵母细胞内开始积累卵黄，这个时期卵母细胞体积迅速增大直至发育为成熟卵。卵黄积累完成之后，卵母细胞可长达 0.5 mm，被细长柳叶状的滤泡细胞包围。滤泡细胞层变薄，意味着滤泡细胞退化，卵母细胞发育停止。卵子中的卵黄物质作为胚胎发育的营养源是胚胎顺利发育完成的保障。

1.3.2.2 工蚁的卵子发生

虽然工蚁和若蚁的卵母细胞同样都发育到了生长期，但是若蚁卵母细胞直径约是工蚁的 2 倍，表明工蚁卵母细胞发育明显被抑制，这种抑制与包围卵母细胞的滤泡细胞退化有关（见图 1–7）。另外，工蚁的卵母细胞发育停止在生长期，无法进入卵黄形成期，不能完成卵黄积累。与生殖蚁生长期卵母细胞相比，工蚁卵母细胞呈现萎缩退化状态，卵母细胞形状不规则；尤其是工蚁卵母细胞外的滤泡细胞变成了细长条状，这与生殖蚁卵黄形成后期滤泡细胞的退化状态十分相似。工蚁卵母细胞外的滤泡细胞层比较薄，厚度约是生殖蚁的 1/3，这说明工蚁卵子发生停止在生长期可能与其外的滤泡细胞退化有直接关系。工蚁卵母细胞数目比生殖蚁的少，与卵原细胞的凋亡有关，工蚁的卵原细胞凋亡率远高于生殖蚁的卵原细胞[①]。

1.3.2.3 兵蚁的卵子发生

兵蚁终生不能生殖是工蚁转化为兵蚁之后失去生殖可塑性的显著表现，工蚁经历 2 次蜕皮转变成兵蚁之后卵巢极度退化，这种退化发育是不可逆的。工蚁的卵巢长度和宽度分别是兵蚁的约 3 倍和 2 倍，与工蚁相比较，兵蚁的卵巢更加萎缩退化。兵蚁的卵子发生仅有分化期，没有生长期和卵黄形成期（见图 1–7）；兵蚁的卵原细胞显著小于工蚁的卵原细胞，并且兵蚁卵原细胞凋亡率约是工蚁的 2 倍。

---

① Su XH, Wei YH, Liu MH. Ovarian development and modes of apoptosis during oogenesis in various castes of the termite *Reticulitermes aculabialis*[J]. Physiological Entomology, 2014, 39:44–52.

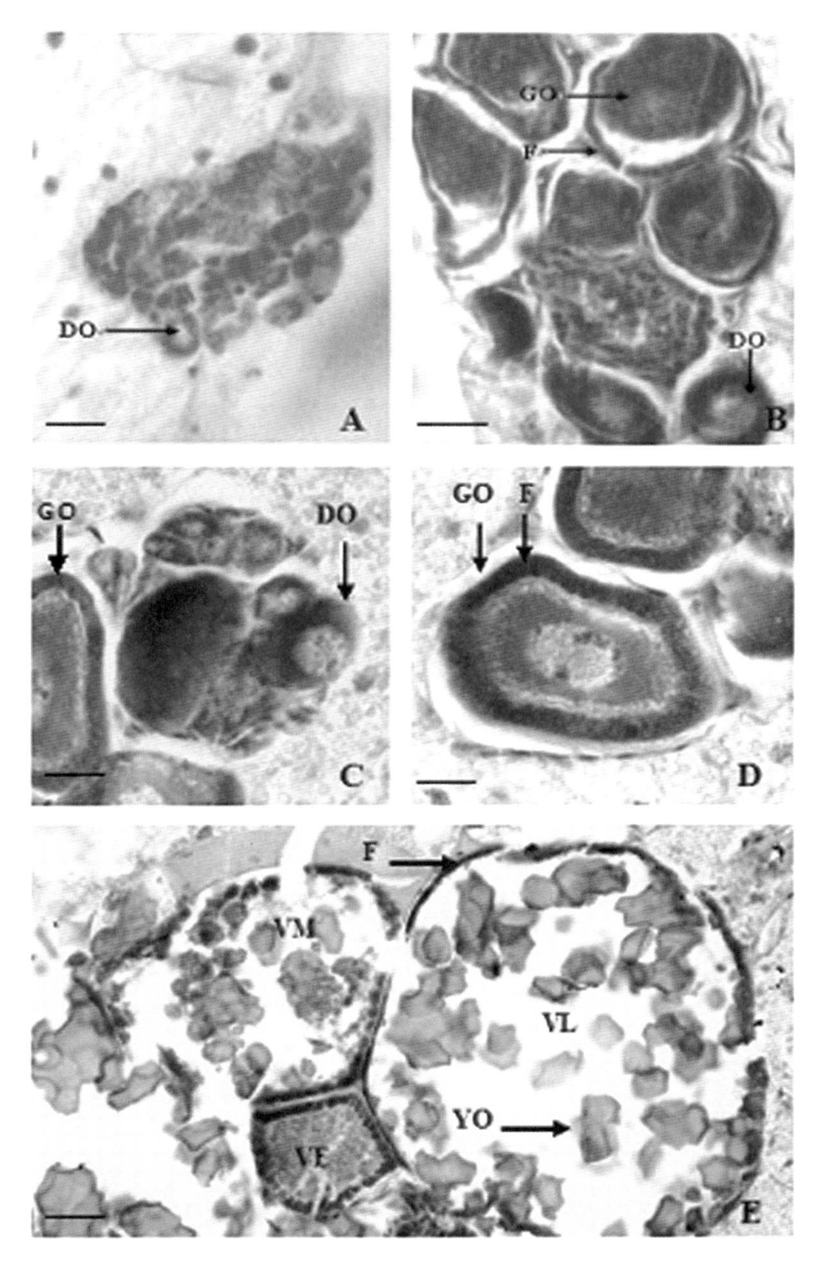

图 1–7 尖唇散白蚁生殖蚁、工蚁和兵蚁的卵子发生

A：兵蚁的卵原细胞；B：工蚁卵母细胞被薄的滤泡细胞层包围；C：生殖蚁的卵原细胞和卵母细胞；D：生殖蚁的卵母细胞被厚的滤泡细胞层包围；E：生殖蚁卵黄形成期的卵母细胞。DO：卵原细胞；GO：卵母细胞；F: 滤泡细胞；YO：卵黄；VM：卵黄形成中期；VL：卵黄形成后期；比例尺 Scale bars = 10 μm

1.3.3 生殖蚁、工蚁和兵蚁的精巢发育

工蚁和兵蚁与生殖蚁同样都有一对圆形的精巢，生殖细胞在精巢小管内按照发育顺序排列（见图 1–8）。白蚁的生殖蚁精子发生与其他已经报道的昆虫一样需要

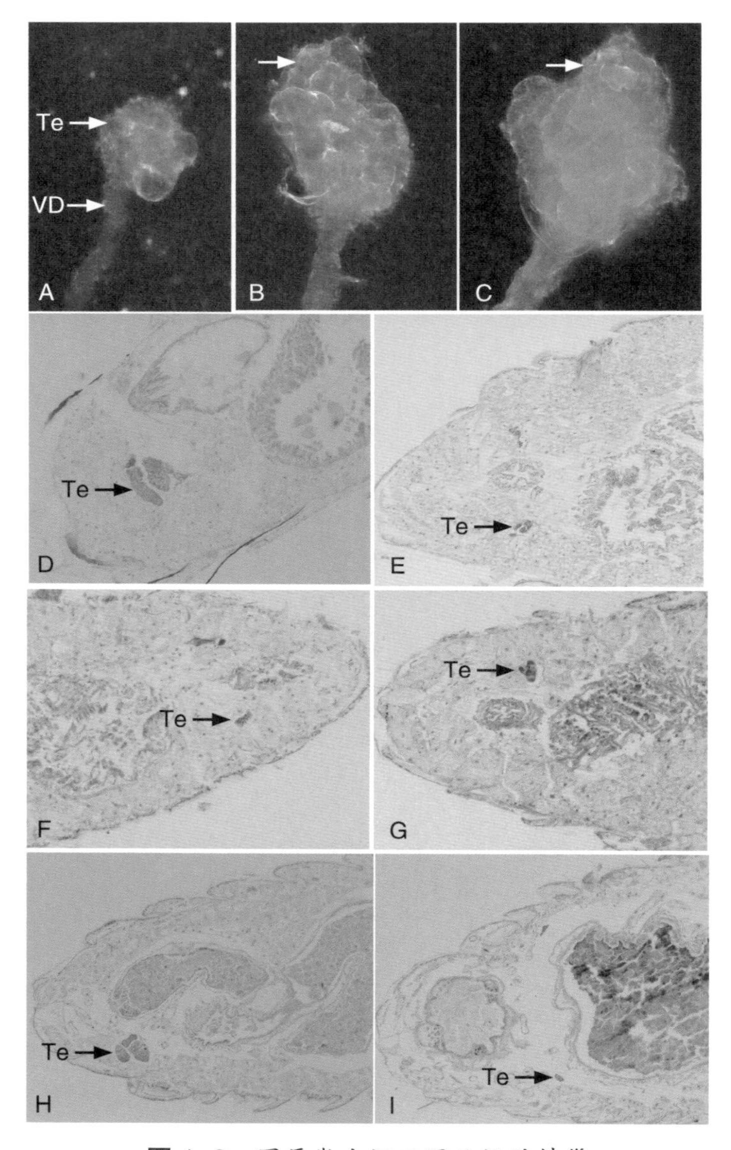

图 1–8 圆唇散白蚁不同品级的精巢

A:5 龄工蚁的精巢；B:6 龄工蚁的精巢；C: 生殖蚁的精巢；D: 生殖蚁纵切片显示的精巢；E:3 龄工蚁腹部纵切片显示的精巢；F:4 龄工蚁腹部纵切片显示的精巢；G：5 龄工蚁腹部纵切片显示的精巢；H：6 龄工蚁腹部纵切片显示的精巢；I：兵蚁纵切片显示的精巢。Te：精巢； VD：输精管

经历 5 个时期：精原细胞、初级精母细胞、次级精母细胞、精子细胞和精子，这是精子形成在精巢小管内必须完成的发生过程，我们在精巢小管中可以清楚看到从精原细胞到精子的发育过程。不同品级间精巢发育的程度差异很大，圆唇散白蚁分飞成虫（原始生殖蚁）和工蚁的精巢直径分别是兵蚁的 6 倍和 4 倍[①]。很显然，工蚁的精巢比生殖蚁的小，比兵蚁的大；兵蚁的精巢极度退化。

1.3.4 生殖蚁、工蚁和兵蚁的精子发生

1.3.4.1 生殖蚁的精子发生

生殖蚁具有充分发育的精巢和完整的精子发生过程，生殖细胞经历了精原细胞、初级精母细胞、次级精母细胞、精细胞和精子形成的过程，最终在精巢小管末端产生大量精子。从精原细胞到精子的过程中，生殖细胞逐渐变小，精子直径是精原细胞直径的约 1/4（见图 1–9）。

1.3.4.2 工蚁的精子发生

工蚁也具有完整的精子发生过程，在精巢小管中精原细胞经过初级精母细胞、次级精母细胞和精子细胞阶段形成精子，意味着工蚁虽然精巢比生殖蚁的小，但仍可以产生精子，这与雌性工蚁卵子发生的特点有显著不同（见图 1–9）。从精子发生过程的完整性分析，雄性工蚁具有产生正常精子的可能性，但是与生殖蚁相比，工蚁精子的数量要少[②]。现有的研究已经证实散白蚁的雄性工蚁不需要转化成为补充生殖蚁就可以参与交配生殖，这也支持了工蚁可以产生正常精子的观点。

---

① Su XH, Chen JL, Zhang XJ, et al. Testicular development and modes of apoptosis during spermatogenesis in various castes of the termite *Reticulitermes labralis* (Isoptera:Rhinotermitidae)[J]. Arthropod Structure & Development, 2015, 44: 630–638.

② Su XH, Chen JL, Zhang XJ, et al. Testicular development and modes of apoptosis during spermatogenesis in various castes of the termite *Reticulitermes labralis* (Isoptera:Rhinotermitidae)[J]. Arthropod Structure & Development, 2015, 44: 630–638.

1.3.4.3 兵蚁的精子发生

与工蚁相比，兵蚁不仅精巢更为退化，而且兵蚁精子发生停止在精母细胞期，没有精细胞和精子的形成（见图 1–9）；兵蚁不仅生殖细胞数目很少，而且精原细

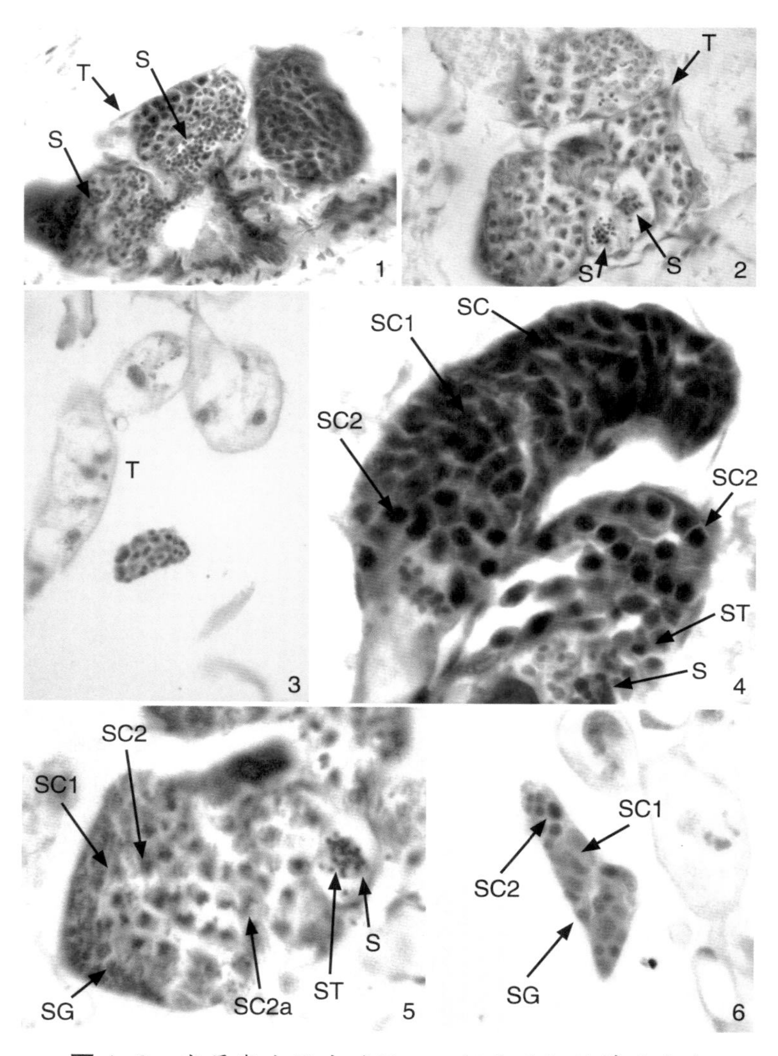

图 1–9　尖唇散白蚁生殖蚁、工蚁和兵蚁的精子发生

1. 生殖蚁的精巢（T）以及精巢小管中的精子（S）；2. 工蚁的精巢（T）以及精巢小管中的精子（S）；3. 兵蚁的精巢（T），精巢中没有精子；4. 生殖蚁精巢中的精原细胞（SG）、初级精母细胞（SC1）、次级精母细胞（SC2）、精细胞（ST）和精子（S）；5. 工蚁精巢中的精原细胞（SG）、初级精母细胞（SC1）、次级精母细胞（SC2）、精细胞（ST）和精子（S）；凋亡的次级精母细胞（SC2a）；6. 兵蚁的精原细胞（SG），初级精母细胞（SC1），次级精母细胞（SC2）

胞和精母细胞直径显著小于工蚁的。其相关研究为兵蚁不能产生精子和不能生殖提供了组织学依据。我们偶然也发现有个别兵蚁精巢内有精子产生，但是数量极少，估计仅 10 ~ 30 个精子，这种少精子的状态是无法参与生殖的。生殖细胞的发育特征也证实了兵蚁品级的生物学特征，即兵蚁是品级分化的终极非生殖型，不具有转化成补充生殖蚁或其他品级的能力。

1.4 工蚁向生殖蚁转化的可塑性

散白蚁仅有工蚁的蚁群可以自行产生补充生殖蚁和兵蚁发育成为成熟蚁群（见图 1-10），这也是造成散白蚁难以防治彻底的原因。在人为干扰或对建筑白蚁防治施工之后，沿着蚁道逃跑的工蚁会在建筑的周围聚集，即使仅有几十头工蚁，也会很快发育出生殖蚁和兵蚁，终将成为大巢群，成为建筑安全的隐患。我们已经知道散白蚁雄性工蚁可以不转化为补充生殖蚁就能直接参与交配，而雌性工蚁需要经历 2 次蜕皮转化成为雌性补充生殖蚁之后才具有生殖能力①。已有的研究已经证实白蚁巢中的信息素诱导个体内保幼激素（juvenile hormone，JH）合成水平的动态变化，JH 通过调控品级相关基因的表达促进工蚁向兵蚁和补充生殖蚁的转化②③。

---

① Su X, Yang X, Li J, et al. The transition path from female workers to neotenicreproductives in the termite *Reticulitermes labralis*[J]. Evolution & Development, 2017, 19: 218–226.

② Elliott KL, Stay B. Changes in juvenile hormone synthesis in the termite *Reticulitermes flavipes* during development of soldiers and neotenic reproductives from groups of isolated workers[J]. Journal of Insect Physiology, 2008, 54: 492–500.

③ Korb J. A central regulator of termite caste polyphenism[J]. Advances in Insect Physiology, 2015, 83, 295–313.

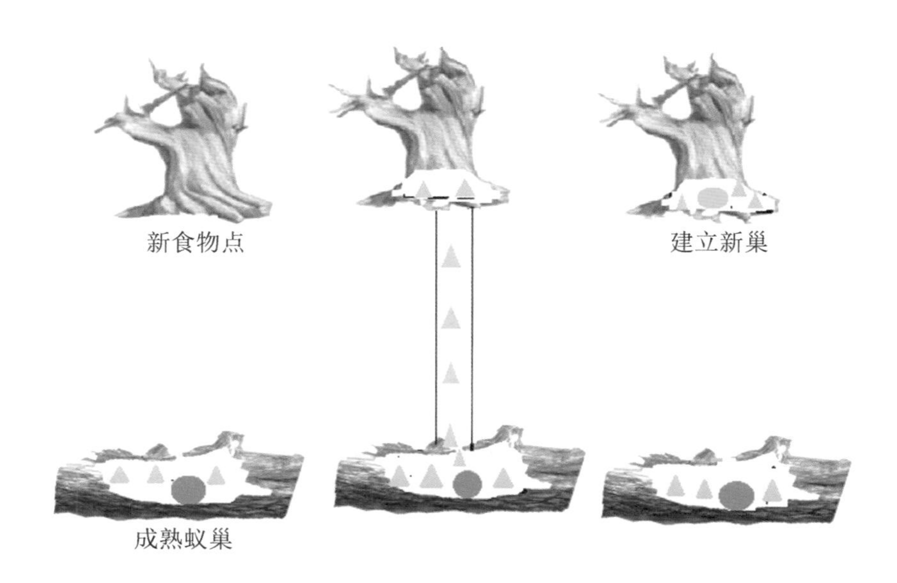

图 1–10 散白蚁工蚁野外建立新巢模式

▲ 工蚁；●原巢的生殖蚁；●新巢的补充生殖蚁

1.4.1 工蚁向生殖蚁转化的发育途径

我们研究发现工蚁从低龄到老龄的发育过程中卵巢并没有停止生长，但是最终工蚁卵巢发育程度低于末龄若蚁，表明雌性工蚁性腺发育的停滞发生在老龄期。研究者认为蚁后和蚁王利用信息素传递它们的生殖地位从而阻止工蚁性腺发育，只有蚁后和蚁王死亡或繁育能力不足的时候，工蚁才会转化成补充生殖蚁开始具备生殖能力。当然雄性补充生殖蚁的存在会加速雌性工蚁向补充生殖蚁转化①，然而散白蚁的生殖策略比较复杂，在栖北散白蚁 *R. speratus* 野外巢群中雌性补充生殖蚁的数量多于雄性补充生殖蚁，可能与雄性工蚁直接参与生殖有关②。我们已有的研究也

① Oguchi K, Sugime Y, Shimoji H, et al. Male neotenic reproductives accelerate additional differentiation of female reproductives by lowering JH titer in termites[J]. Scientific Reports, 2020, 10 (1): 9435.

② Fujita A, Watanabe H. Inconspicuous matured males of worker form are produced in orphaned colonies of *Reticulitermes speratus* (Isoptera: Rhinotermitidae) and participate in reproduction[J]. Journal of Insect Physiology, 2010, 56 (11): 1510–1515.

表明虽然散白蚁雄性工蚁精巢的直径显著小于生殖蚁精巢直径，然而它们能够产生正常的精子；雄性工蚁能够与雌性生殖交配并且提供正常的精子，表明雄性工蚁和雌性工蚁在生殖途径和生殖能力方面是不同的[①]。

雌性工蚁生殖能力的恢复需要经历复杂的过程和调控，雌性工蚁必须转化成为补充生殖蚁才具有生殖能力，因此在这里我们主要关注雌性工蚁向补充生殖蚁的转化。若蚁分化成有翅成虫和补充生殖蚁的过程只要经历一次蜕皮，而工蚁分化成补充生殖蚁也一直被默认为只经历一次蜕皮，后者常常被忽视。工蚁真的只经历一次蜕皮就能变为生殖蚁了吗？实际上对工蚁转化成生殖蚁这个途径的研究并不是很清楚或者不确定。我们近年的研究确认了散白蚁的雌性工蚁在变成补充生殖蚁前还需经历前补充生殖蚁（pre-neotenic reproductives）的阶段，意味着这个品级转化过程经历了两次蜕皮，即第一次由雌性工蚁蜕皮变成前补充生殖蚁，第二次是由前补充生殖蚁再经历蜕皮彻底分化成为补充生殖蚁。这个过程与工蚁向兵蚁转化的经历很相似，我们由此可以理解品级转化过程之艰难，尤其涉及生殖能力的改变，必须经历两次蜕皮才能完成这种“身份”的转变。

以圆唇散白蚁为例，可以看到工蚁转化为补充生殖蚁在外部形态上经历了显著的改变，前补充生殖蚁与工蚁和补充生殖蚁在形态上有可以识别的显著差异（见图 1-11）。前补充生殖蚁身体为乳白色，腹部长度比工蚁的长，并且前补充生殖蚁的第七腹片长度明显变长，覆盖于第八、九腹板上，后缘为圆形，弧度非常明显。雌性补充生殖蚁身体深麦黄色，头顶上有纵的深棕色色素沉积带。刚变的补充生殖蚁，腹部细长，从腹部前端向尾部逐渐变窄，第七腹板也呈明显的圆弧状并覆盖于第八、九腹板上。补充生殖蚁分化之后，腹部会逐渐膨胀，表明卵巢增大，并且卵母细胞内开始积累卵黄。

---

① Su X, Yang X, Li J, et al. The transition path from female workers to neotenic reproductives in the termite *Reticulitermes labralis*[J]. Evolution & Development, 2017, 19: 218–226.

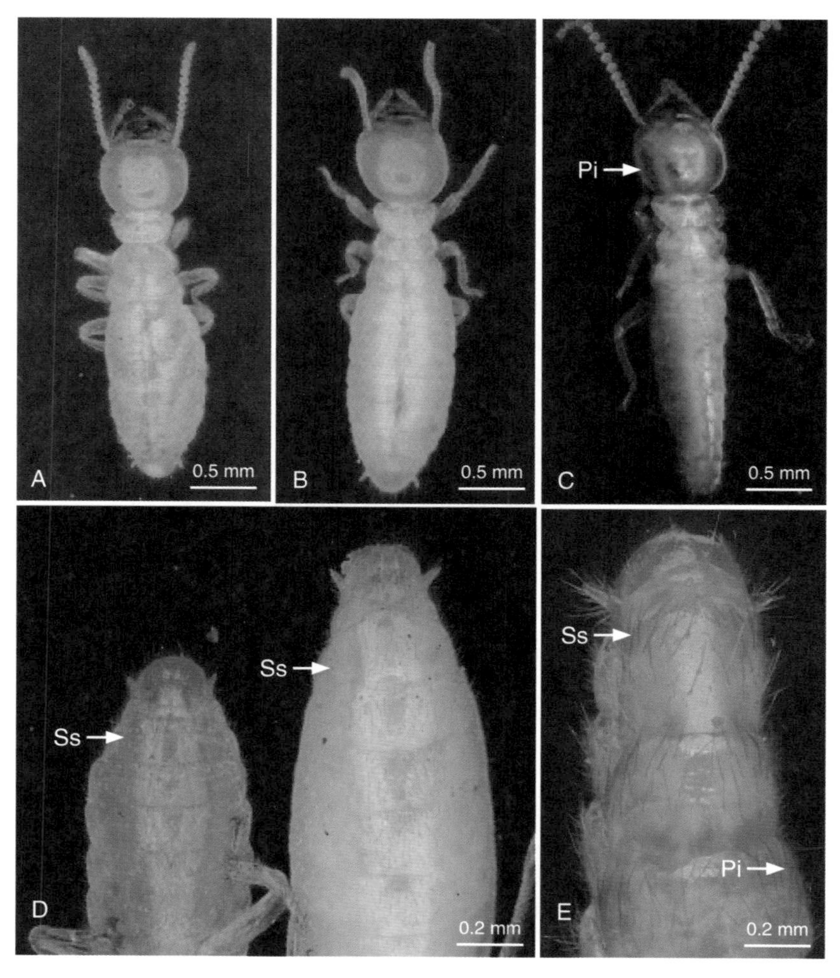

图 1-11　圆唇散白蚁雌性工蚁向补充生殖蚁转化的外部形态变化

A：工蚁；B：前补充生殖蚁；C：补充生殖蚁；D：雌性工蚁第七腹板（左），前补充生殖蚁第七腹板（右）；E：补充生殖蚁第七腹板。Pi：色素沉淀；Ss：第七腹板

1.4.2 工蚁向生殖蚁转化的卵巢发育及卵子发生

雌性工蚁向补充生殖蚁转化最主要的特征是生殖能力的恢复，这取决于卵巢和卵母细胞发育的恢复是如何开始的？又是如何进行的？这一直是很有趣的问题。雌性工蚁必须经过两次蜕皮转化成补充生殖蚁之后才能启动生殖力，这个过程非常复杂。因此，需要对雌性工蚁从低龄发育到老龄，以及老龄工蚁转化成补充生殖蚁这个过程中卵巢和卵母细胞发育过程进行完整研究，只有这样才能发现工蚁生殖能力

的改变是如何发生的。散白蚁工蚁卵母细胞发育停滞在生长期，无法完成卵黄形成过程，可见卵母细胞发育无疑是决定工蚁向补充生殖蚁转化过程中生殖力变化的最关键因素。

雌性工蚁经过一次蜕皮变成前补充生殖蚁之后，卵巢迅速增大，长度是工蚁的约 2.5 倍，宽度是工蚁的约 3 倍，但是前补充生殖蚁蜕皮成为补充生殖蚁之后，卵巢大小并没有显著变化①。

卵母细胞发育恢复是生殖能力恢复的标志，我们发现只有工蚁转化成补充生殖蚁之后，卵母细胞才能恢复发育，并且卵母细胞发育启动受滤泡细胞支持和调控（见图 1-12）。雌性工蚁经过一次蜕皮转变成前补充生殖蚁之后，卵母细胞大小、滤泡细胞形态和滤泡细胞层厚度并没有显著改变，这意味着卵母细胞发育在前补充生殖蚁期仍然被抑制。卵母细胞的激活是在前补充生殖蚁蜕皮成为补充生殖蚁之后，刚转化两天的补充生殖蚁的卵母细胞长径和滤泡细胞层厚度显著增加，滤泡细胞变为柱状形；补充生殖蚁卵母细胞长径和滤泡细胞层厚度是前生殖蚁的 2 倍至 3 倍。很显然，工蚁经过两次蜕皮之后成为生殖蚁，其生殖能力的改变是以卵母细胞和滤泡细胞发育启动为标志的，这个过程与若蚁经历一次蜕皮成为生殖蚁有极大的不同。品级的转换是一个艰难的过程，需要环境信息、信号转导、激素调节和基因表达等因素复杂而精密的调控。

当工蚁经过前补充生殖蚁转化成补充生殖蚁之后，滤泡细胞层厚度会增加，卵母细胞变大。通常昆虫的卵母细胞移入生长区之后大量吸收营养物质，体积迅速增大。已经发现果蝇卵母细胞在生长期体积急剧增大是由于从滋养细胞获得了细胞质成分，在卵子发生过程中滤泡细胞的屏障功能可以被重塑，滤泡细胞的形态和生理发生动态变化；在卵黄发生期滤泡细胞通透性发生改变，打开滤泡细胞旁通道让卵黄蛋白通过②。白蚁卵母细胞被一层卵泡细胞所包围，其发育依赖滤泡细胞层支持，

---

① Su X, Yang X, Li J, et al. The transition path from female workers to neotenicreproductives in the termite *Reticulitermes labralis*[J]. Evolution & Development, 2017, 19: 218–226.

② Isasti-Sanchez J, Munz-Zeise F, Lancino M, et al. Transient opening of tricellular vertices controls paracellular transport through the follicle epithelium during *Drosophila* oogenesis[J]. Developmental Cell, 2021, 56: 1083–1099.

显然工蚁卵母细胞发育的停滞和恢复受滤泡细胞调控。我们的研究表明滤泡细胞发育启动是非生殖品级向生殖品级转化生殖力开始恢复的主要标志。

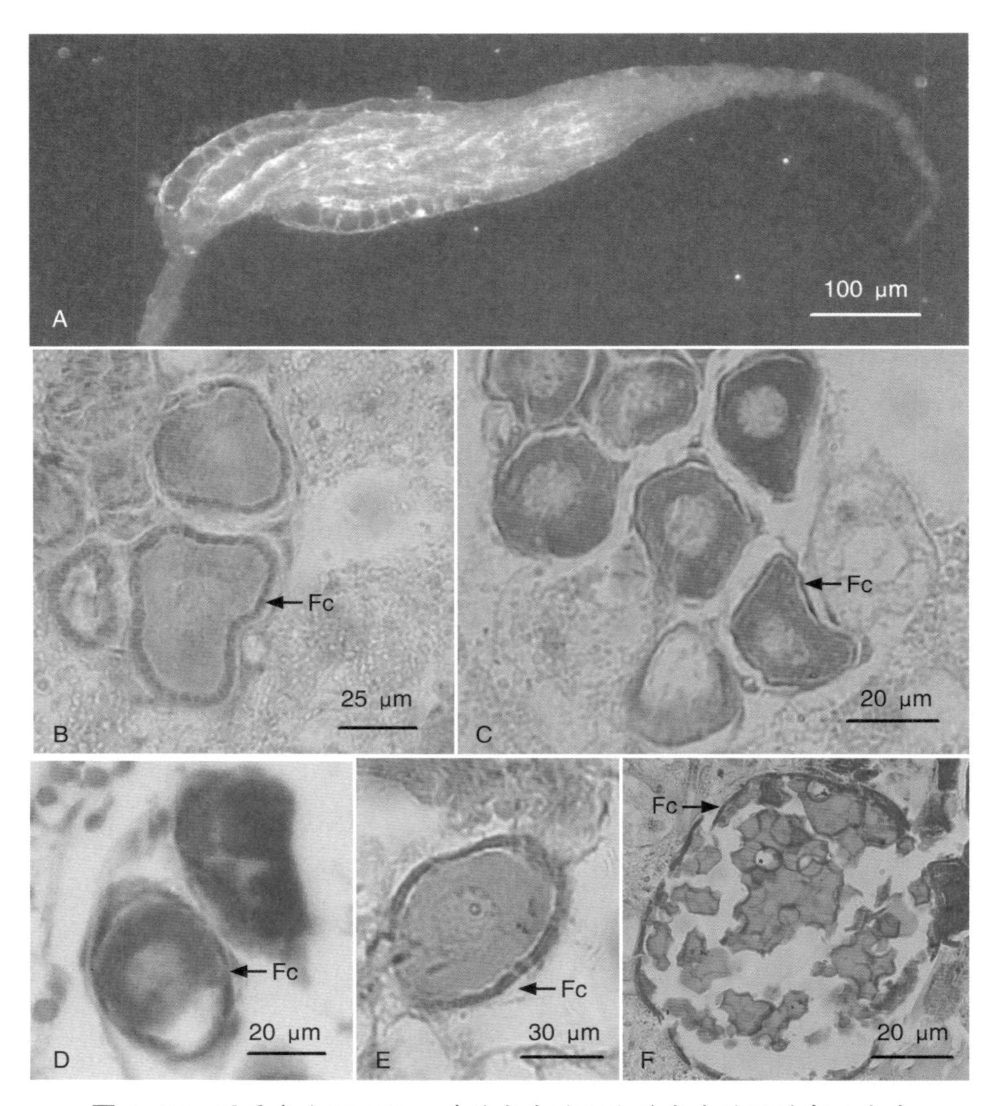

图 1–12 圆唇散白蚁工蚁、前补充生殖蚁和补充生殖蚁的卵子发生

A：工蚁的卵巢；B：若蚁的卵母细胞被一层厚的滤泡细胞包围；C：工蚁的卵母细胞被一层薄的滤泡细胞包围；D：前补充生殖蚁的卵母细胞被一层薄的滤泡细胞包围；E：补充生殖蚁的卵母细胞被一层厚的滤泡细胞包围；F：补充生殖蚁卵母细胞内卵黄积累完成，滤泡细胞退化

1.4.3 工蚁生殖可塑性的分子机制

白蚁品级分化现象是在卵期以后的发育阶段中才出现的，同一巢群内所有个体具有相同的基因背景，他们都是一对分飞成虫的后代。因此，目前普遍认为个体成为什么品级并不是由基因差异决定的，或者说是天生具有的，而是在发育过程中受外部环境复杂的因素（包括个体发出的信息素）影响，诱发个体内部功能基因表达，这些基因的差异表达决定了蚁巢内工蚁、兵蚁和生殖蚁品级的产生。转录组测序及数据分析是近年也是未来在研究白蚁品级分化、发育和行为等方面不可回避的工作，转录组提供的数据让我们能更接近白蚁社会性生存机制的本质。在本节我们以圆唇散白蚁雌性工蚁向补充生殖蚁转化为例，利用转录组测序分析揭示品级转化的基因表达调控模式。

1.4.3.1 转录组测序结果及功能注释

对雌性工蚁、隔离工蚁和补充生殖蚁的转录组测序共获得 112954 个 unigenes，利用 Nr、Swiss-Prot、KEGG、KOG 四大数据库进行功能比对，共 40972 个 unigenes 功能得到注释。Venn 图不仅展示了每个数据库中 unigenes 的注释数量，而且表示出在四大数据库都得到注释的 unigenes 数（见图 1-13）。有 17535 个 unigenes 在四大数据库中均被注释，在 Nr 数据库中 40073 个得到注释，29540 个 unigenes 在 Swiss-Prot 中得到注释，在 KOG 数据库匹配到 25453 个 unigene，KEGG 数据库共注释了 20116 个 unigenes。

基于Nr蛋白数据库注释信息，对这些基因功能进行分类。GO体系中分为三大类：①生物过程（Biological Process）；②细胞组分（Cellular component）；③分子功能（Molecular Funcation）。有 30717 个 unigenes（36.68%）属于生物学过程，23312 个 unigenes（27.84%）归为细胞组分，29711 个 unigenes（35.48%）归为分子功能。以上的三大类共含有 55 个小的类别，分别有 22、21、12 个功能亚类。

有 25453 个 unigenes 在 KOG 数据库中被归划为 25 个功能分类（见图 1-13）。注释基因数排名前三的类群分别是常规功能预测（10042 个，39.45%）、信号转导机制（10007 个，39.31%）和翻译后的修饰、蛋白周转、分子伴侣（8124 个，31.92%），比对数目最少的是细胞运动，仅有 85 个 unigenes。

在 KEGG 数据库中共有 20116 个 unigenes 注释到 233 条通路中，其中注释基因最多的通路是核糖体（6.26%），其次分别是内质网中的蛋白质加工和胞吞作用，所占百分比分别为 4.48%和 3.36%。

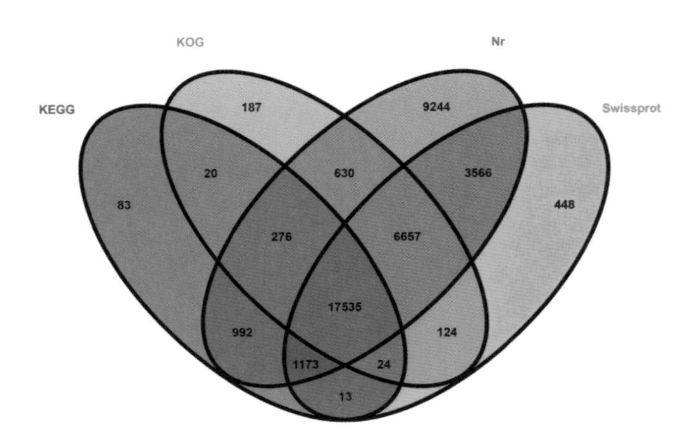

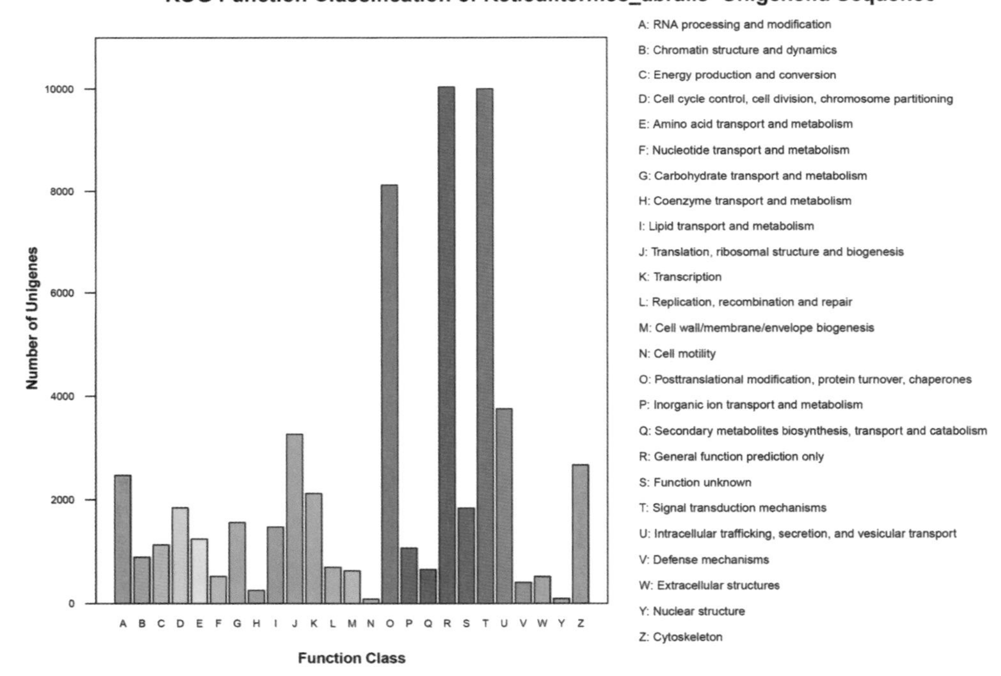

图 1–13 Unigenes 在 Nr、Swiss-Prot、KOG 和 KEGG 数据库中匹配注释的结果

上：用 Venn 图显示在各数据库中注释的 unigenes 数；下：KOG 功能分类直方图

1.4.3.2 工蚁向生殖蚁转化的差异表达基因

我们证实了在工蚁、隔离工蚁和补充生殖蚁之间有 38070 个差异表达基因。工蚁与隔离工蚁的差异表达基因有 17405 个（上调基因 16910 个，下调 495 个），隔离工蚁与补充生殖蚁的差异表达基因有 30332 个（上调 2591 个，下调 27741 个），工蚁与补充生殖蚁的差异表达基因有 7016 个（上调 2309 个，下调 4707 个）①。差异表达基因的数目在“工蚁 vs 隔离工蚁”和“隔离工蚁 vs 补充生殖蚁”中分别是“工蚁 vs 补充生殖蚁”的约 2 倍和 4 倍，表明隔离工蚁基因表达呈现特异性。在工蚁从原巢隔离之后，97.2% 的差异表达基因为上调，而在隔离工蚁转化为补充生殖蚁之后，大多数（91.5%）的差异表达基因是下调的（见图 1–14）。

工蚁与隔离工蚁差异表达基因在 KEGG Pathway 显著富集的前 20 个通路中，有 7 个是信号转导通路，包括 Calcium signaling pathway、GnRH signaling pathway、MAPK signaling pathway、Estrogen signaling pathway、Ras signaling pathway、Phosphatidylinositol signaling system 和 NOD–like receptor signaling pathway，在外界环境因子的诱导下，这些信号转导通路参与了工蚁向补充生殖蚁的转化。

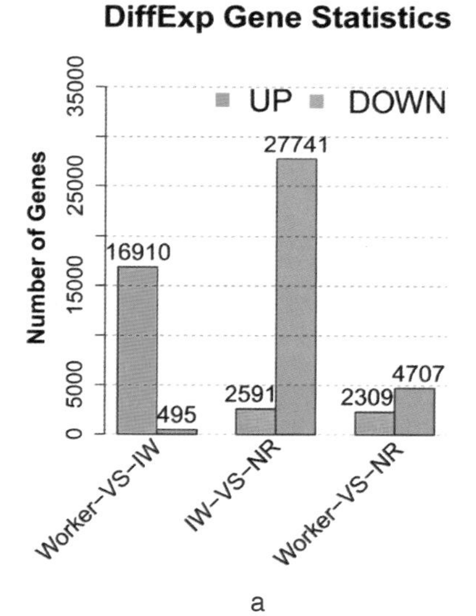

a

① Ye C, Rasheed H, Ran Y, et al. Transcriptome changes reveal the genetic mechanisms of the reproductive plasticity of workers in lower termites[J]. BMC Genomics, 2019, 20: 702, 1–13.

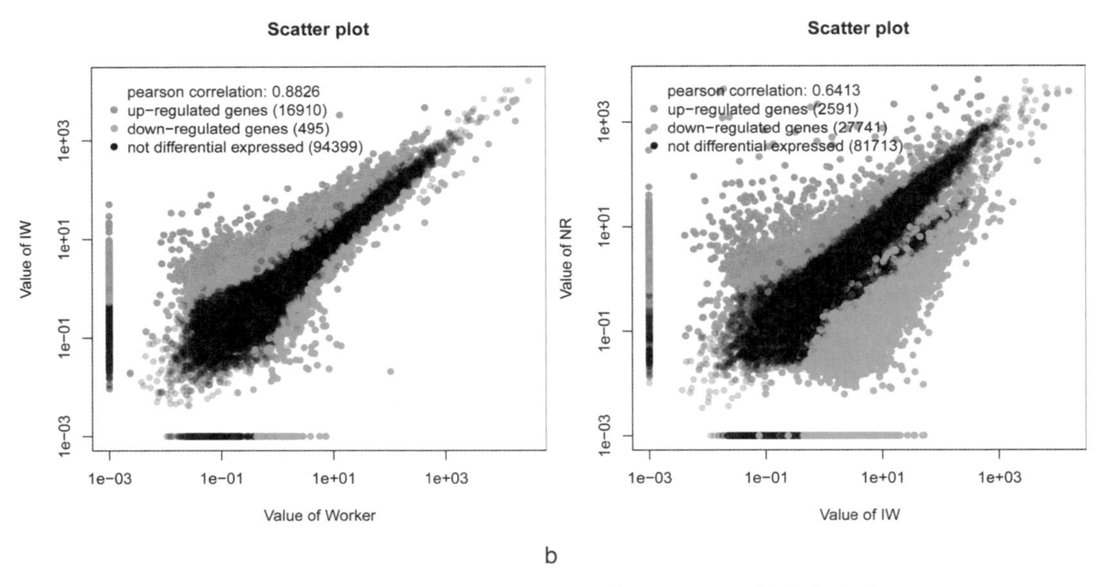

图 1–14　工蚁、隔离工蚁和补充生殖蚁之间差异表达基因

a：工蚁、隔离工蚁和补充生殖蚁之间差异表达基因数，红色代表显著上调的基因，绿色代表显著下调的基因；b：工蚁、隔离工蚁和补充生殖蚁差异表达基因的散点图，红色和绿色散点分别表示上调基因和下调基因，黑色散点表示这些基因没有差异表达。Worker：工蚁；IW：隔离工蚁；NR：补充生殖蚁

1.4.3.3　工蚁向生殖蚁转化差异表达基因富集趋势分析

对工蚁、隔离工蚁和补充生殖蚁的差异表达基因进行趋势聚类分析，结果表明有 38070 个差异表达基因聚类为 8 个表达模式，分别为 profile0、profile1、profile2、profile3、profile4、profile5、profile6 和 profile7（见图 1–15）。显著富集（$p \leq 0.05$）到 profile3 和 profile5 的差异表达基因共有 32622 个，所占比例高达 85.69%，其中 profile3 包含差异表达基因为 20079 个（52.74%），profile5 所包含的差异表达基因为 12543 个（32.95%）。profile5 中的基因仅在隔离工蚁中表达升高，表明这些基因表达水平增高在工蚁的隔离过程以及分化过程中起到关键性的作用，后期相关基因的筛选和研究也主要以这个模块为主。

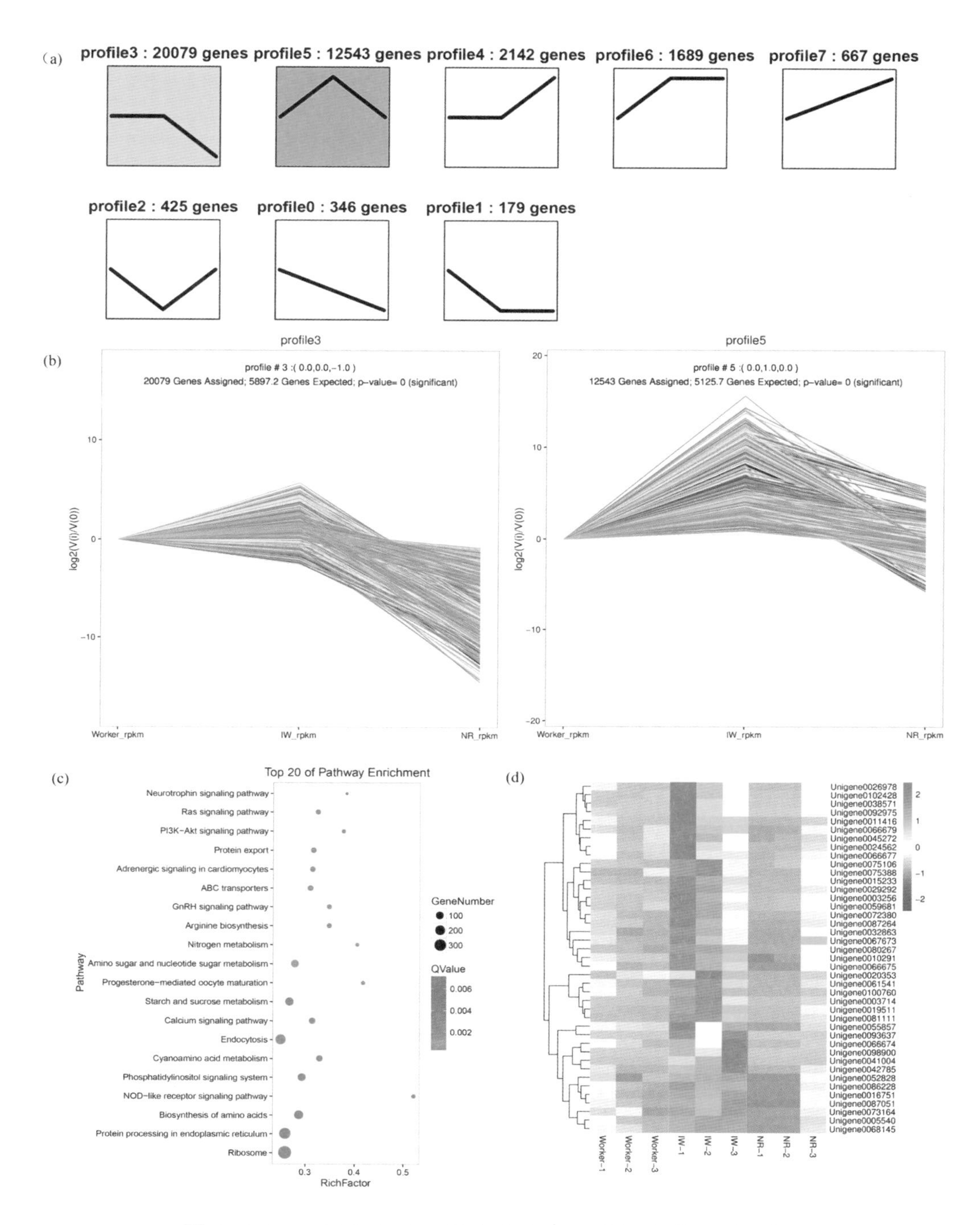

图 1-15　工蚁向生殖蚁转化差异表达基因富集趋势分析

a：38070 个差异表达基因被聚类为 8 个表达模式；b：在模式 3 和 5 中的基因表达趋势；c：KEGG 富集的前 20 个通路，圆点大小表示差异表达基因的数量，圆点颜色表示 Q 值；d：Ras 信号通路中 41 个差异表达基因的热图。Worker：工蚁；IW：隔离工蚁；NR：补充生殖蚁

趋势分析结果中的profile5与工蚁转化的生物学研究目的相符，因此对于profile5的GO富集做进一步的分析，从而找出工蚁转化过程中的关键调控基因。Profile5中差异表达基因富集于51个GO条目中，在Biological Process、Cellular componen和Molecular Funcation功能分类中分别包含22、18和11个次级分类。在Biological Process中，主要富集的功能是metabolic process、cellular process和single-organism process，所富集的基因的数目分别为1312、1192和1009个。在Molecular Funcation中有1595和1309个差异表达基因分别富集到catalytic activity和binding条目中。在Cellular componen中富集前三的分别是cell、cell part和organelle，每个条目富集的基因分别为2231、1130和721个。

KEGG富集结果显示，profile5共有2272个差异表达基因富集到201条通路中，基因富集最多的通路是Ribosome（391 unigenes，17.21%），其次是Protein processing in endoplasmic reticulum（281unigenes，12.37%）以及Biosynthesis of amino acids（158 unigenes，6.95%）。根据KEGG pathway分类显示，在profile5模块中富集较多的基因为信号转导（Signal transduction），富集前20的通路中属于信号转导的通路分别为Phosphatidylinositol signaling system、Calcium signaling pathway、PI3K-Akt signaling pathway和Ras signaling pathway（见图1-15）。

1.4.3.4 信号转导沿着Ras-MAPK通路轴从细胞膜传到细胞核

Ras蛋白是生长信号通路的关键组成部分，它在上游生长受体和下游效应器通路（如MAPK）之间起着中继开关的作用，在没有生殖蚁的隔离工蚁中Ras表达水平显著高于原巢工蚁和补充生殖蚁，表明当缺乏蚁后时，Ras在工蚁中高表达。Ras亚族成员与膜受体协同工作，当这些受体接收到细胞外信号因子信号之后，信号传导级联反应通过蛋白质磷酸化开始发生。信号级联反应在传递细胞外环境的变化和启动细胞作出反应中发挥着重要的作用。Ras在信号级联反应的中间充当开关作用，可以调节下游信号通路[①]。蚁后发出的强烈化学信号（信息素）会阻止雌性工蚁向补充生殖蚁转化。另外，雌性工蚁向补充生殖蚁转化需要经历2次蜕皮，

① Servili E, Trus M, Maayan D, et al. beta-Subunit of the voltage-gated Ca2+ channel Cav1.2 drives signaling to the nucleus via H-Ras[J]. Proc Natl Acad Sci USA, 2018, 115: 8624-33.

已有的研究证实果蝇前胸腺 Ras 活性增加可以诱导蜕皮激素释放；秀丽隐杆线虫 *Caenorhabditis elegans* 在缺乏食物的情况下，Ras-ERK 通路的下调会导致卵子发生停滞[①②]。显然，工蚁体内的受体感知到蚁后死亡的信号，Ras 将信号传递到下游通路，从而导致核内基因的特异表达，最终引起工蚁性状改变。Ras-MAPK 信号通路轴在白蚁雌性工蚁向生殖蚁转化以及卵母细胞发育启动过程中起重要作用（见图 1-16）。

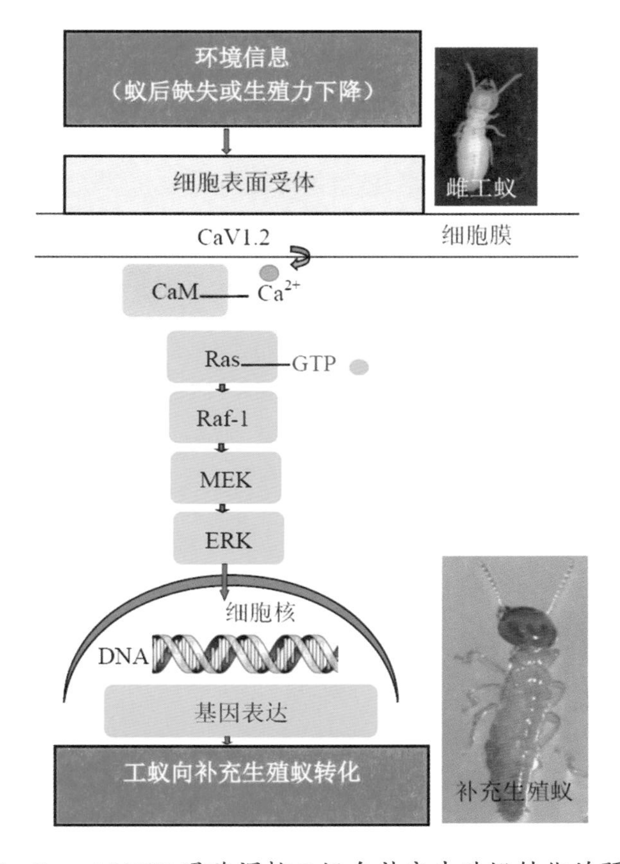

图 1-16 Ras-MAPK 通路调控工蚁向补充生殖蚁转化的预测模型

当细胞表面受体接收到蚁后信息素缺失的信号，Ca^{2+} 通过 Ca^{2+} 通道进入细胞质与 CaM 结合；Ca^{2+}-CaM 作用于 Ras，并通过 Ras-MAPK 通路将信号传导到细胞核内，调控基因的特异表达，最终导致工蚁向补充生殖蚁的转变

① Caldwell PE, Walkiewicz M, Stern M. Ras activity in the *Drosophila* prothoracic gland regulates body size and developmental rate via ecdysone release[J]. Curr Biol. 2005, 15:1785–95.

② Cha DS, Datla US, Hollis SE, et al. The Ras-ERK MAPK regulatory network controls dedifferentiation in *Caenorhabditis elegans* germline[J]. Biochim Biophys Acta, 2012, 1823:1847–55.

1.4.3.5 调控卵母细胞生长期发育的相关基因

我们对圆唇散白蚁雌性末龄若蚁和3种类型雌性生殖蚁的比较转录组进行了分析，筛选出6个与卵母细胞生长期发育相关的基因：*cell division cycle protein 20*、*cyclin-dependent kinase 1*、*G2/mitotic-specific cyclin-B3*、*G2/mitotic-specific cyclin-A*、*aurora kinase A* 和 *serine/threonine-protein kinase polo*，它们在末龄若蚁中表达水平显著高于刚转化的生殖蚁（见图1-17），这可能是由于末龄若蚁生长期的卵母细胞正在启动和进行减数分裂的过程，而转化初期的生殖蚁卵母细胞准备进入卵黄积累阶段。已有的研究表明 cell division cycle 20 作为细胞分裂周期蛋白可以激活后期促进复合物/环小体（anaphase-promoting complex/cyclosome，APC/C），触发细胞分裂中期到后期的转变，启动姐妹染色单体分离；cyclin-dependent kinase 1 作为细胞周期蛋白依赖激酶直接参与细胞周期调控，激发细胞周期各期的顺利进行[①②]。细胞周期蛋白 cyclin 是调控真核生物细胞周期有丝分裂及减数分裂过程的一个十分重要的蛋白家族，G2/mitotic-specific cyclin-B3（Cyclin-B3）是有丝分裂染色体分离启动的一个关键的调控因子；G2/mitotic-specific cyclin-A（cyclin -A）在 DNA 复制启动中起作用，也是 DNA 复制过程中核小体组装所必需的；在果蝇卵巢中调控生殖干细胞的发育和分化[③④]。Aurora kinase A 对细胞中心体的成熟、纺锤体组装和染色体凝集过程有调节作用，是有丝分裂中必需的激酶，

---

① Lara-Gonzalez P, Moyle MW, Budrewicz J, et al. The G2-to-M transition is ensured by a dual mechanism that protects Cyclin B from Degradation by Cdc20-activated APC/C[J]. Development Cell, 2019, 51(3): 313-325.

② Shi F, Feng X. Decabromodiphenyl ethane exposure damaged the asymmetric division of mouse oocytes by inhibiting the inactivation of *cyclin-dependent kinase 1*[J]. The FASEB Journal, 2021, 35(4): e21449.

③ Liu T, Wang Q, Li W, et al. Gcn5 determines the fate of *Drosophila* germline stem cells through degradation of Cyclin A[J]. FASEB Journal, 2017, 31(5): 2185-2194.

④ Garrido D, Bourouh M, Bonneil E, et al. Cyclin B3 activates the Anaphase-Promoting Complex/Cyclosome in meiosis and mitosis[J]. Plos Genetics, 2020, 16(11): e1009184.

在动物卵母细胞成熟和激活过程中起着关键性的作用；serine/threonine-protein kinase polo（polo kinase）为 polo 激酶，与减数分裂恢复过程中的协调事件有关，对纺锤体形成有着重要的作用；敲除小鼠 *polo* 基因导致减数分裂在同源染色体分离之前停止，导致小鼠不能生育[①②]。我们认为这些与末龄若蚁卵母细胞生长期发育相关的基因表达也可能与工蚁卵母细胞发育的抑制和启动有关系。

我们检测发现这 6 个基因在工蚁和前补充生殖蚁的表达水平较低，而当转化为补充生殖蚁之后全部高表达，表明卵母细胞发育的恢复和减数分裂启动从补充生殖蚁开始。当卵母细胞进入生长期时，细胞核正处于第一次减数分裂的前期，卵母细胞合成和积累大量物质并进行 DNA 复制，这个时期对卵母细胞的成熟、受精和胚胎发育具有非常重要的意义。*Cell division cycle 20* 表达水平低的雌性小鼠没有或很少生育后代，在调节果蝇卵母细胞减数分裂中也很重要；*Cyclin-dependent kinase 1* 可以调控减数分裂的恢复和进程[③]。敲除 *cyclin B3* 的小鼠不育，用青蛙、斑马鱼和果蝇的 cyclin B3 可以使 cyclin B3 缺陷小鼠卵母细胞的减数分裂恢复[④⑤]。*G2/mitotic-specific cyclin-A* 在日本沼虾 *Macrobrachium nipponense* 卵巢不同发育阶段的表达与卵巢成熟程度呈正相关，与卵原细胞的增殖和卵母细胞的形成有关；*Serine/threonine-protein kinase polo* 在 G2 期和 M 期表达较高，表达低时会导致卵母细胞减

---

① Nguyen AL, Schindler K. Specialize and divide (twice): Functions of three aurora kinase homologs in mammalian oocyte meiotic maturation[J]. Trends in Genetics, 2017, 33(5): 349-363.

② Little TM and Jordan PW. PLK1 is required for chromosome compaction and microtubule organization in mouse oocytes[J]. Moleular Biology of the Cell, 2020, 31(12): 1206-1217.

③ Li J, Qian WP, Sun QY. Cyclins regulating oocyte meiotic cell cycle progression[J]. Biology of Reproduction, 2019, 101(5): 878-881.

④ Guan WZ, Qiu LJ, Zhang B, et al. Characterization and localization of cyclin B3 transcript in both oocyte and spermatocyte of the rainbow trout (*Oncorhynchus mykiss*)[J]. PEERJ, 2019, 7: e7396.

⑤ Karasu ME, Bouftas N, Keeney S, et al. Cyclin B3 promotes anaphase I onset in oocyte meiosis[J]. Journal of Cell Biology, 2019, 218 (4): 1265-1281.

数分裂的阻滞[①]。工蚁转化的补充生殖蚁与若蚁转化的补充生殖蚁不仅外部形态有显著差异，而且卵母细胞发育水平不同，若蚁转化的补充生殖蚁可以直接进入卵子发生的最后一个阶段（卵黄形成期），而工蚁转化的补充生殖蚁卵子发生将恢复第二阶段的发育（卵母细胞生长期）。因此，可以推测若蚁转化的补充生殖蚁比工蚁转化的补充生殖蚁产卵要早。工蚁蜕皮转化成前补充生殖蚁之后，卵母细胞和滤泡细胞形态结构没有显著改变。因此，这些基因在工蚁、前补充生殖蚁和补充生殖蚁中表达水平差异明确了雌性工蚁向补充生殖蚁转化过程中卵母细胞发育的恢复是从转化为补充生殖蚁开始的[②]。

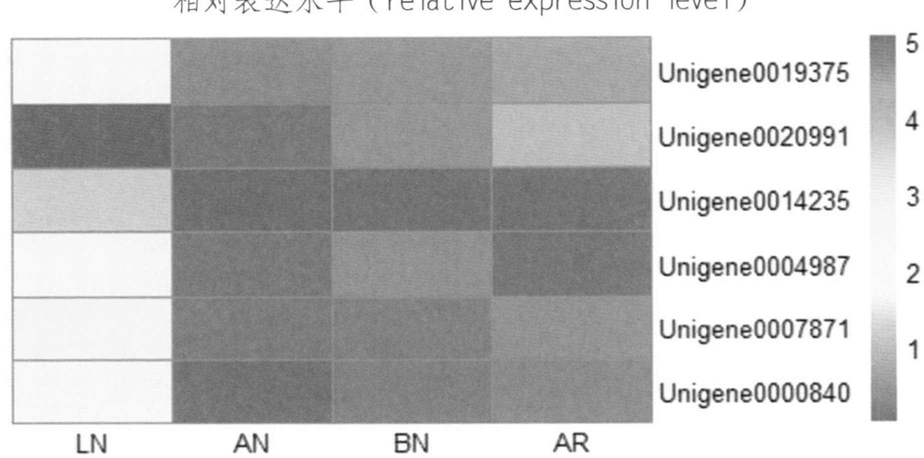

图 1-17 圆唇散白蚁 6 个与卵母细胞生长期发育相关的基因在末龄若蚁和生殖蚁中的差异表达热图

LN：末龄若蚁；AN：拟成虫型补充生殖蚁；BN：翅芽型补充生殖蚁；AR：成虫

Unigene0019375：*cell division cycle protein 20*；Unigene0020991：*cyclin-dependent kinase 1*；Unigene0014235：*G2/mitotic-specific cyclin-B3*；Unigene0004987：*G2/mitotic-specific cyclin-A*；Unigene0007871：*aurora kinase A*；Unigene0000840：*serine/threonine-protein kinase polo*

① Zhou ZY, Fu HT, Jin SB, et al. Function analysis and molecular characterization of cyclin A in ovary development of oriental river prawn, *Macrobrachium nipponense*[J]. Gene, 2021, 788: 145583.

② 叶晨旭，宋转转，张文秀，等．圆唇散白蚁工蚁生殖可塑性相关的性腺发育和基因表达 [J]. 昆虫学报，2022, 65(6): 657-667.

第 2 章

原始数据的处理

转录组数据处理的一切开始于下机的原始数据，原始数据往往达到了几十 G 甚至上百 G，它们由庞大且纯粹的碱基序列组成，我们无法从单纯的原始数据上看出任何问题，所以处理原始数据是我们一切后续实验的基础。本章的操作均在 Ubuntu 系统上完成，此处推荐读者使用 conda 来安装各种工具。

本章内容包括：

- 原始数据的拼接
- 预测 CDS 序列
- 获得原始计数
- GO、KEGG 注释

2.1 原始数据的概览

从测序仪上得到的原始数据往往是以压缩文件的形式保存，解压后会得到 FASTQ 格式的文件，可以用记事本直接打开，它记载了每一个读段（reads）的编号、碱基序列以及每个碱基的质量分数。如图 2-1 所示：

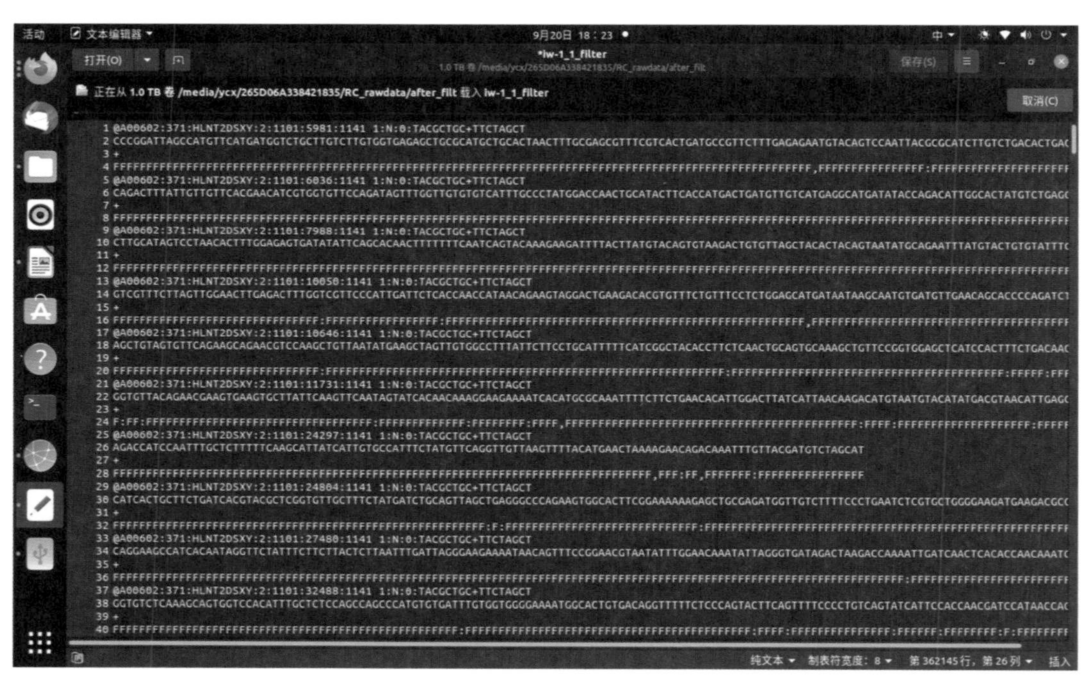

图 2-1　原始数据文件

上图是一个 FASTQ 文件，记载了 iw-1 这个样本的左端测序结果，所以记为 iw-1_1，与之对应的 iw-1_2 是 iw-1 的右端测序结果，此处我们只需关注 iw-1_1。文件的第一行可以看作是这个读段的编号或是名称，第二行是这个读段的碱基序列。第四行是以 ASCII 码表示的每一个碱基的质量分数，也叫作 Phred 分数。之所以用 ASCII 码而不是数字来表示质量分数，是由于质量分数包括了两位数字（如 18、

39、40 等），既占用大量空间也不方便阅读，所以选用只占一个字符空间的 ASCII 码来代替。需要注意的是，这些 ASCII 码对应的数值并不直接代表碱基的质量分数。根据不同测序仪的规定，需要用 ASCII 码换算出的数值减去 33 或者 64 才是最终的碱基质量分数，其范围约为 0 ~ 40，数值越大代表此碱基质量越好，不同测序仪的 Phred 分数略有不同。这种在原始质量分数的基础上加 33 或 64，然后换算成 ASCII 码来表示碱基质量分数的方法常被称为“Phred+33”和“Phred+64”[①]。从第五行开始，是下一个读段的信息，模式同上。

和大家分享一个简单判断一个 FASTQ 文件的碱基质量分数是用“Phred+33”还是“Phred+64”体系表示的。我们以上图所示的 FASTQ 文件为例，碱基质量分数多为“F”和“：”，其对应的数值为 70 和 58，若是“Phred+33”体系，则质量分数为 37 和 25；若是“Phred+64”体系，则质量分数为 6 和 –6。很显然后者是不可能的，所以我们的 FASTQ 文件是以“Phred+33”体系来表示质量分数的，而且现在大多数 FASTQ 文件的质量分数都是用“Phred+33”体系来表示质量分数。碱基质量分数的表示体系在后续处理的时候有时会作为一个参数被提供给分析软件。

2.2 原始数据的过滤

当我们得到 FASTQ 格式的原始数据之后，不能够直接用它们来进行拼接，这是因为：① 测序结果中的 reads 包含了不属于样本的序列，通常为 reads 两端接头序列（Adapter）。② 有些 reads 的质量不符合要求，本身就有着较高的错误率，这点可以通过质量分数来判断。③ 有些序列的复杂度很低（指 reads 中同样的碱基重

① 高山，欧剑虹，肖凯．R 语言与 Bioconductor 生物信息学应用 [M]. 天津：天津科技翻译出版公司，2014.

复出现，如 GGGGGCCCCCTTTTT 或是 3’端的 polyA）。在本实验中，用 fastp 软件（linux 系统）对原始数据进行了如下筛选：

· 去除 3’端的 polyX 尾巴。

· 去除低复杂度的序列。复杂度的判定标准是在一个读段中，每一个碱基与下一个碱基不同的情况（base[i] != base[i+1]）所占的比例。低于某个阈值则被去除。

· 在 reads 的两端设定一个长度为 5bp、向另一端移动的判定框，当框内碱基的平均质量小于 20 时，舍弃框中的碱基并继续移动，反之则停止。

· 去除接头序列（在处理双端测序结果时，软件会自动比较识别接头序列）。

· 当一个读段中碱基质量分数低于 20 的碱基比例超过 40% 时，去除该读段。

以下是代码实例：

```
source activate ycx
fastp --in1 IW-1_1.fq --in2 IW-1_2.fq --out1 iw-1_1_filter --out2 iw-1_2_filter -x -q 20 -u -y -Y -5 -3 --cut_window_size 5 --cut_mean_quality 20
```

· --in1 输入测序结果中结尾为 1 的 FASTQ 文件。

· --in2 输入测序结果中结尾为 2 的 FASTQ 文件。

· --out1 指定 --in1 对应的输出文件名。

· --out2 指定 --in2 对应的输出文件名。

· -x 除去 3’端的 polyX 尾巴。

· -q 设置一个质量分数，达到这个值的碱基被认为是合格碱基，反之为不合格碱基。默认为 15，此实验中设置为 20。

· -u 当一个读段中不合格的碱基数比例超过多少时，清除该读段。默认为 40，代表 40%。

· -y 启用低复杂度读段过滤。

· -Y 设定复杂度阈值，低于多少复杂度的读段将被清除，默认为 30，代表 30%。

· -5 生成 5’端的判定框。

· -3 生成 3’端的判定框。

· --cut_window_size 设定判定框大小，默认为 4，此实验中设置为 5。

· --cut_mean_quality 设定判定框中碱基质量平均值的阈值，默认为 20。

输出结果：

过滤完成后，fastp 会生成 4 个文件，其中两个为过滤后的 FASTQ 文件，另外两个为质量评估报告以及分析记录。如图 2-2 所示：

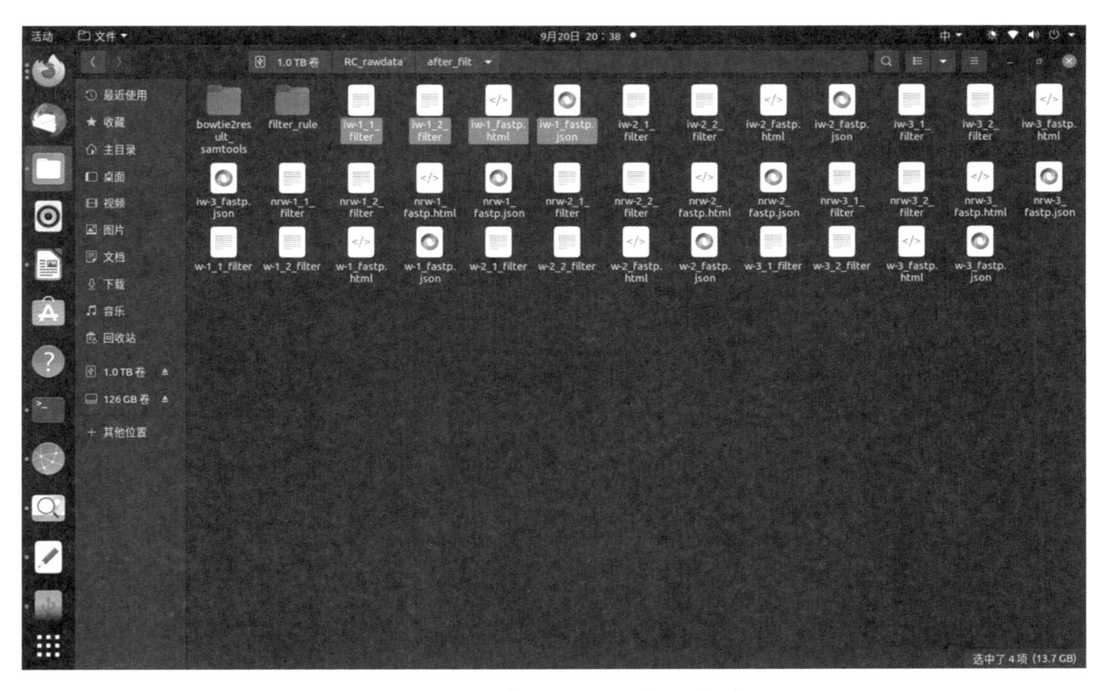

图 2-2　过滤后的原始数据文件

图 2-2 中被圈出的四个文件是本次实验中 iw-1 样本的质量过滤结果文件，iw-1_1_filter 是 iw-1_1 过滤后的文件，iw-1_2_filter 是 iw-1_2 过滤后的文件。图 2-3 和图 2-4 是格式为 html 的文件结果展示，它以网页的形式展示了过滤前后数据的质量差别、reads 数、碱基数等情况的报告，并给出了直观的结果图。图 2-5 和图 2-6 是格式为 json 的文件结果展示，它以文本的形式展示了和 html 文件类似的数据，但缺少了统计图展示。

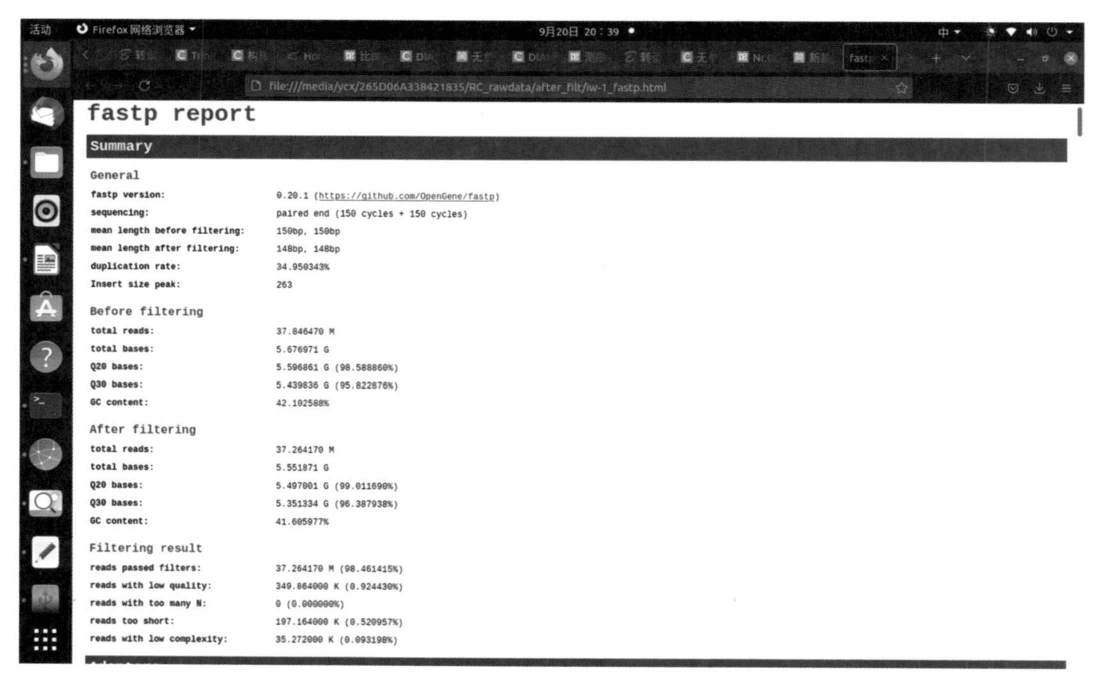

图 2–3　过滤结果中的 html 格式文件（过滤结果概要部分）

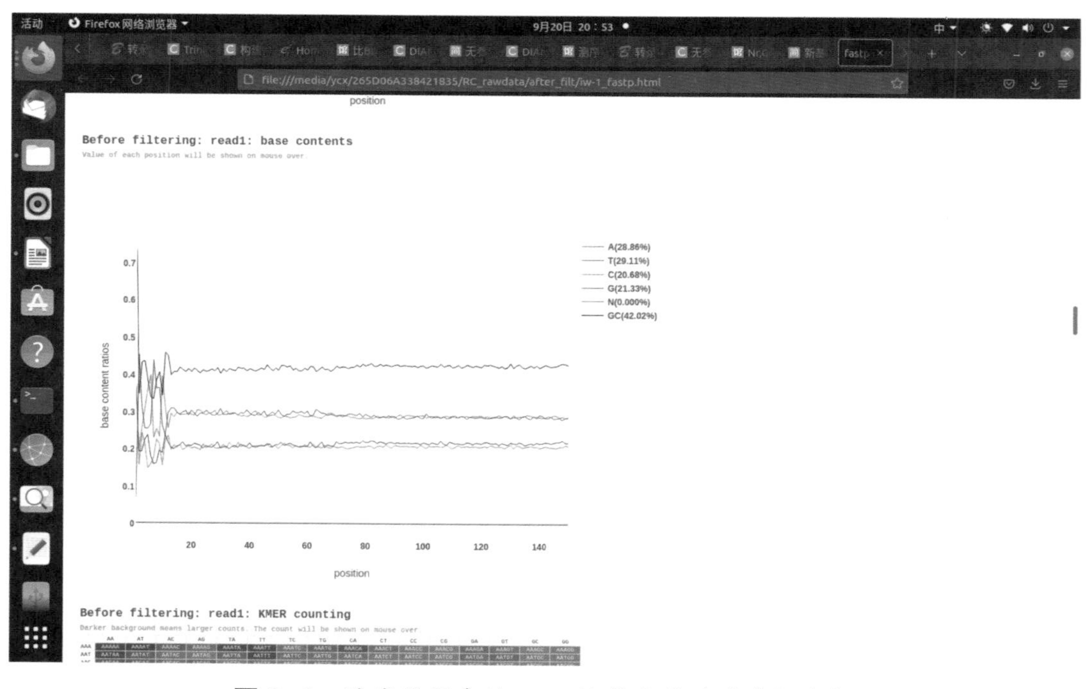

图 2–4　过滤结果中的 html 格式文件（碱基组成）

```
1{
2        "summary": {
3                "before_filtering": {
4                        "total_reads":37846470,
5                        "total_bases":5676970500,
6                        "q20_bases":5596860500,
7                        "q30_bases":5439836404,
8                        "q20_rate":0.985889,
9                        "q30_rate":0.958229,
10                       "read1_mean_length":150,
11                       "read2_mean_length":150,
12                       "gc_content":0.421026
13               },
14               "after_filtering": {
15                       "total_reads":37264170,
16                       "total_bases":5551870849,
17                       "q20_bases":5497001156,
18                       "q30_bases":5351333859,
19                       "q20_rate":0.990117,
20                       "q30_rate":0.963879,
21                       "read1_mean_length":148,
22                       "read2_mean_length":148,
23                       "gc_content":0.41606
24               }
25       },
26       "filtering_result": {
27               "passed_filter_reads": 37264170,
28               "low_quality_reads": 349864,
29               "too_many_N_reads": 0,
30               "low_complexity_reads": 35272,
31               "too_short_reads": 197164,
32               "too_long_reads": 0
33       },
34       "duplication": {
35               "rate": 0.349503,
36               "histogram": [2370540,807460,287285,100082,35228,12567,4574,1762,768,356,182,94,63,43,43,19,21,19,14,10,12,9,10,6,8,6,4,3,3,1,58],
37               "mean_gc":
[0.287374,0.294368,0.298784,0.303385,0.303437,0.305024,0.306807,0.293744,0.285606,0.252732,0.224865,0.22499,0.185621,0.143639,0.126767,0.167802,0.1
38       },
39       "insert_size": {
40               "peak": 263,
```


图 2-5　过滤结果中的 json 格式文件（过滤结果概要部分）

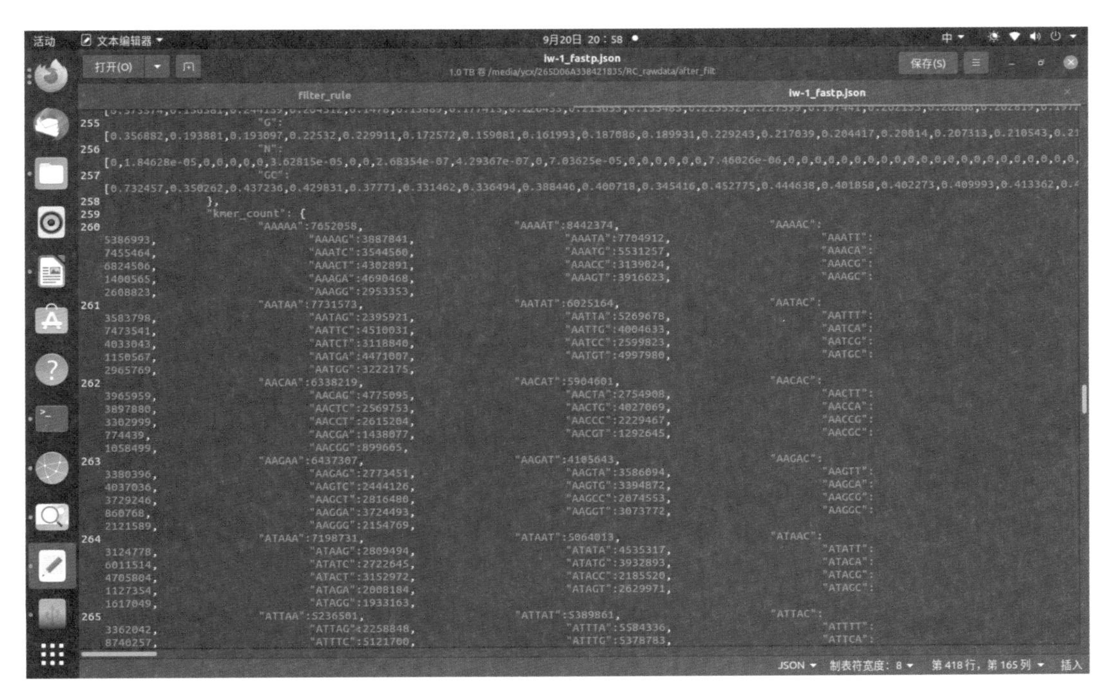

图 2-6　过滤结果中的 json 格式文件（kmer 计数部分）

2.3 原始数据的组装

由于第二代测序仪器的读长有限，在不同品牌之间读长从25bp到450bp不等，所以转录组测序得到的原始数据是被打碎的片段化的reads，有着大量的重复且并不是完整的RNA序列，一个FASTQ文件可以达到十几G甚至更大。故而需要先根据FASTQ文件中不同reads间的重复区域或是比对到参考序列进行组装拼接，从而得到较长的序列。序列的拼接分为两种：①无参转录组的从头组装（de-novo），这类转录组没有参考序列，组装依赖于reads间的重复序列，占用内存大、耗时长，但在发现转录本的可变剪切、变异方面有优势。许多非模式生物的转录组测序都用的是从头组装，本实验中的白蚁样本也是如此。②基于参考序列的组装。这种组装所需内存小、耗时少，即使测序深度较低也可以很好地被识别出来，但却依赖于参考序列注释的完整性，拼接软件可能会带来错误，对于转录本的可变剪接不能够很好地识别。

2.3.1 从头组装软件：Trinity

2.3.1.1 Trinity 介绍

Trinity是转录组测序结果从头组装最为常用的软件。截至本书撰写时，Triniy的版本已经更新至v2.12.0，但由于网络的问题，在bioconda国内的channel中所能获取的最新版本为v2.8.5。笔者用上述两个版本的Trinity对同一批原始数据进行拼接，v2.12.0版本拼接出来的序列平均长度略大于v2.8.5版本的序列平均长度，说明v2.12.0版本的Trinity可能在处理欠拼接问题上略好于v2.8.5版本的Trinity。

由于第一次安装 Trinity 的过程中出现了许多报错，笔者花费了很长时间才一个问题一个问题地解决过去，所以接下来笔者会给大家说明一下两个版本的 Trinity 安装时的注意事项。

2.3.1.2　安装 Trinity 的 v2.8.5 版本：

可以在 bioconda 中直接获取，并会自动配置好相关联的包，如图 2-7 所示。

图 2-7　在 bioconda 中安装 Trinity v2.8.5 版本

2.3.1.3　安装 Trinity 的 v2.12.0 版本：

首先从 https://github.com/trinityrnaseq/trinityrnaseq/releases 下载 Trinity v2.12.0 压缩包并解压。接下来若是直接按照安装说明里所描述的那样直接在目录下输入 make 则会报错，报错的原因是缺少了必要的相关联包，并且类似的问题在安装过程中出现十次左右。作为一个第一次使用 linux 系统的非生物信息专业学生，笔者在前两次安装 Trinity 时总计花费了接近一个星期才解决所有依赖包的安装。所以在这里分享给可能会面临同样遭遇的读者们一个小技巧：在安装从网上下载的新版 Trinity 时，先在 bioconda 中安装所能获得的最新版本 Trinity，bioconda 会帮我们自动安装好其他所需的依赖包。虽然这些依赖的包可能并不完全适用于更新版本的 Trinity，但至少会帮我们省去大量的麻烦。

在第二次安装时，我还碰到了一个这样的报错：

error: ‘string’ is not a member of ‘std’

note: ‘std::string’ is defined in header <string>,did you forget to ‘#include <string>’?

这是笔者遇到的第一个与未安装依赖包无关的报错。笔者当时纠结了两天才恍然大悟：原来答案已经写在了报错中，只需要往前浏览安装过程，找到出问题所在的文件，打开它并在开头添加‘#include <string>’即可。每个人在不同的电脑上安装时可能都会遇到不同的错误，但是万变不离其宗，我们只需要仔细阅读报错内容，无论是询问别人还是上网搜索类似的问题，花费的时间是一天还是一周，最终都必然能够解决。最后附上两张安装过程的截图以供读者参考（见图 2-8 和图 2-9）。下一部分内容将给读者讲述 Trinity 的具体使用。

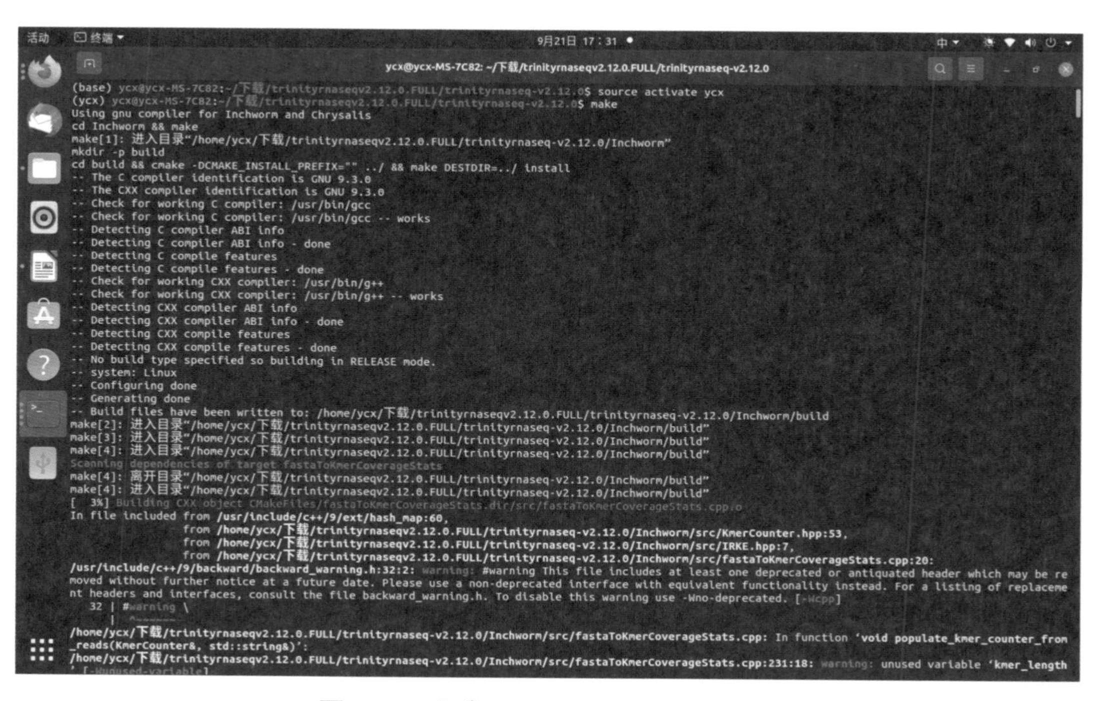

图 2-8　安装 Trinity v2.12.0 版本过程

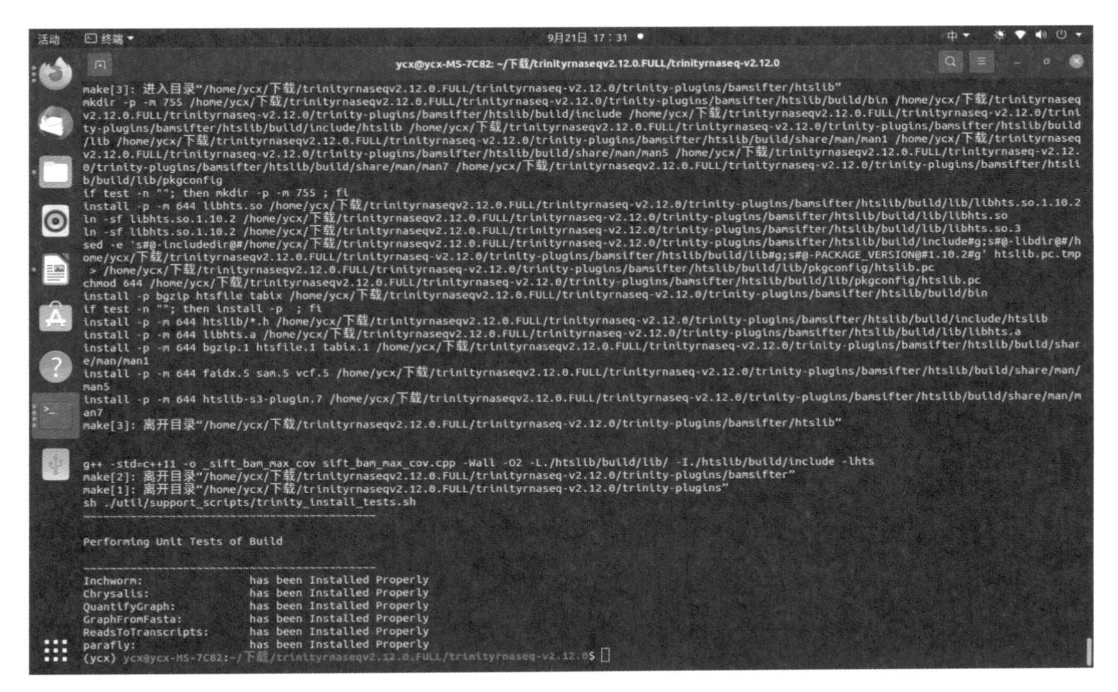

图 2-9　安装 Trinity v2.12.0 版本成功界面

2.3.2 使用 Trinity 对原始数据进行组装

Trinity 的组装原理简单来说就是“分解—重组”。Trinity 会生成一个长方形的框在 reads 上滑动，每次移动一个 bp，并将框中的序列作为一个 kmer 提取出来，框的长度默认为 25，可以手动设置。举个例子，一段 100bp 长的 reads，设定 kmer 大小为 25，那么这条 reads 将会被分解成 100-25+1=76 个 kmer，每个 kmer 与相邻的 kmer 会有 24 个碱基是相同的。以此类推，Trinity 会将原始数据中的所有 reads 都分解成 kmer，然后根据这些 kmer 中的重叠区域一个 bp 一个 bp 地进行延长，直到无法找到下一个与之重叠的 kmer。至此我们就得到了一条拼接后的长序列。

当然，Trinity 有许多参数来把控组装的可靠性，首先我们能想到的就是通过设置相同序列 kmer 需要出现多少次才能够被允许去参与拼接，因为出现次数过少的 kmer（比如在 100G 的原始数据中只出现了一次）很有可能是误差造成的，使用它会对组装结果产生影响并且使得组装结果极为庞大（在本实验中经尝试可能会比去掉低出现次数 kmer 的组装结果大 10 倍以上），这些注意事项也从侧面反映出了 Trinity 对于测序深度的要求。接下来以 Trinity v2.12.0 版本为例讲解常用参数。

读者可以通过 Trinity -h 打开参数用法帮助，通过 Trinity - show_full_usage_info 打开更多参数用法帮助，通过 Trinity --advanced_help 打开高级参数用法帮助。不同版本的 Trinity 用法帮助的排版略有差别，若是嫌麻烦，可以直接打开 Trinity 文件浏览所有参数，如图 2-10 和图 2-11 所示。

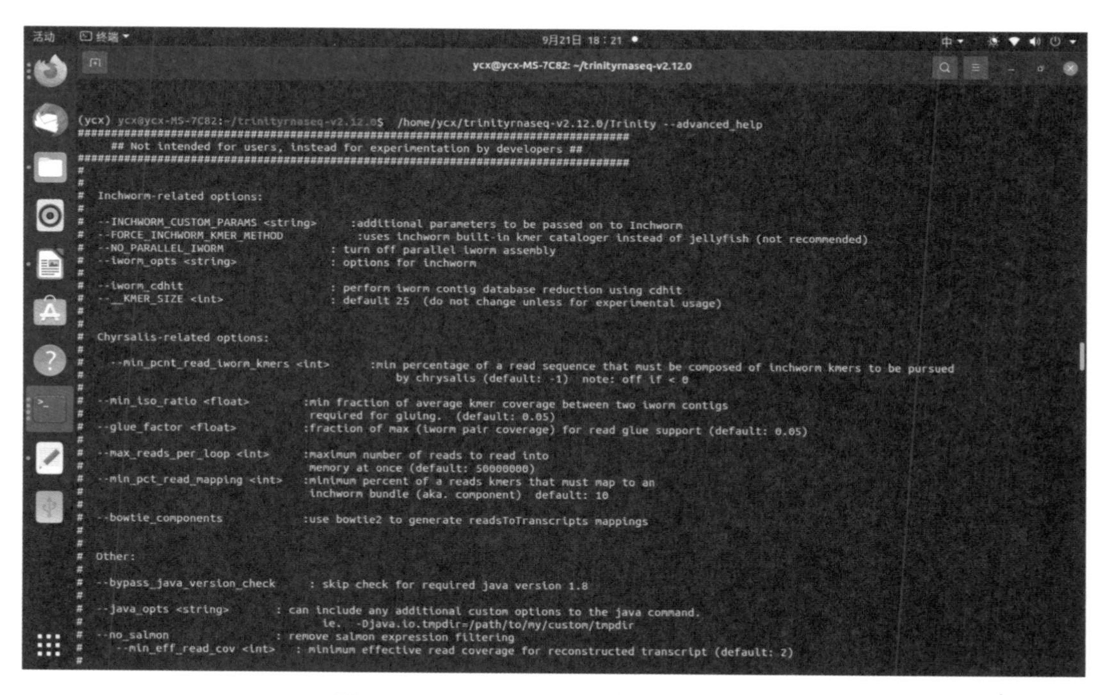

图 2-10　打开 Trinity 参数用法帮助

图 2-11　打开 Trinity 文件查看所有参数用法

接下来演示用 Trinity v2.12.0 进行组装的代码实例：

```
source activate ycx

/home/ycx/trinityrnaseq-v2.12.0/Trinity --seqType fq --max_memory 56G --CPU 8 --min_kmer_cov 36 --__KMER_SIZE 31 --min_glue 72 --left iw-1_1_filter,iw-2_1_filter,iw-3_1_filter,nrw-1_1_filter,nrw-2_1_filter,nrw-3_1_filter,w-1_1_filter,w-2_1_filter,w-3_1_filter --right iw-1_2_filter,iw-2_2_filter,iw-3_2_filter,nrw-1_2_filter,nrw-2_2_filter,nrw-3_2_filter,w-1_2_filter,w-2_2_filter,w-3_2_filter --output /home/ycx/trinity_dirout
```

- --seqType 输入文件格式。
- --max_memory 56G 分给 Trinity 处理数据的内存，越大处理速度越快。
- --CPU 8 分给 Trinity 处理数据的 CPU 数目。
- --min_kmer_cov 每个 kmer 需要出现多少次才被用于拼接，默认为 1。如果没有特殊需求，请至少设置为 2 以减少运算时间，本实验中一共有 18 个 FASTQ 文件参与拼接，按照经验设置为 36。

· --__KMER_SIZE（Trinity v2.8.5 版本中为 --KMER_SIZE，去掉了两个下划线，需要注意）。设定 kmer 长度，默认为 25，本实验中设置为 31。

· --min_glue 每条被拼接好的序列（contig）需要有多少原始数据中的 reads 作为支持才被使用区进行分组。默认为 2，本实验设置为 72。

· --left 输入原始数据中结尾为 1 的 FASTQ 文件，本实验有 9 个，每个文件名以逗号分隔。

· --right 输入原始数据中结尾为 2 的 FASTQ 文件，本实验有 9 个，每个文件名以逗号分隔。

· --output 输出结果文件名称，默认为当前目录。需要注意的是，自己设定的输出文件名称需要带上“trinity”字样，否则会报错。

最后需要提醒读者几个在看网上的教程和练习时不太可能遇到，但在用个人电脑实际操作自己的数据时无法避开的问题：

1. 如果你的原始数据量很大，比如本实验中白蚁测序时，用到了三个发育阶段的样本（w、iw、nrw），每个发育阶段样本按例进行了三个重复，最终得到的原始数据在解压、过滤后达到了 140G。针对这 140G 的数据，Trinity 的输出文件将会达到300G以上。也就是说总计需要将近500G的空间。而笔者的个人电脑（500G 硬盘）最多只分配给 linux 系统约 400G 的空间。这个时候我们可以将原始数据拷贝到移动硬盘上，然后与电脑连接之后再进行 Trinity 组装。但是一定要将输出文件夹建立在电脑本身硬盘的目录内。因为 Trinity 在拼接之前会先将所有输入的原始数据进行汇总，建立总原始数据文件，然后从中读取序列进行分析。输出目录设置在移动硬盘内会使得分析速度大打折扣且容易因为硬盘连接问题而报错。经比较，本实验中的 140G 原始数据，会因为设置输出文件是否在电脑本身硬盘内而使得分析所需时间分别约为 3 天和 40 天，而且在后者分析过程中，硬盘与电脑的连接稍有不灵便会报错。所以在个人电脑硬盘空间不充足的情况下，使用上述推荐的方法便可完美解决。

2. --min_kmer_cov 参数会直接影响分析过程中内存的使用量以及拼接结果 FASTA 文件的大小，在本实验中，设置其值为 1 时，拼接过程内存消耗最大值超过了 60G，一旦内存不足将会报错。产生的 FASTA 文件大小约为 900MB，一个 900MB 的 FASTA 对于转录组来说过于庞大，并且会使得后续的分析极难进行，所以在大多数情况下，请至少设置其值为 2。并且大多数对于非模式生物基因功能分析的情况中，读者可以反复尝试设置更高的值以获得更为可靠的拼接结果。在本实验中，设置其值为 36 时，得到结果 FASTA 文件大小为 84.6MB。

3. 请记住本实验中拼接部分的宗旨：拼接结果序列要少，拼接结果序列要长。避免拼接出又多又短的结果序列（比如在白蚁中拼接出十万以上的 unigene，但是很多 unigene 只有 200bp 左右），否则在后续分析和实验中你将为此头痛然后从头再来。

附上一个 41.8MB 大小的原始数据拼接过程的截图以及输出目录中文件的截图供读者参考比较，如图 2-12、图 2-13、图 2-14、图 2-15 所示。

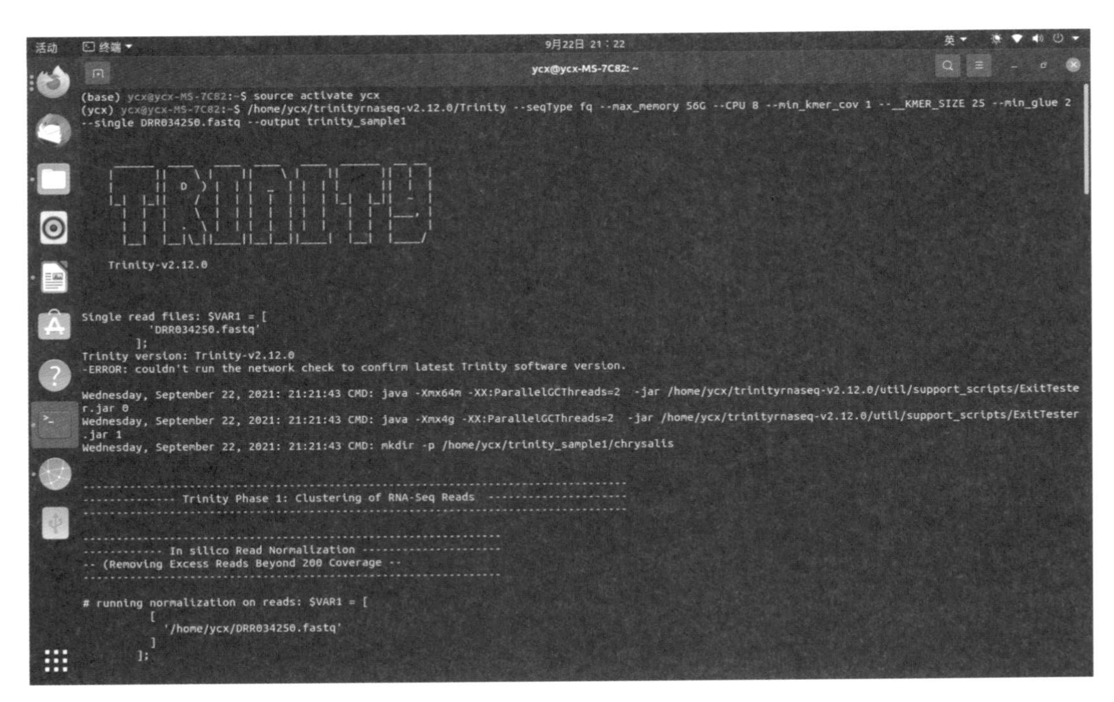

图 2-12 使用 Trinity 开始拼接

图 2-13　显示 Trinity 拼接进度

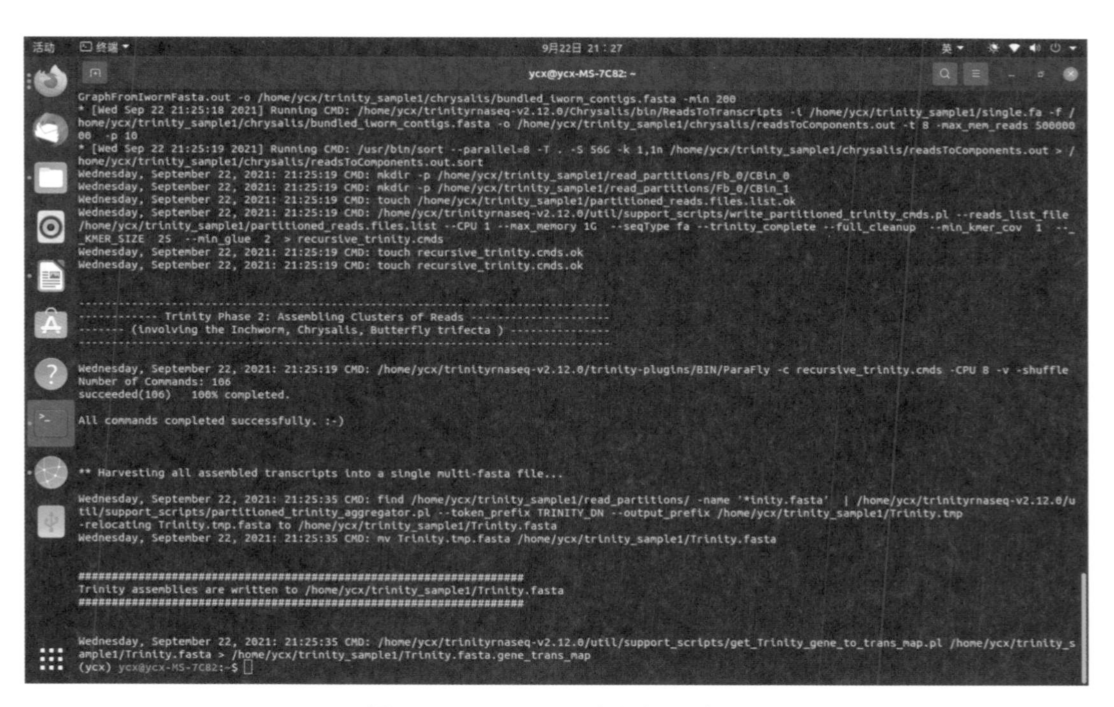

图 2-14　Trinity 拼接成功界面

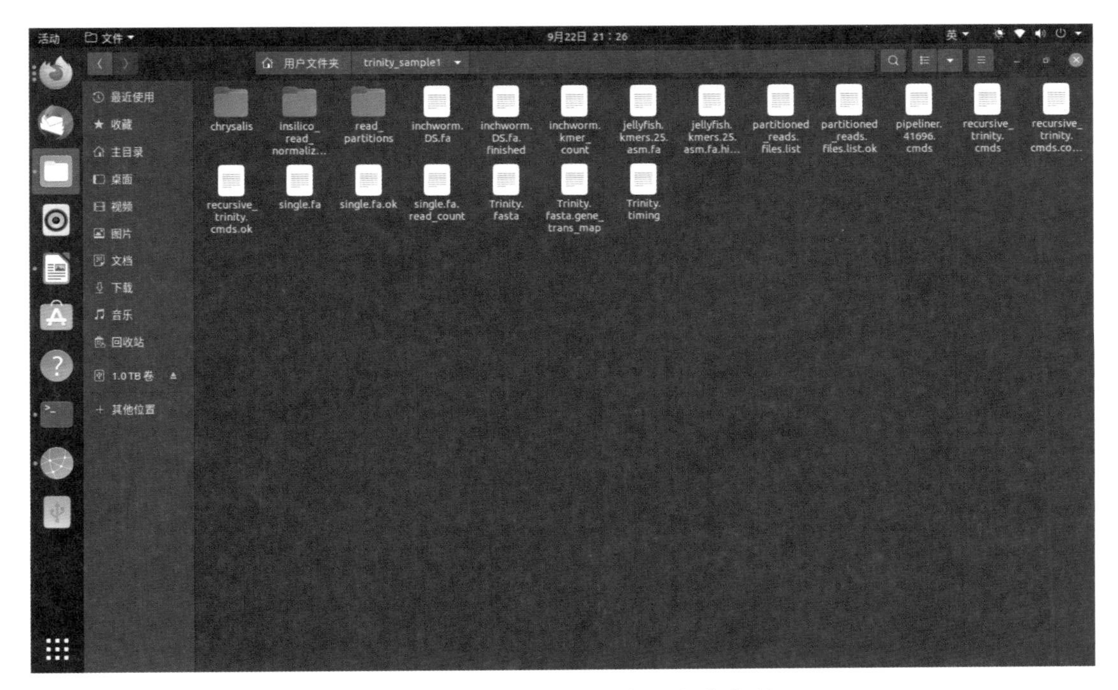

图 2–15　Trinity 拼接结果输出文件

因为此处演示的原始数据文件较小，所以将 --min_kmer_cov 参数设置为 1，--min_glue 参数设置为 2（见图 2–12）。Trinity 会以百分数形式显示运行进度（见图 2–13），读者可以据此大致判断所需时间。图 2–15 输出目录中的 Trinity.fasta 就是最终拼接完成的序列，它也是我们接下来所有分析的根基所在。

2.3.3 用 iAssembler 处理欠拼接问题

原始序列经过 Trinity 的拼接之后，或多或少会存在欠拼接的情况。虽然此时的序列已经可以直接进行后续的预测蛋白编码框、获取原始计数、注释等操作，但磨刀不误砍柴工，为了追求一个完美的结果，我们可以对其进行二次拼接。

处理欠拼接的软件名为 iAssembler，是笔者在阅读《R 语言与 Bioconductor》一书时，书中作者提到的他们实验室所开发的软件，他们用其对菊花基因组

Trinity 拼接结果进行了二次拼接，使得 contig（unigene）数量从 111641 个下降到 98180 个[①]，其效果可见不俗。

读者可以从 bioinfo.bti.cornell.edu/tool/iAssembler 下载 iAssembler。需要注意的是，使用 iAssembler 之前需要先安装 bioperl 的 1.006 以上的版本，可通过如下代码安装：

```
sudo apt install bioperl
```

本实验需要对上一章得到的白蚁的 Trinity.fasta 进行二次拼接，步骤如下：

1. 将 Trinity.fasta 移入 iAssembler 目录下。

2. 在 iAssembler 目录下打开终端，输入代码：

```
perl iAssembler.pl -i Trinity.fasta -a 8 -b 8
```

· -i 输入的 fasta 文件

· -a 为 megablast clustering 步骤分配的 CPU 数目

· -b 为 MIRA 步骤分配的 CPU 数目

本实验中的 Trinity.fasta 大小为 84MB，二次拼接时间约为一天，读者可据此估计自己的数据所需时间。二次拼接完毕后，会在 iAssembler 目录下产生“输入文件名 +_output”的结果文件，其中的 unigene_seq.fasta 就是二次拼接后序列结果（图 2-16 和图 2-17）。

使用 seqkit stats 功能（通过 conda install seqkit 下载）对二次拼接前后的序列信息进行对比发现：① unigene 数目由 57323 降低为 53554。② unigene 平均长度由 1418.3 增加为 1492.1。这正是我们希望看到的结果。接下来，我们将二次拼接得到的 unigene_seq.fasta 文件作为后续分析的源文件。此时读者若是和笔者一样，被 Trinity 结果文件夹中的数据占用了大量储存空间（本实验中约为 300G），可以将其删除或是移动到其他设备上，接下来我们已经不需要用到它了。

① 高山，欧剑虹，肖凯．R 语言与 Bioconductor 生物信息学应用 [M]. 天津：天津科技翻译出版公司，2014.

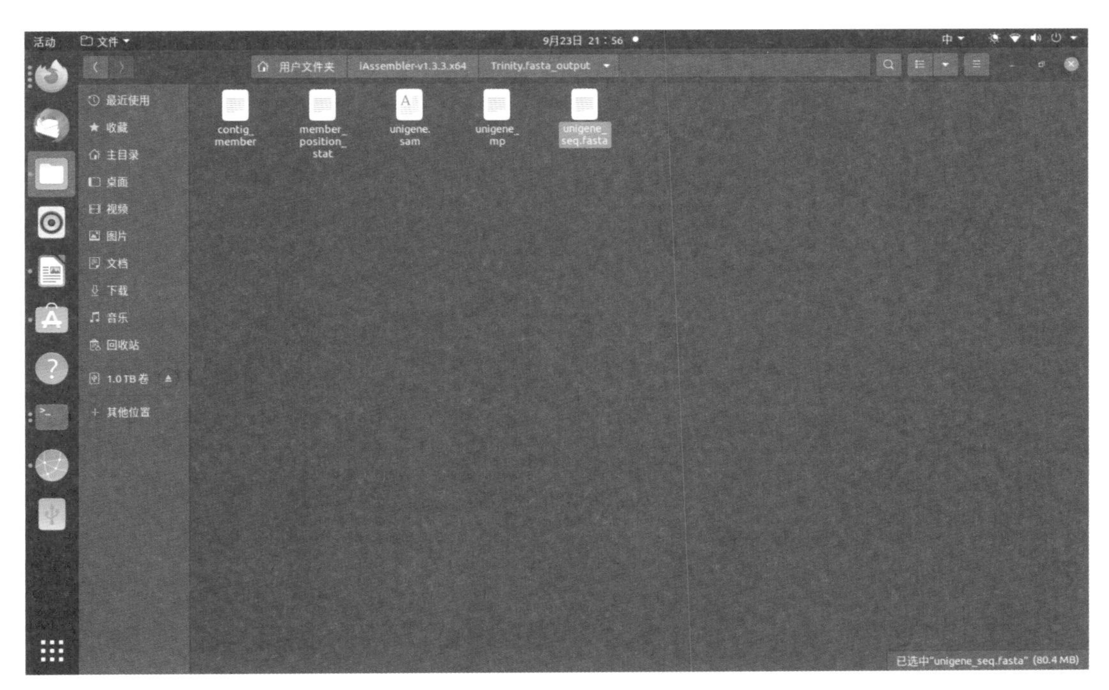

图 2–16　运行 iAssembler 后的输出文件

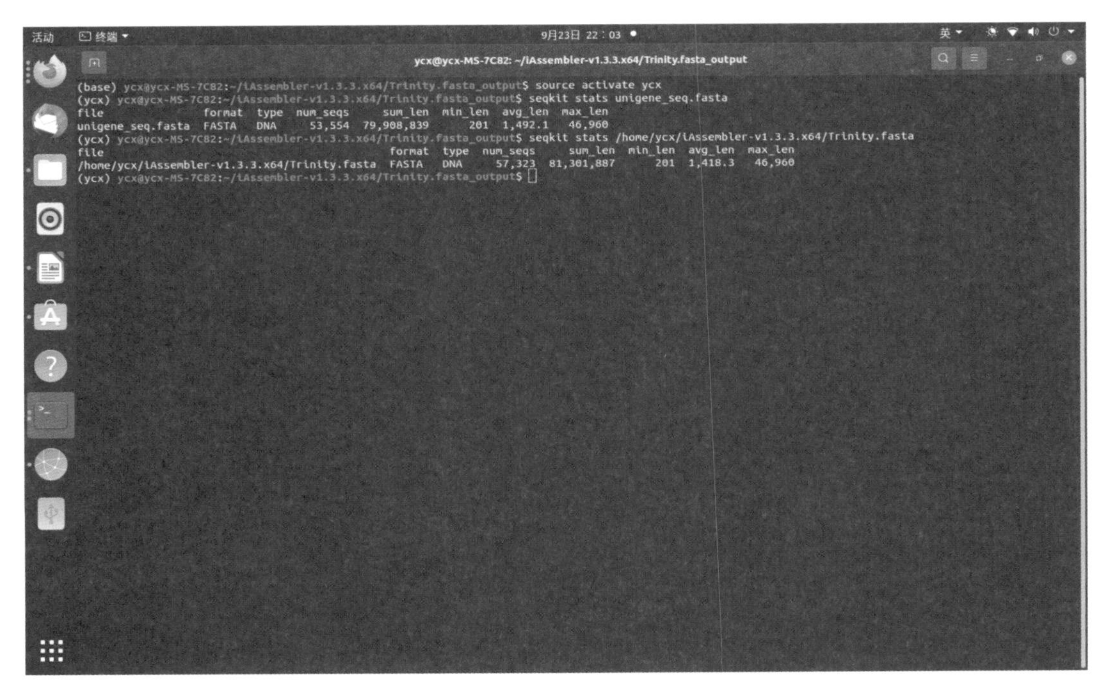

图 2–17　使用 seqkit 查看 iAssembler 处理前后的序列信息

2.4 获得蛋白编码序列（CDS）

2.4.1 CDS基础介绍

经过前面几节的操作后，我们得到了相当可靠的unigene序列，但在这五万多条unigene中，并不是所有的unigene都是我们所需要的，一条unigene中也并不是从头到尾的所有碱基都会被我们关注，举例来说，五万条长度为1000bp的unigene中可能最终只有两万条unigene被筛选出来，这两万条unigene我们也可能只会在每条中取出数百bp作为我们最终所要关注的序列。那么我们要按照怎样的标准去筛选呢？不同的物种、不同的研究方向都会有不同的筛选规则。对于本实验或是大多数非模式生物关于基因、蛋白功能的研究（比如某基因在昆虫品级分化中的调控作用）来说，我们往往需要获取unigene中所包含的蛋白编码序列（CDS），然后通过比较这些CDS序列在实验组和对照组之间的表达差异来预测哪些基因在该物种的哪些表现型中可能起到的作用，这也是对于非模式生物常见的研究方法。

本章中讲述的获取CDS的方法分为三个步骤，因为后续的具体操作步骤较为烦琐，为了帮读者理清头绪，接下来对这三个步骤进行简要的描述：

1. 获取开放阅读框（ORF）。想要预测CDS，需要先获得ORF。如果你在网上查找过关于CDS或ORF的解释，这句话你应该记忆深刻：一个CDS一定是一个ORF，一个ORF未必是一个CDS。也就是说ORF是潜在的CDS。所以我们需要先获取ORF序列，再通过比对从中筛选出CDS。

2. 进行序列比对。想要从ORF中筛选出CDS，就需要将ORF序列比对到各类数据库中看看哪些ORF可以比对到数据库中已有注释的序列，那些未比对到任何结果的ORF将被抛弃，这就涉及数据库的选择。ORF在不同的数据库中进行比对，可能会得到不同的结果，有些数据库较为全面，使得更多的ORF能够比对上；有些数据库只包含那些经过验证的序列从而缩小了数据大小，可以加快比对速度。目前常见的有：NCBI 的 nr 数据库（约 100G，适用于 blast 比对）和 swissprot 数据库（约 100MB，适用于 blast 比对）；Uniprot 的 uniprot-sprot 数据库（解压后约 200MB，适用于 blast 比对）和 TrEMBL 数据库（约 50G，适用于 blast 比对）；EggNOG 的 dmnd 格式数据库（解压后约 9G，适用于 diamond 软件的 blast 比对）和 hmm 格式数据库（真菌中约 19G，适用于 hmmer 软件的基于隐马尔可夫模型的比对）；Pfam 的 hmm 格式数据库（解压后约 1G，适用于 hmmer 软件的基于隐马尔可夫模型的比对）。

3. 根据一种或数种比对方式的结果，从 ORF 中筛选出有注释的 CDS 序列。

需要向读者说明的是，上述第二步所提到的 4 个数据库网站的共计 7 个不同的数据库，对于第一次接触到的读者来说难以区分其不同之处，导致在自己实际进行序列比对时不知道该选择哪个或哪几个数据库。所以在此对这 7 个数据库的作用及特点进行简单的总结：

1. NCBI 的 nr 数据库和 swissprot 数据库、Uniprot 的 uniprot-sprot 数据库和 TrEMBL 数据库都是 FASTA 格式数据，适用于 blast 比对，也就是根据查询序列与数据库中参考序列的碱基是否相同来判断是否比对上。只不过这些 FASTA 的数据库文件都需要先进行格式转换构建索引才能进行比对。以本实验为例，使用 diamond 软件进行比对，需要先用 biamond makedb 功能将 FASTA 格式的数据库文件转化为 dmnd 格式的索引文件后再用 diamond blastp 或 diamond blastx 进行比对。

2. EggNOG 的 dmnd 格式数据库不需要使用 diamond makedb 进行转化，可以直接用于比对。

3. EggNOG 的 hmm 格式数据库和 Pfam 的 hmm 格式数据库都是基于多序列比对以及隐马尔可夫模型构建的蛋白结构域数据库。这类数据库的比对方法与 blast 方法不同，要更为敏感，是由已知状态（要查询的序列碱基排列）推断未知状态（要查询的碱基所属的功能结构域），个人认为有些类似于回归和分类。所以以 hmm 格式数据库为参考进行比较时，需要用到另一个软件：hmmer。同样，在比对之前，需要先用 hmmpress 功能对 hmm 数据库转化。

4. 基于本实验的目的以及实际的计算机性能条件，笔者选用了 Uniprot 的 uniprot-sprot 数据库和 EggNOG 的 dmnd 格式数据库进行 blast 比对；用 Pfam 的 hmm 格式数据库进行 hmm 比对。如果没有特殊需求并且和笔者一样没有网速和高性能电脑的支持，建议读者选用和笔者一样的数据库进行比较。无需担心结果的可靠性，经测试这几个库的比对结果相当令人满意，已经可以满足绝大多数非模式生物基因功能的研究。

2.4.2 用 transdecoder 预测 ORF

注意 transdecoder 有两个功能：TransDecoder.LongOrfs 用来预测 ORF，TransDecoder.Predict 用来预测 CDS，该步骤用 TransDecoder.LongOrfs 表明预测 ORF，代码如下：

```
TransDecoder.LongOrfs –t /home/ycx/unigene_seq.fasta
```

· –t 输入 FASTA 格式的核酸序列，本实验中为上一章中得到的 unigene_seq.fasta 文件。

该步骤运行完毕后会产生四个文件，格式分别为 dat、cds、pep、gff3，其中 cds 和 pep 格式文件分别是预测出的 ORF 以及对应的氨基酸序列，实际上皆为 FASTA 文件。附上运行过程及结果供读者参考（见图 2–18 和图 2–19）。

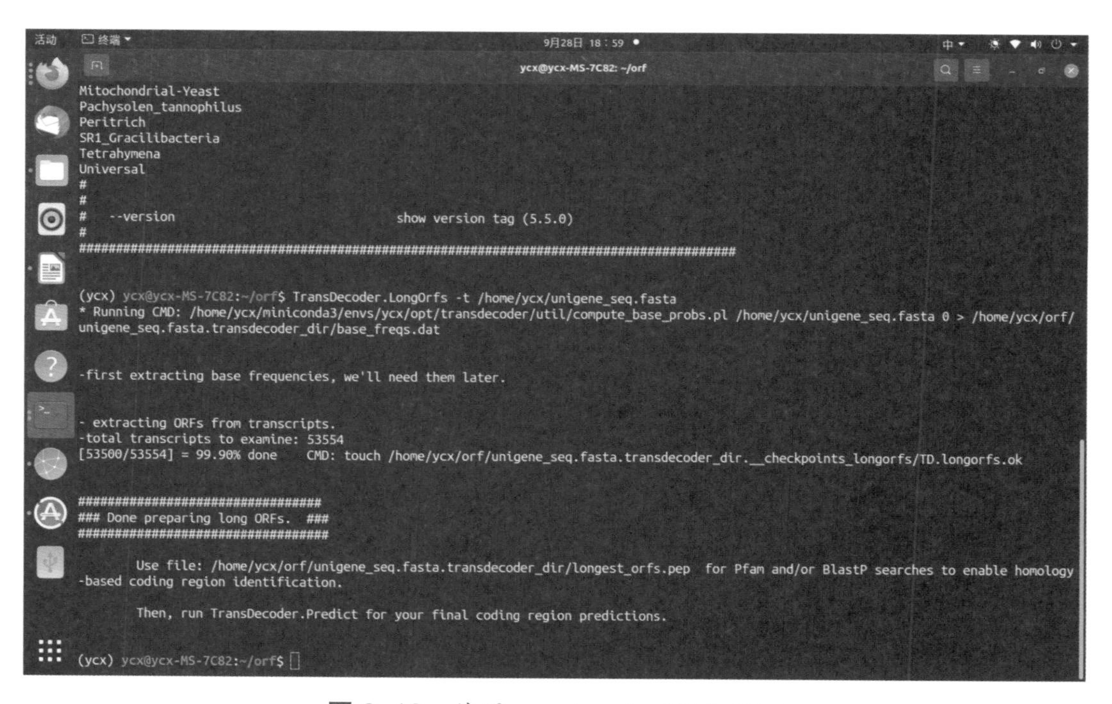

图 2–18　使用 transdecoder 预测 ORF

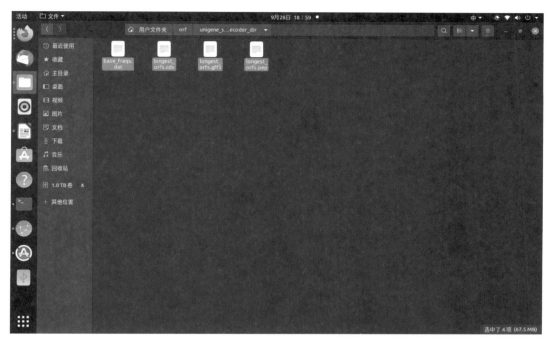

图 2–19　预测 ORF 的输出文件

2.4.3 使用 diamond 建立索引

用 diamond makedb 对 Uniprot 的 uniprot–sprot 数据库建立索引：

diamond makedb ––in /home/ycx/for_blast_db_query/trinotate_download_3tools/uniprot_sprot.fasta ––db uniprot_db

- diamond makedb 执行对 FASTA 格式数据库建立索引命令。
- ––in 输入要被建立索引的 FASTA 格式文件。
- ––db 输出的索引数据库名称。

运行完毕后会得到一个格式为 dmnd 的文件，它就是后续比对时用到的索引数据库。运行过程及结果文件如图 2–20 和图 2–21 所示。

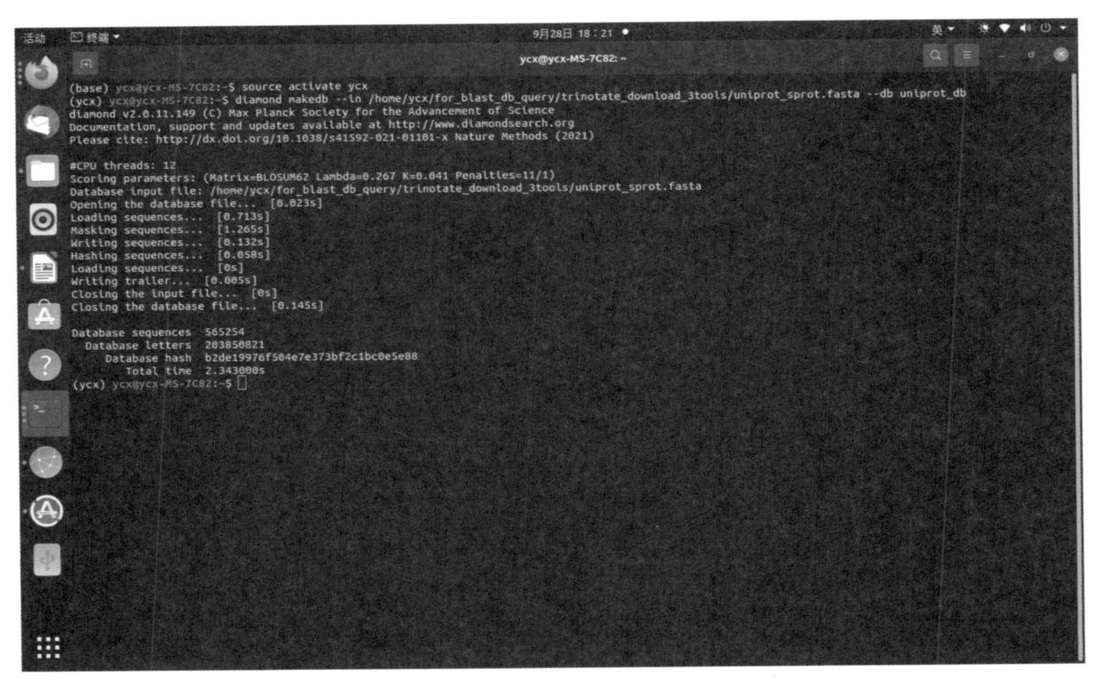

图 2–20　使用 diamond makedb 建立索引

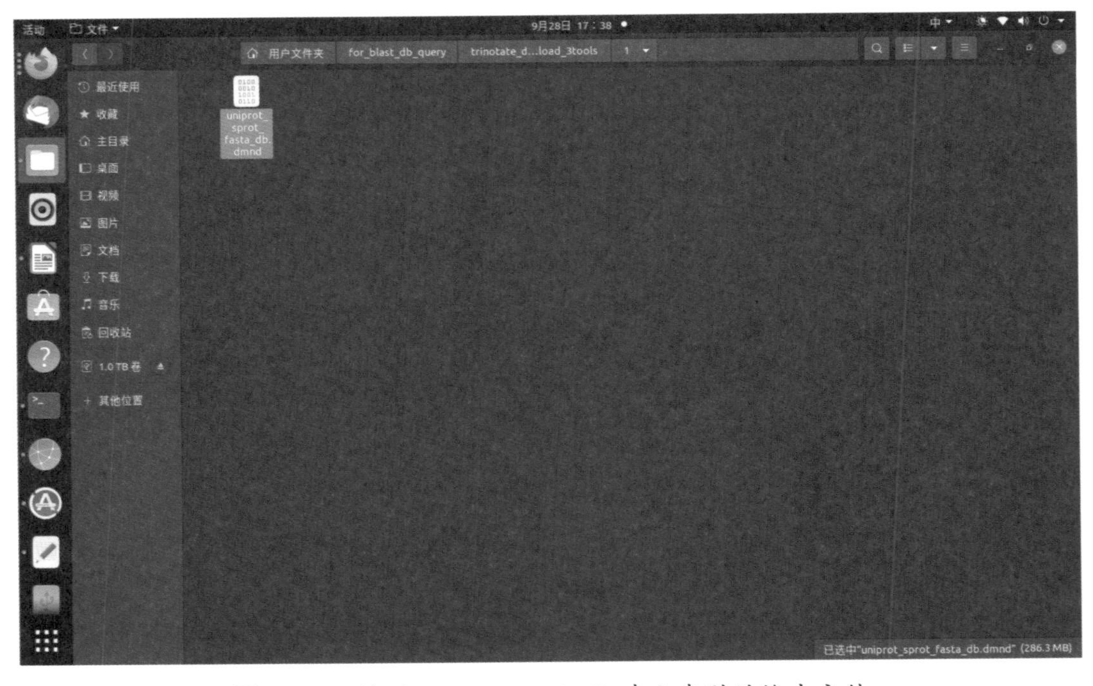

图 2–21　使用 diamond makedb 建立索引的输出文件

需要注意的是，从 EggNOG 可以直接下载 dmnd 格式的数据库，无需经过 diamond makedb 建立索引。

2.4.4 进行氨基酸序列比对和核酸序列比对

建库完成后，就可以进行比对了，我们分别使用 diamond blastp 和 diamond blastx 进行氨基酸序列比对和核酸序列比对，两者用法相似。

使用 diamond blastp 进行氨基酸序列比对：

```
diamond blastp --threads 8 --db uniprot_db.dmnd --out pmatch_outfm6 --outfmt 6 --query /home/ycx/for_blast_db_query/transdecoder_orfresult/longest_orfs.pep -k 1
```

- diamond blastp 将氨基酸序列的 FASTA 格式文件比对到 dmnd 数据库中。
- --threads 设置 CPU 数目。
- --db 输入上一步通过 diamond makedb 命令构建的 dmnd 格式索引数据库。
- --out 输出文件名
- --outfmt 指定输出格式。为了与后续预测 CDS 步骤所需文件格式匹配，该参数为 6，即格式为 outfmt6。
- --query 输入要比对的 FASTA 格式序列，此处需为氨基酸序列。
- -k 每个序列可能比对上多处，此选项限定输出每个序列的比对数目，本实验中只取最好结果（evalue 最小的结果），故为 1。

上述代码为氨基酸序列比对到 Uniprot 的 uniprot-sprot 数据库实例，比对到 EggNOG 的 dmnd 数据库时，仅需将 --db 参数改为 EggNOG 的 dmnd 数据库文件，此处不再赘述。

diamond blastx 与 diamond blastp 类似，但需将 --query 参数改为核酸序列，此处不再赘述。

运行完成后，会在窗口末尾处显示比对上的序列数目，附上运行过程供读者参考（见图 2-22 和图 2-23）。

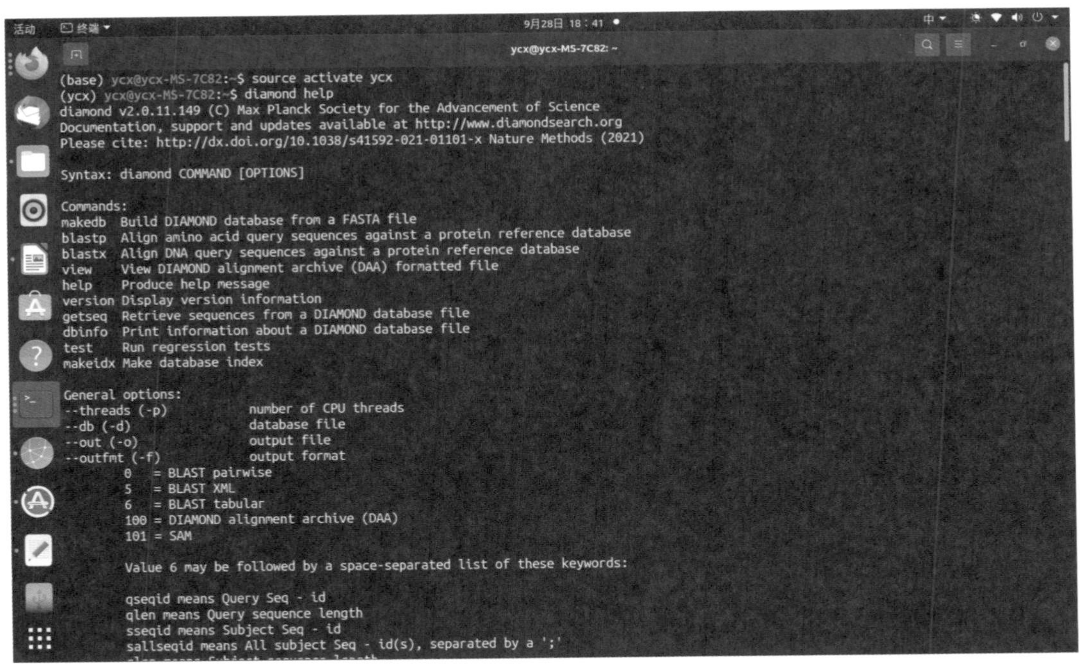

图 2-22　查看 diamond 比对参数用法

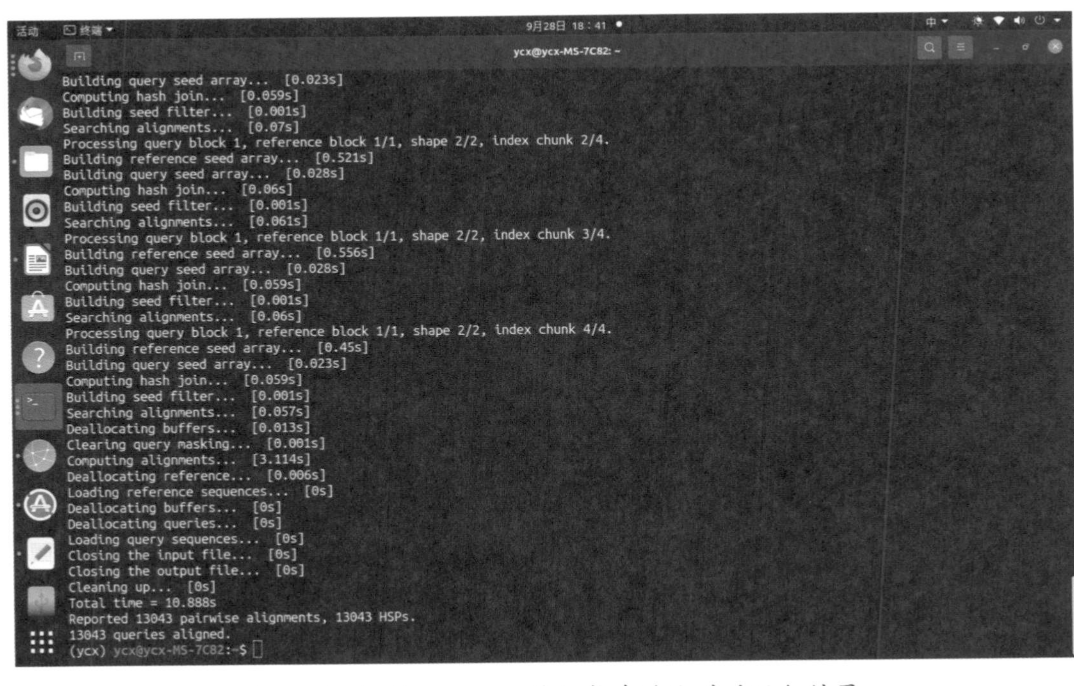

图 2-23　使用 diamond 进行氨基酸比对的运行结果

如上图末尾所示，以 Uniprot 的 uniprot-sprot 数据库作为 --db 参数时，有 13043 条序列比对上。而以 EggNOG 的 dmnd 数据库作为 --db 参数时，有 17634 条序列比对上（此处未演示运行过程，读者可自行尝试）。最终以后者作为 diamond blastp 阶段的最终结果。读者也可以在条件允许的情况下尝试更多的数据库，从而找到更好的比对结果，但也无需钻牛角尖非要将所有已知的数据库全部尝试。以本实验来说，分别以这两个数据的结果进行后续一系列分析，仅仅导致有注释的差异基因数目从 121 增加为 123，当然这也与样本间本身差异基因较少有关。综上所述，读者可根据实验目的、样本间差异基因数等条件判断是否需要尝试多个数据库的比对。

2.4.5 用 hmmer 进行基于 hmm 的蛋白数据库比对

使用 hmmpress 预处理 hmm 数据库，使比对速度更快并构建索引：

```
hmmpress Pfam-A.hmm
```

· Pfam-A.hmm hmm 数据库文件名

这一步结束后会产生 4 个文件，前缀均为输入的 hmm 数据库文件名的前缀（Pfam-A.hmm），后缀分别为 h3f、h3i、h3m、h3p。请不要更改这四个文件名的前缀，使它们保持一致，我们将在下一步的比对中用到它们。附上运行过程及结果供读者参考（见图 2-24 和图 2-25）。

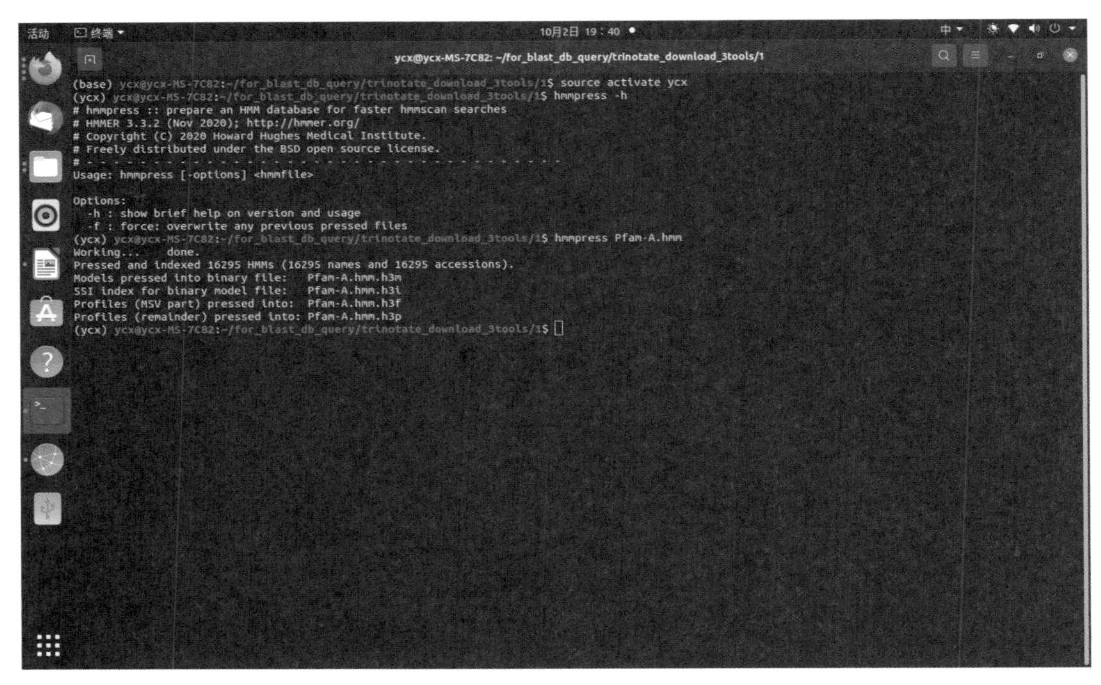

图 2-24　用 hmmpress 构建索引

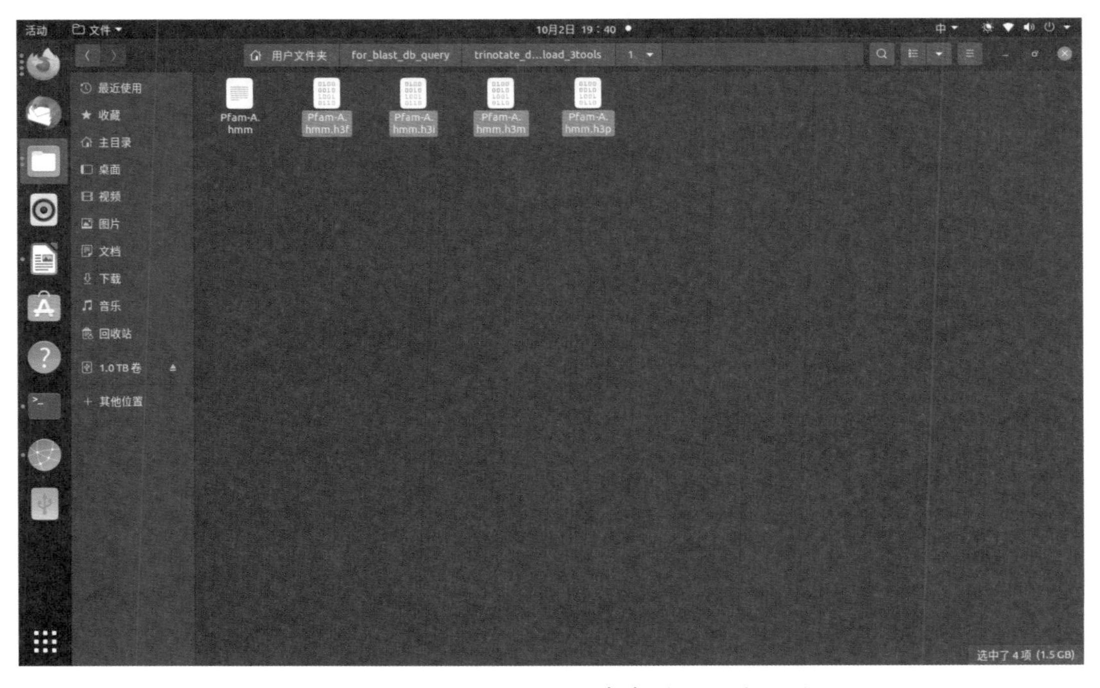

图 2-25　用 hmmpress 构建索引的输出文件

使用 hmmscan 进行比对：

hmmscan --domtblout sample_hmmmatch Pfam-A.hmm sample_pep.pep

· hmmscan 将查询序列比对到经过 hmmpress 处理得到的索引数据库中。

· --domtblout 指明比对结果输出文件为 domain table 格式，这是因为预测 CDS 时需要用到这种格式的比对结果。

· Pfam-A.hmm 经过 hmmpress 处理得到的四个结果文件的前缀。

· sample_pep.pep 输入的查询序列文件名，氨基酸序列和核酸序列皆可。

该步骤运行过程较长，在本实验中将 13.1MB 的氨基酸序列文件比对到 1.3GB 的 hmm 数据库中，耗时约一天。附上一个较小氨基酸序列文件的比对过程及结果供读者参考（见图 2-26 和图 2-27）。

图 2-26　使用 hmmscan 进行比对

图 2–27　使用 hmmscan 比对的输出文件

至此，我们已经得到了 ORF 预测结果、diamond blastp 比对结果以及 hmm 比对结果。我们将基于这三个结果进行最终的 CDS 预测。

2.4.6 用 TransDecoder.Predict 预测 CDS

TransDecoder.Predict –t /home/ycx/unigene_seq.fasta ––retain_pfam_hits /home/ycx/for_blast_db_query/hmmscan_domblout.out ––retain_blastp_hits /home/ycx/for_blast_db_query/newpepmatch.outfm6 –O unigene_seq.fasta.transdecoder_dir

- TransDecoder.Predict 表明预测 CDS。
- –t 输入 TransDecoder.LongOrfs 步骤用到的 FASTA 格式文件。
- ––retain_pfam_hits 输入 hmm 比对结果文件。
- ––retain_blastp_hits 输入 diamond blastp 比对结果文件。
- –O 输入 TransDecoder.LongOrfs 步骤产生的结果文件夹。

这一步运行完成后，会在 TransDecoder.LongOrfs 步骤的结果文件夹内外产生多个文件，其中在文件夹外以 transdecoder.cds 为后缀的文件就是预测出的最终 CDS， transdecoder.pep 为后缀的文件是氨基酸序列。附上运行过程及结果图供读者参考（见图 2–28 和图 2–29）。

图 2–28　使用 TransDecoder.Predict 预测 CDS

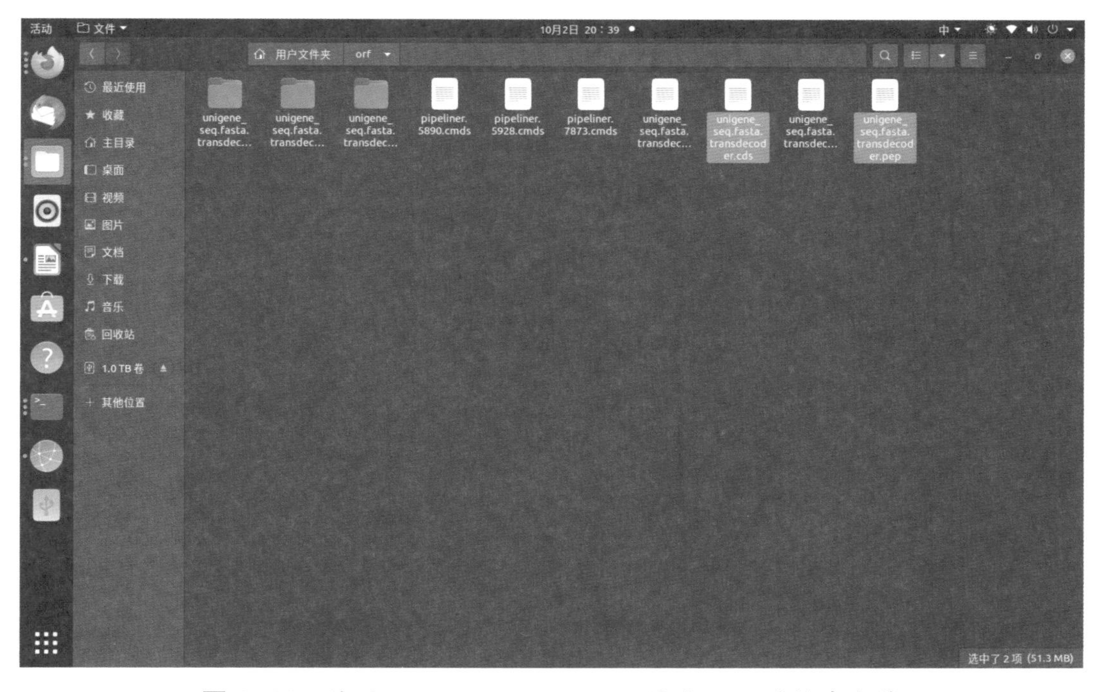

图 2–29　使用 TransDecoder.Predict 预测 CDS 的输出文件

至此，我们已经完成了 CDS 的预测工作，它包含了实验对象可能最终表达为蛋白质的序列。绝大多数的生物分子实验都是围绕着 CDS 文件展开的，比如引物设计。尤其是对于非模式动物的转录组测序来说，只有得到 CDS 文件才能进行后续实验，原始计数、功能富集才能有的放矢。下一部分我们将对 CDS 进行各个样本的原始计数统计。

2.5 使用 biowtie2 和 samtools 获得原始计数

到上一步为止，我们终于获得了样本中所有可能的编码序列，即 CDS，而我们做转录组的初衷是为了探究样本中到底有哪些有功能表达的基因，并且是这些基因中的哪些基因导致了实验组和对照组的表现型差异。所以我们要看看 CDS 中是否有一些序列，它们的表达量在实验组和对照组截然不同，这样我们就可以把目光聚焦在这些序列上，因为它们可能就是导致实验组和对照组有表型差异的元凶。而想要得到表达量，就需要先知道原始计数。我们如果可以知道每一个样本通过测序得来的原始数据，分别有多少 reads 可以比对到 CDS 中，就能得到 CDS 中每一条序列在不同样本中分别出现的次数，即原始计数。

2.5.1 获取原始计数流程简介

获得原始计数，这看似是一个简单的步骤，至少我们在实际操作之前也是这么想的，可当我们真正开始实战时，却遇到了各种各样的问题，而且由于版本问题以及资料提供者之间有着不同的操作习惯，再者网上的许多教程都是相互复制粘贴（甚至有时候都没有复制全）得来的，也很少有教程告诉你运行成功之后是什么样子的，所以你很难照着他们的方式得到原模原样的结果。我们将网上的方法作为参考，自己在报错中反复地尝试，将自己计算原始计数的过程归为以下几个步骤：

1. 使用 bowtie2-build 对参考序列文件（本实验中的 CDS）构建索引。

2. 使用 bowtie2 得到 sam 文件。

3. 使用 samtools view 将 sam 文件转换为 bam 文件。

4. 使用 samtools sort 对 bam 文件排序。

5. 使用 samtools index 对排序过的 bam 文件建立索引。

6. 使用 samtools idxstats 得到原始计数结果。

在开始演示代码实例前，我们先来逐一了解各个步骤的作用。首先我们需要将自己的参考序列处理成适用于 bowtie2 的索引数据库，在经过上一章的数据库比对后，我们对于构建索引这一步已经习以为常了。通过第二步的 bowtiw2 软件处理，我们其实已经得到了 sam 格式的比对结果，但是这个结果相当大（在本实验中总计 152.5GB），并没有进行排序也不利于使用者进行查询访问结果。于是我们需要用 samtools view 将 sam 文件压缩为 bam 文件（本实验中总计 29.2GB），这对于个人电脑来说也的确相当友善。

我们当然是希望所有的比对结果能够有一个统一的排序，最好是能够按照我们的 CDS 文件中序列的顺序，于是我们对每一个 bam 文件使用 samtools sort 进行排序，这样所有样本的原始计数结果顺序都与我们在第一步提供的 CDS 文件序列顺序一致了。至于第五步，如果你在网上查阅过 samtools 的使用方法，那么得到的答案往往是：需要进行 samtools index 步骤建立索引才可以进行后续的步骤。这个答案很稳妥，但是经过尝试，对于我们想要获得原始计数的需求来说，这一步不是必需的，只是可能会得到如下的提醒：‘[E::idx_find_and_load] Could not retrieve index file for 'iw-1_bamresult.sort' samtools idxstats: fail to load index for "iw-1_bamresult.sort", reverting to slow method’。万无一失起见，我们还是加上这一步骤，这并不会花掉很多时间。最后我们通过第六步的 samtools idxstats 就可以得到原始计数，结果中还很贴心地给出了序列长度以及没有做到两端都比对上该序列的 reads 数。

2.5.2 代码实例

使用 bowtie2-build 对参考序列文件（本实验中的 CDS）构建索引：

bowtie2-build [options] <reference_in> <bt2_index_base>

- options 本实验中无需额外设置。
- reference_in 输入的 CDS 文件。
- bt2_index_base 输出文件名的前缀。

这一步并无参数需要调整，读者需要注意运行结束后会产生 6 个前缀一样、后缀一样、中间名不同的文件，请不要擅自更改文件名称，附上运行过程及结果图供读者参考（见图 2–30 和图 2–31）。

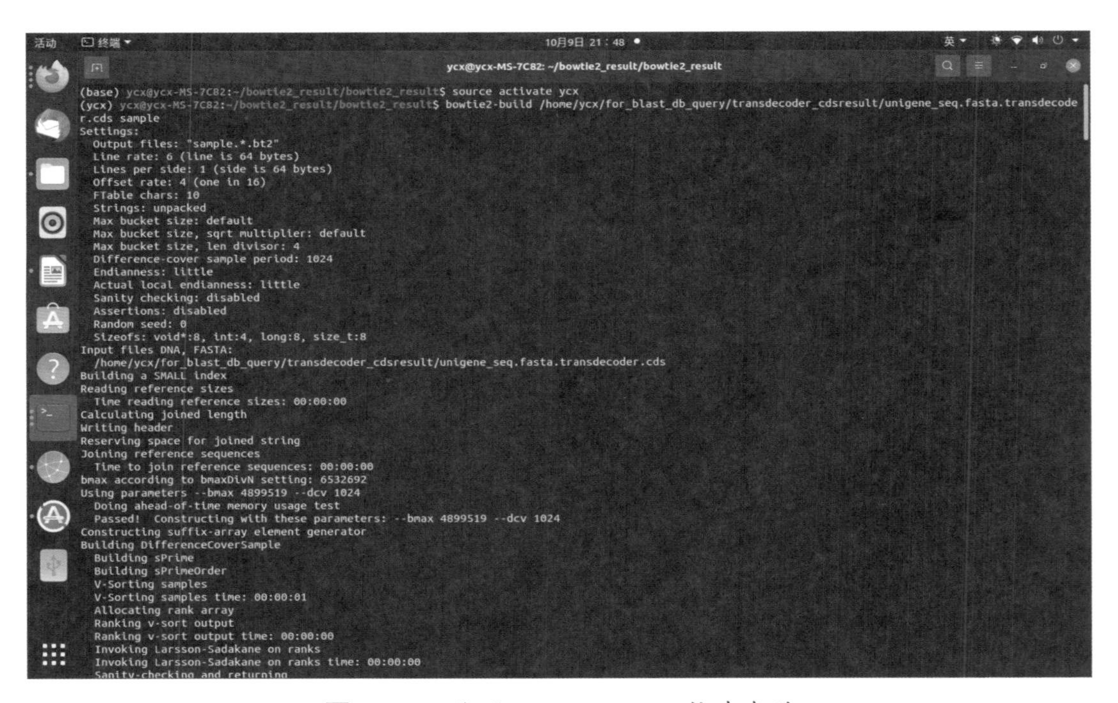

图 2–30 使用 bowtie2–build 构建索引

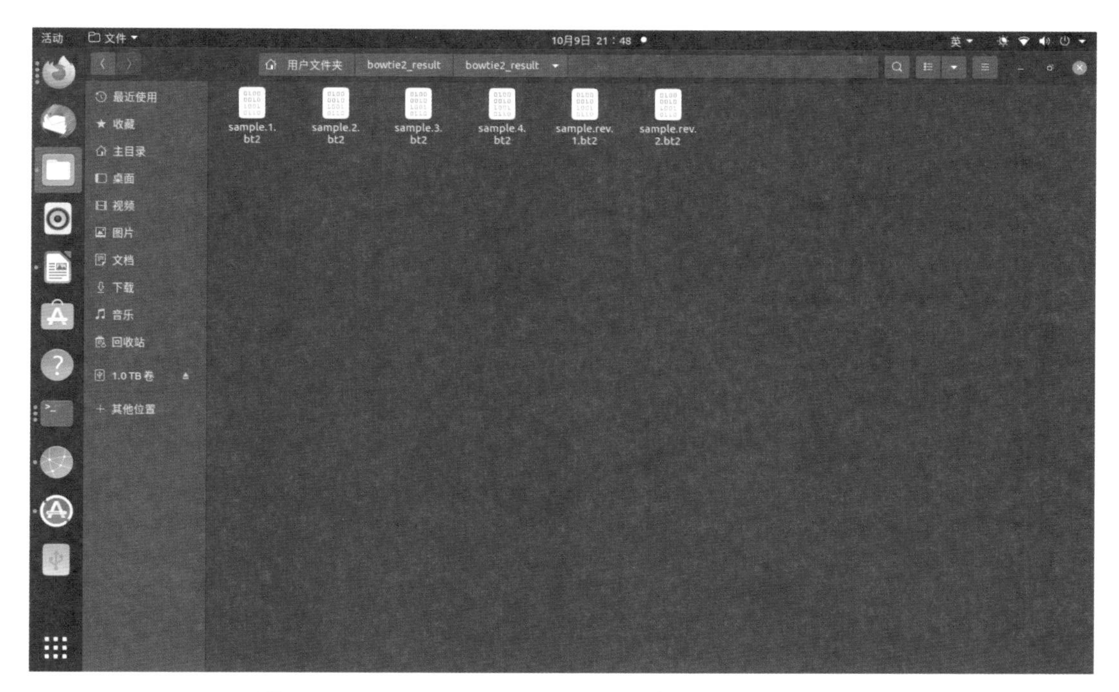

图 2–31 使用 bowtie2–build 构建索引的输出文件

使用 bowtie2 得到 sam 文件：

bowtie2 --end-to-end --sensitive --fr -p 8 --reorder -x /home/ycx/bowtie2_result/bowtie2_buildresult/bowtie2_buildresult -1 iw-1_1_filter -2 iw-1_2_filter -S /media/ycx/265D06A338421835/RC_rawdata/after_filt/bowtie2result_samtools/samresult/iw-1.sam

· --end-to-end 表明是不允许出现少数碱基错误的比对方式，较为严格。与之相对的 --local 允许有少量的碱基错误出现，较为宽松。

· --sensitive 比对方式设置为敏感，类似的还有 --very-fast、--fast、--very-sensitive。不难看出这项设置会影响比对的速度以及结果的可靠性。每一种设置其实是一系列参数的组合，读者也可以自行设置每一项参数。

· --fr 输入的 -1 和 -2 原始数据是 fw/rev 形式的即对应双端测序的 left 和 right 文件。

· -p 设置线程数，越大处理速度越快。

· --reorder 强制输出结果序列顺序与输入文件顺序一致。此设定并非必须。

· –1 原始数据的 left 文件。

· –2 原始数据的 right 文件。

· –S 输出的 sam 格式的结果文件名。

需要注意的是，每次运行 bowtie2 只能处理一个样本，所以当有多个样本时，需要运行多次，本实验中有九个样本，故运行九次。每次运行完成后都会产生一个 sam 格式文件，其占用空间较大，建议像笔者一样使用家用电脑的读者连接移动硬盘后将输出目录设定在移动硬盘上，这样做并不会像 Trinity 一样消耗明显的额外时间，在笔者的电脑上运行一次约 20 分钟。附上运行过程及结果图供读者参考（见图 2–32 和图 2–33）。

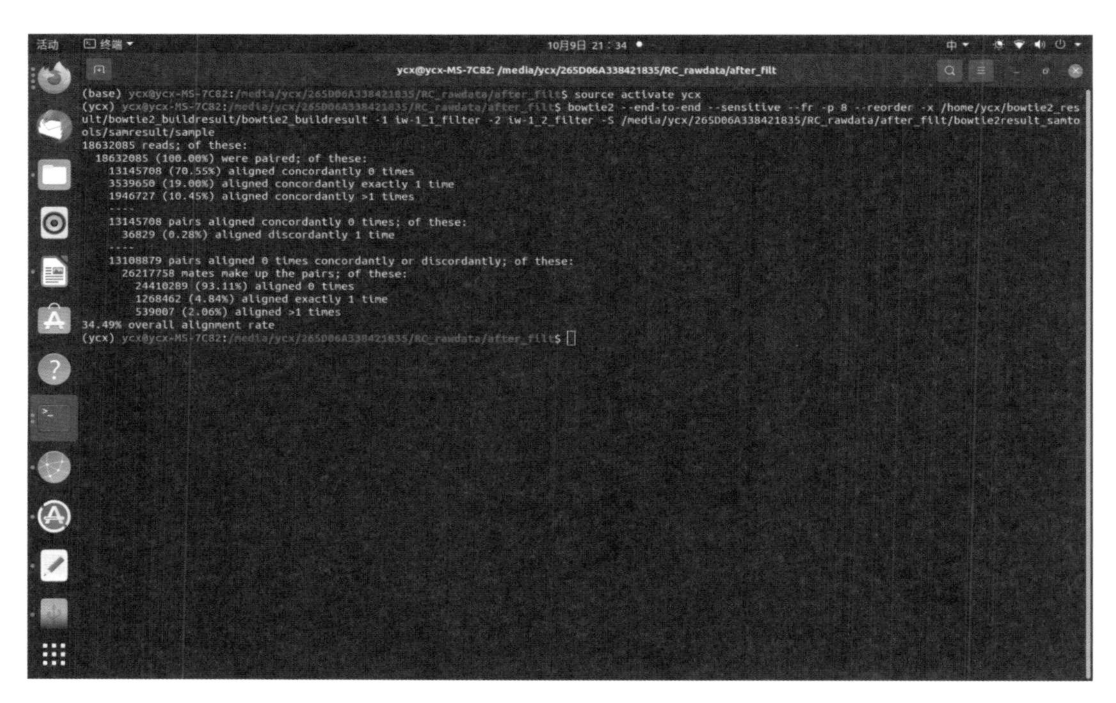

图 2–32　使用 bowtie2 进行比对

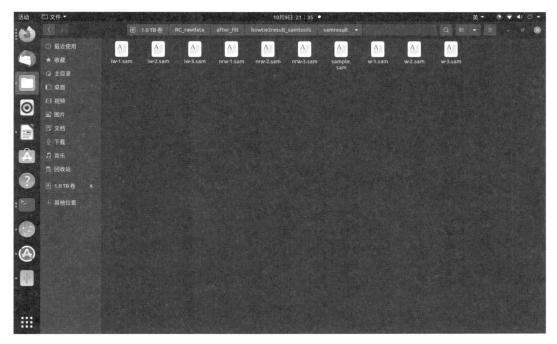

图 2–33　使用 bowtie2 得到的 sam 文件

使用 samtools view 将 sam 文件转换为 bam 文件：

samtools view –b ––threads 8 –o /media/ycx/265D06A338421835/RC_rawdata/after_filt/bowtie2result_samtools/bamresult/iw–1_bamresult.bam in.sam

· –b 指明输出文件为 bam 格式。

· ––threads 使用的线程数。

· –o 输出的 bam 文件名称。

· in.sam 输入的 sam 文件名。

这一步同样一次只能处理一个 sam 文件，本实验中有 9 个 sam 文件，故需运行九次，每次约 10 分钟。附上运行过程及结果图供读者参考（见图 2–34 和图 2–35）。

图 2–34　使用 samtools 将 sam 文件转换为 bam 文件

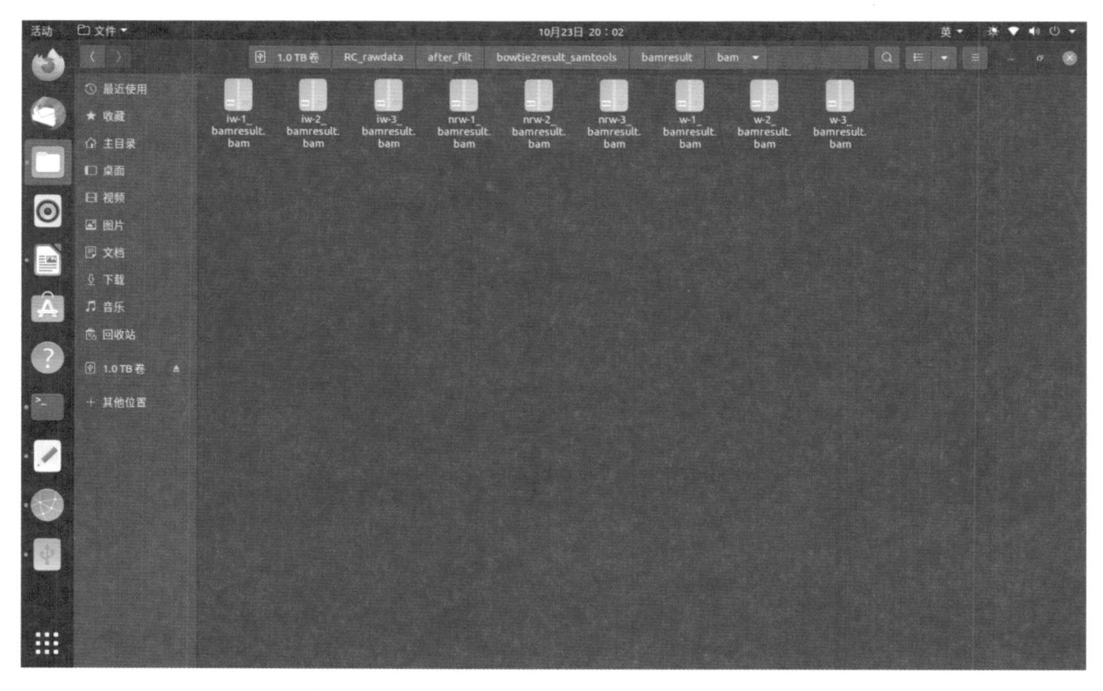

图 2–35　使用 samtools 得到的 bam 文件

使用 samtools sort 对 bam 文件进行排序：

samtools sort --threads 8 -m 5G -o iw-1_bamresult.sort in.bam

· --threads 使用线程数。

· -m 每个线程数分配的最大内存，注意不是总内存。可以识别 K/M/G 的后缀，默认为 768M。

· -o 指定输出文件名。

· in.bam 输入的 bam 文件名 。

附上运行过程及结果图供读者参考（见图 2-36 和图 2-37）。

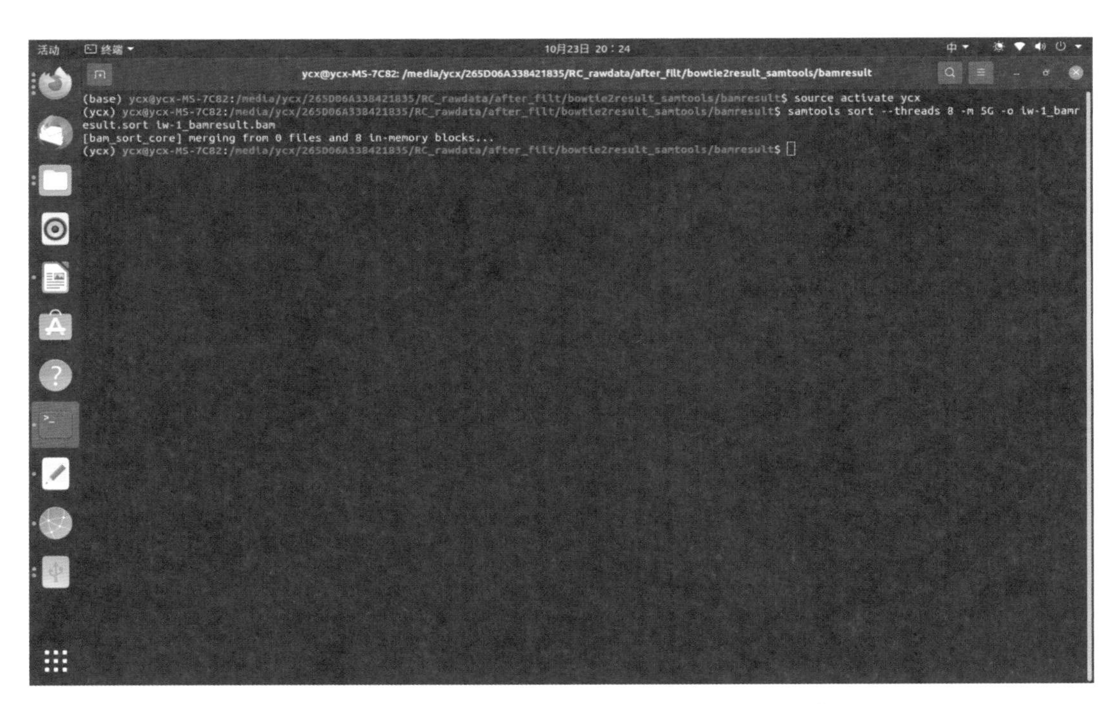

图 2-36　使用 samtools 对 bam 文件进行排序

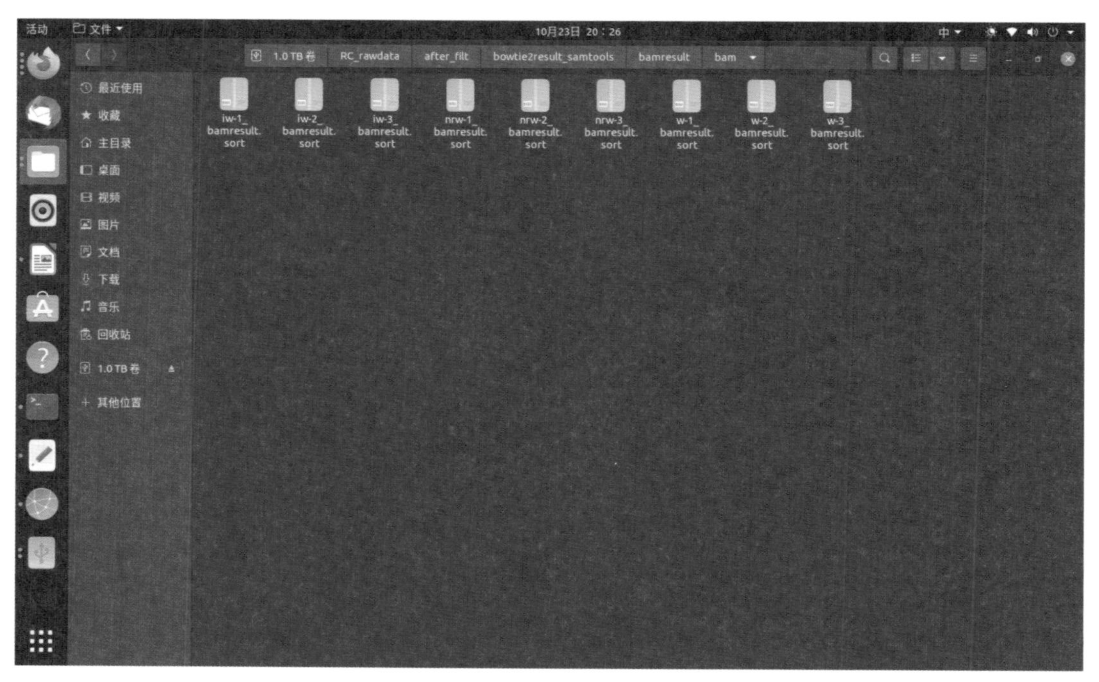

图 2–37　使用 samtools 对 bam 文件进行排序的输出文件

经过排序的 bam 文件会比未排序的 bam 文件略小，建议读者通过命名的方式加以区分，笔者习惯将排序过的 bam 文件的后缀写为“sort”。

使用 samtools index 对排序过的 bam 文件建立索引：:

samtools index –b –@ 8 in.bam out.index

- –b 指明输出文件格式为 bai，与之相对的还有 csi 格式。默认为 csi 格式。
- –@ 使用线程数，与—threads 一样。
- in.bam 输入经过排序的 bam 文件。
- out.index 指定输出文件名。

这一步简洁明了，唯一要注意的是要使用上一步排序后的 bam 文件才能建立索引。附上运行过程及结果图供读者参考（见图 2–38 和图 2–39）。

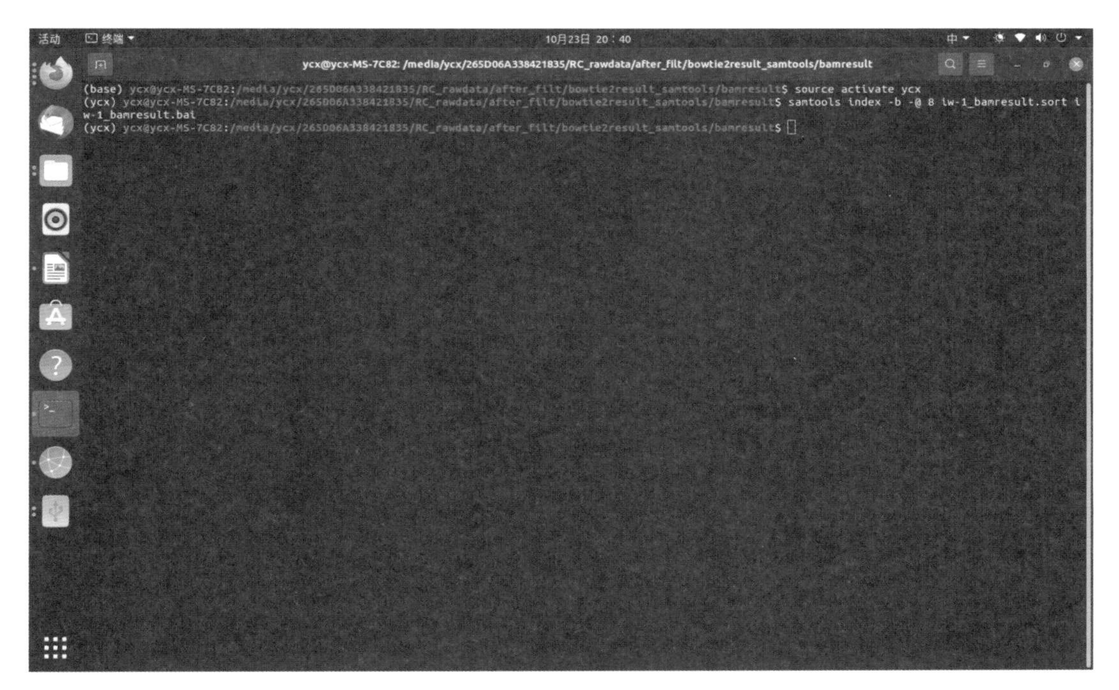

图 2–38　使用 samtools 对 bam 文件构建索引

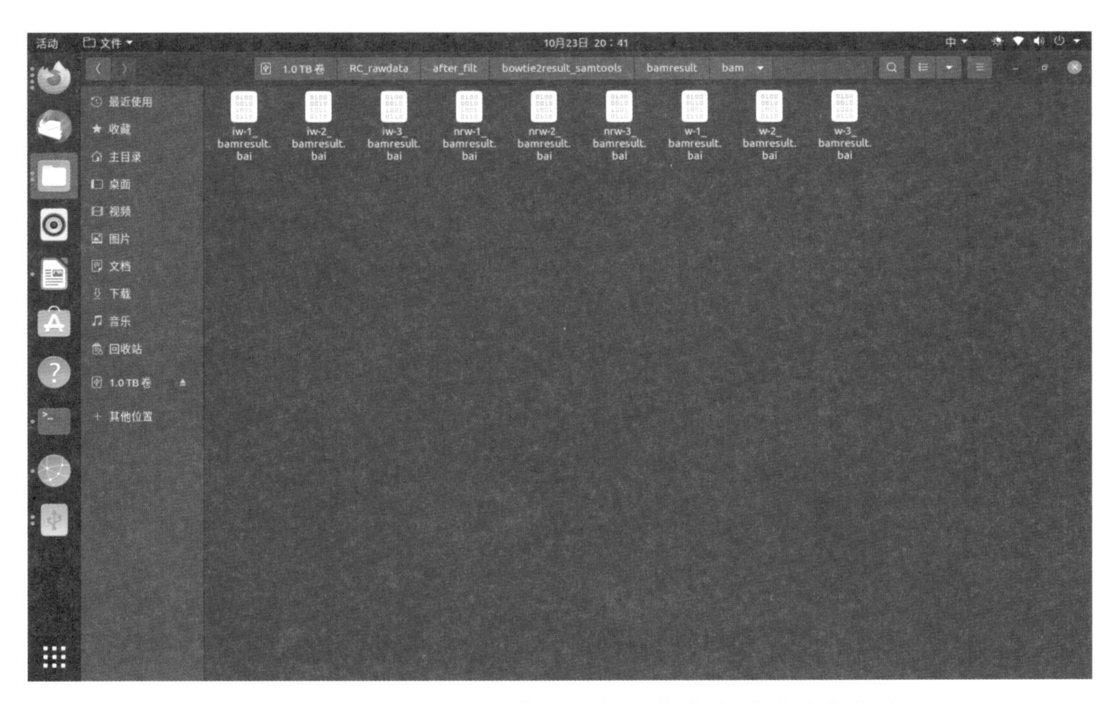

图 2–39　使用 samtools 对 bam 文件构建索引的输出文件

请保证这一步产生的 bai 文件的前缀和排序后的 bam 文件前缀一致。

使用 samtools idxstats 得到原始计数：

这一步开始前请将 bai 文件和排序后的 bam 文件放在同一目录中并保证前缀一致，如图 2-40 所示。

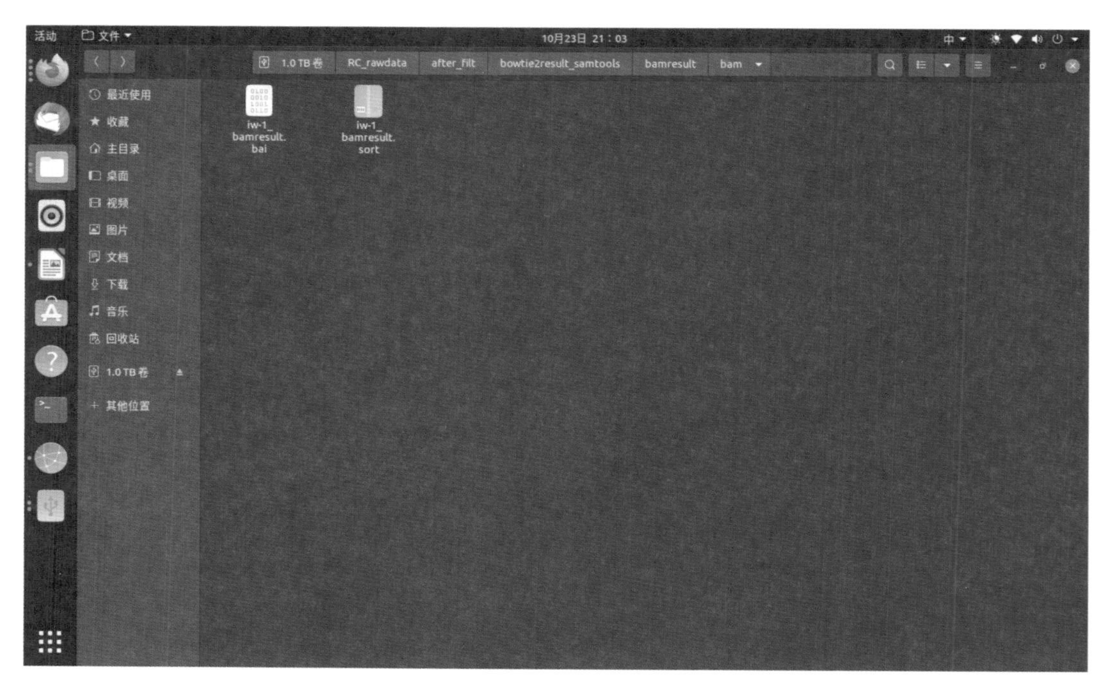

图 2-40　将索引文件和 bam 文件放在同一目录下

然后运行如下代码：

```
samtools idxstats -@ 8 in.bam > outputfile
```

· -@ 使用的线程数。

· in.bam 输入排序后的 bam 文件。

· > 指明输出文件名。因为 samtools idxstats 中没有类似 -o 的输出文件名参数，所以需要我们用“>”来指明输出文件，否则输出结果将直接呈现在屏幕上。

附上运行过程及结果图供读者参考（见图 2-41、图 2-42 和图 2-43）。

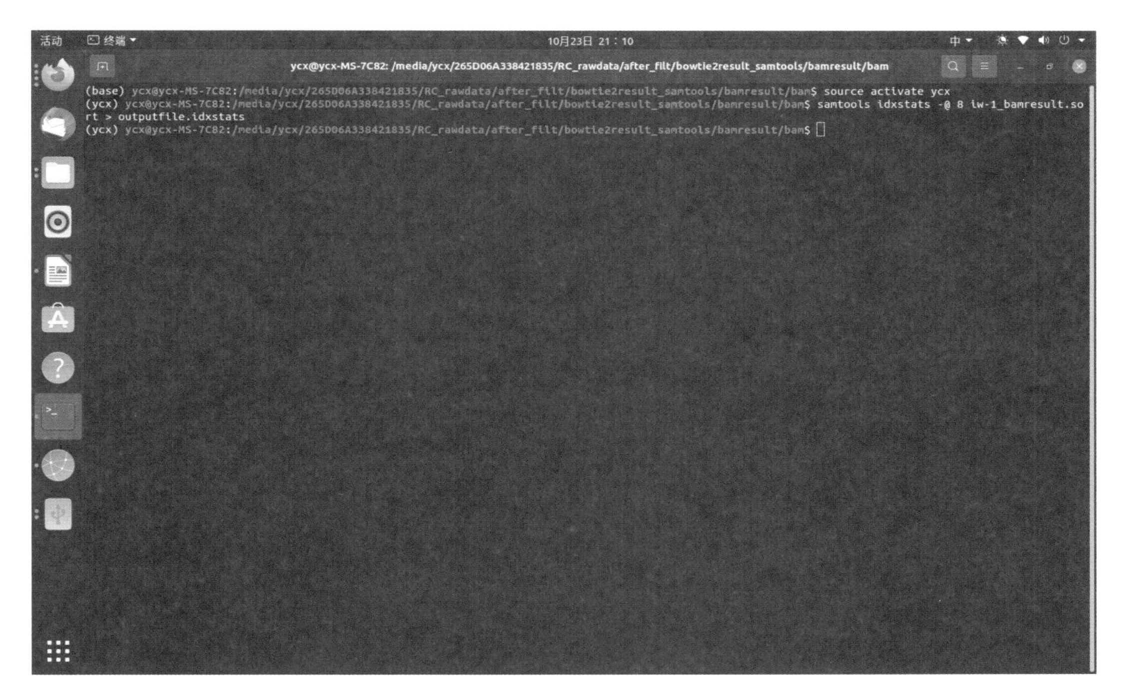

图 2-41　使用 samtools 得到原始计数

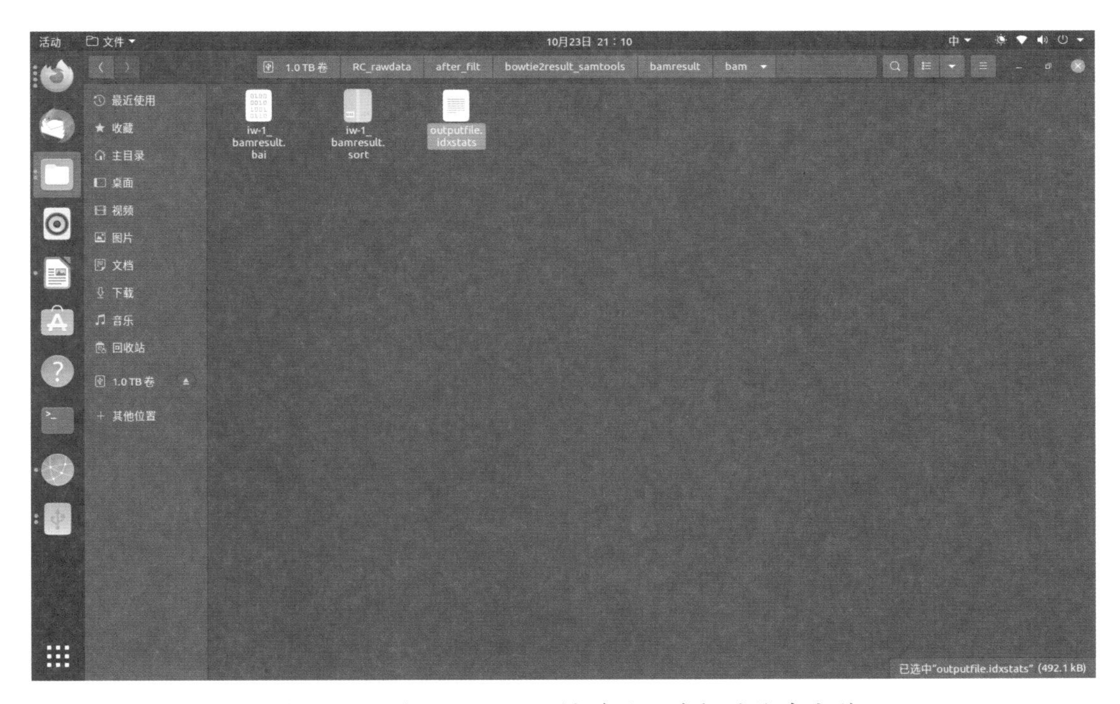

图 2-42　使用 samtools 得到原始计数的输出文件

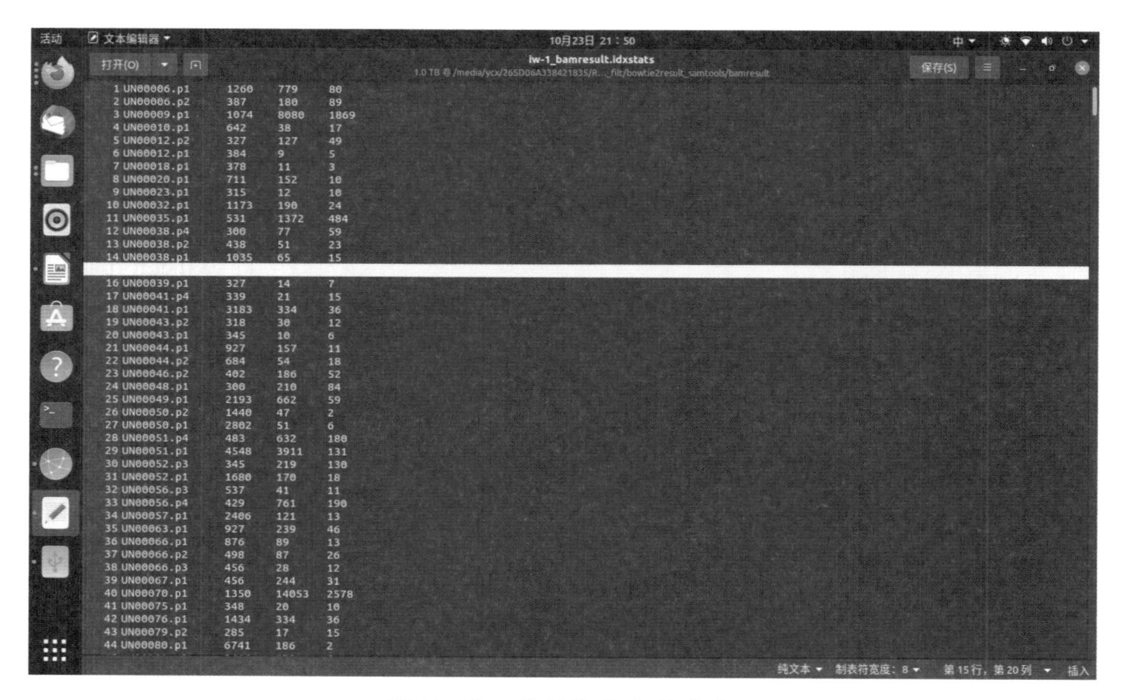

图 2-43　原始计数文件内容

我们将结果文件打开，可以发现一共有四列。第一列为 unigene；第二列为 unigene 长度；第三列为比对上的原始序列数目；第四列为原始数据中一端可以比对上而另一端未比对上的原始序列数目。其中第三列就是我们所需的原始计数。

至此就完成了一个样本的原始计数统计，接下来我们用同样的方法得到其余样本的原始计数。从得到 bam 文件开始到获得原始计数为止，每一个样本都应有 bam 文件、排序后的 bam 文件、索引文件、原始计数文件。对于本实验的 9 个样本来说，总计应有 36 个结果文件，读者应当将其整理在一个文件夹中并用不同的后缀加以区分，看看是否漏掉了某些文件，如图 2-44 所示：

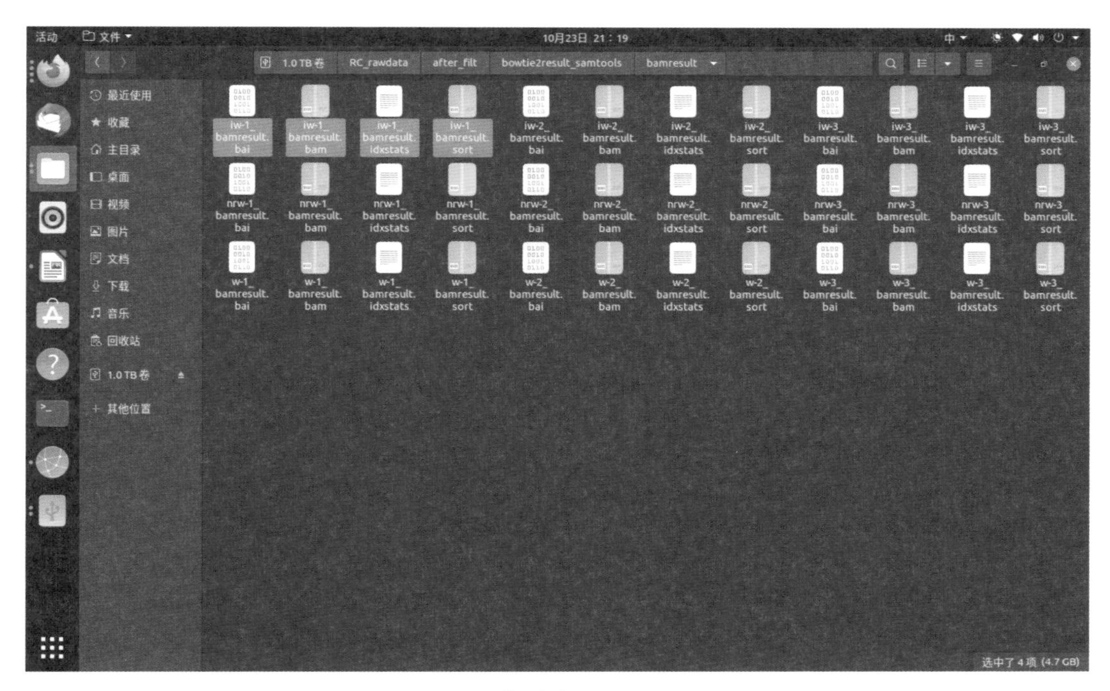

图 2-44　所有样本的原始计数文件

接下来我们将所有样本的原始计数汇总到一个表格中，以便后续进行差异基因分析，这一步只需手动复制粘贴即可，结果如图 2-45 所示：

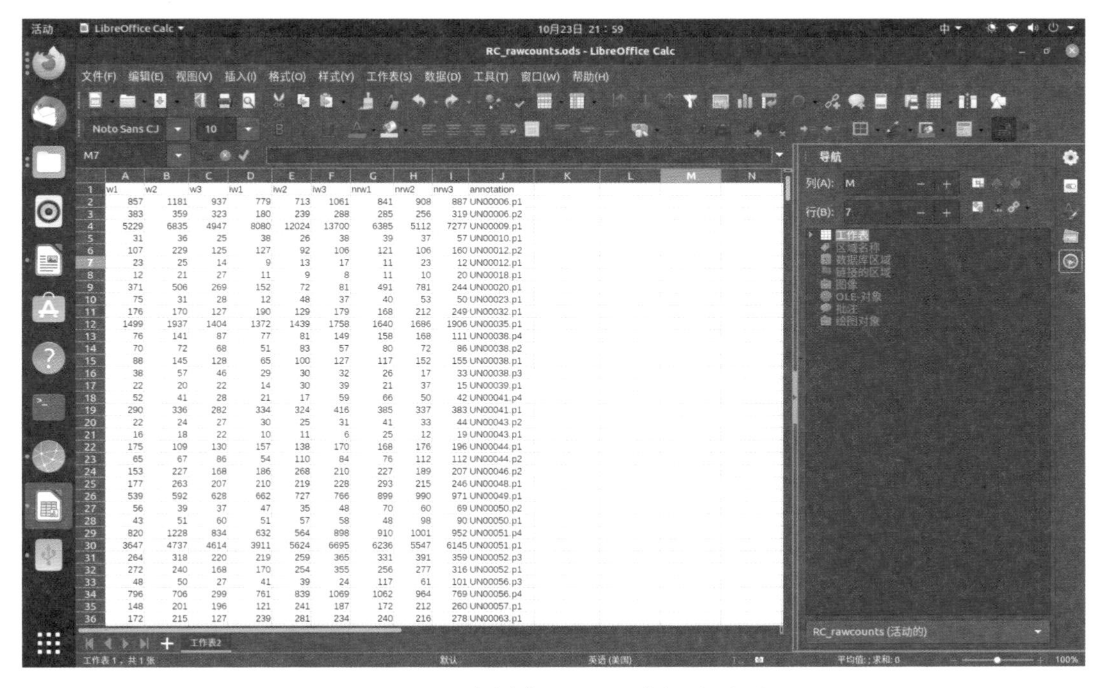

w1	w2	w3	iw1	iw2	iw3	nrw1	nrw2	nrw3	annotation
857	1181	937	779	713	1061	841	908	887	UN00006.p1
383	359	323	180	239	288	285	256	319	UN00006.p2
5229	6835	4947	8080	12024	13700	6385	5112	7277	UN00009.p1
31	36	25	38	26	38	39	37	57	UN00010.p1
107	229	125	127	92	106	121	106	160	UN00012.p2
23	25	14	9	13	17	11	23	12	UN00012.p1
12	21	27	11	9	8	11	10	20	UN00018.p1
371	506	269	152	72	81	491	781	244	UN00020.p1
75	31	28	12	48	37	40	53	50	UN00023.p1
176	170	127	190	129	179	168	212	249	UN00032.p1
1499	1937	1404	1372	1439	1758	1640	1686	1906	UN00035.p1
76	141	87	77	81	149	158	168	111	UN00038.p4
70	72	68	51	83	57	80	72	86	UN00038.p2
88	145	128	65	100	127	117	152	155	UN00038.p1
38	57	46	29	30	32	26	17	33	UN00038.p3
22	20	22	14	30	39	21	37	15	UN00039.p1
52	41	28	21	17	59	66	50	42	UN00041.p4
290	336	282	334	324	416	385	337	383	UN00041.p1
22	24	27	30	25	31	41	33	44	UN00043.p2
16	18	22	10	11	6	25	12	19	UN00043.p1
175	109	130	157	138	170	168	176	196	UN00044.p1
65	67	86	54	110	84	76	112	112	UN00044.p2
153	227	168	186	268	210	227	189	207	UN00046.p2
177	263	207	210	219	228	293	215	246	UN00048.p1
539	592	628	662	727	766	899	990	971	UN00049.p1
56	39	37	47	35	48	70	60	69	UN00050.p2
43	51	60	51	57	58	48	98	90	UN00050.p1
820	1228	834	632	564	898	910	1001	952	UN00051.p4
3647	4737	4614	3911	5624	6695	6236	5547	6145	UN00051.p1
264	318	220	219	259	365	331	391	359	UN00052.p3
272	240	168	170	254	355	256	277	316	UN00052.p1
48	50	27	41	39	24	117	61	101	UN00056.p3
796	706	299	761	839	1069	1062	964	769	UN00056.p4
148	201	196	121	241	187	172	212	260	UN00057.p1
172	215	127	239	281	234	240	216	278	UN00063.p1

图 2-45　所有样本的原始计数结果总汇

最后我们还需要将 unigene 的长度单独提取出来保存，在计算表达量（rpkm）时会用到，结果如图 2-46 所示：

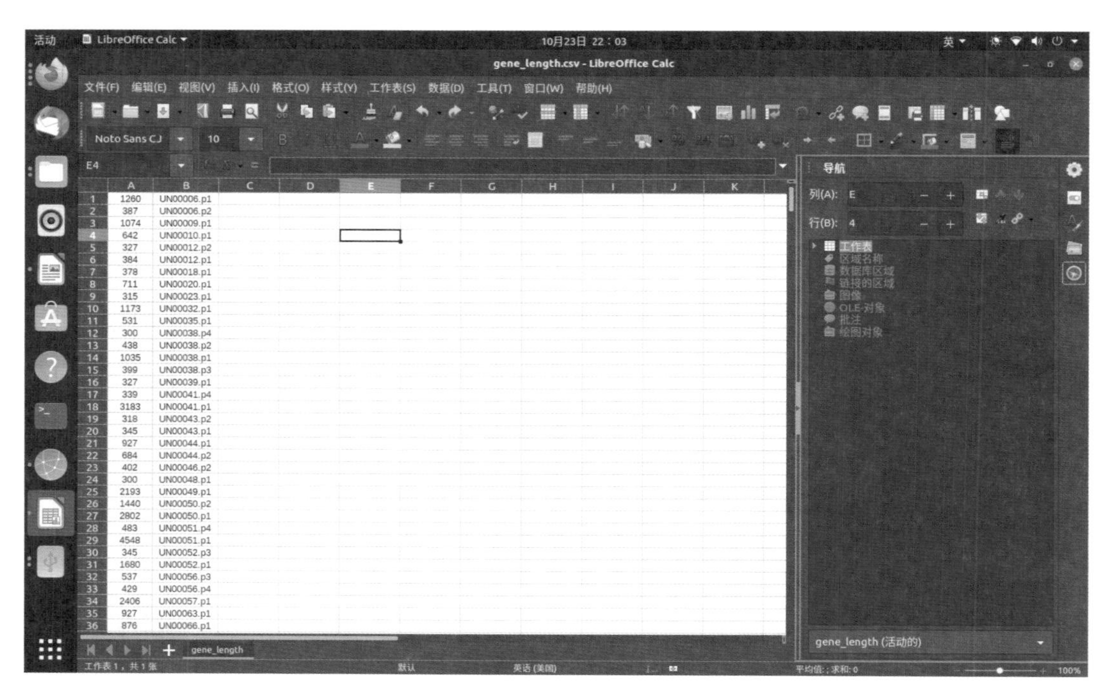

	A	B
1	1260	UN00006.p1
2	387	UN00006.p2
3	1074	UN00009.p1
4	642	UN00010.p1
5	327	UN00012.p2
6	384	UN00012.p1
7	378	UN00018.p1
8	711	UN00020.p1
9	315	UN00023.p1
10	1173	UN00032.p1
11	531	UN00035.p1
12	300	UN00038.p4
13	438	UN00038.p2
14	1035	UN00038.p1
15	399	UN00038.p3
16	327	UN00039.p1
17	339	UN00041.p4
18	3183	UN00041.p1
19	318	UN00043.p2
20	345	UN00043.p1
21	927	UN00044.p1
22	684	UN00044.p2
23	402	UN00046.p2
24	300	UN00048.p1
25	2193	UN00049.p1
26	1440	UN00050.p2
27	2802	UN00050.p1
28	483	UN00051.p4
29	4548	UN00051.p1
30	345	UN00052.p3
31	1680	UN00052.p1
32	537	UN00056.p3
33	429	UN00056.p4
34	2406	UN00057.p1
35	927	UN00063.p1
36	876	UN00066.p1

图 2-46　每个 unigene 的序列长度

至此我们就完成了所有样本的原始计数统计，最后的这两个表格就是我们用于后续分析时所真正需要的数据，建议将上述两个表格文件另存为 csv 格式以便在 R 语言中载入。

2.6 使用 emapper 进行注释

来到我们在 linux 系统上进行操作的最后一个步骤，有读者可能发出疑问：之前不是已经用 diamond 和 hmm 进行过注释了吗，怎么又要注释呢？对于这个问题，我们先分别打开 diamond 和 hmm 的注释结果，如图 2-47 和图 2-48 所示：

```
newpepmatch.outfm6
~/for_blast_db_query

 1 UN00006.p1   121225.PHUM490910-PA  71.5  442   90   7   1    419   1    429   1.11e-213  600
 2 UN00009.p1   136037.KDR15981       71.0  359   103  1   19   377   6    363   2.06e-197  555
 3 UN00010.p1   7029.ACYPI004781-PA   36.8  228   118  7   4    210   125  347   1.71e-24   106
 4 UN00020.p1   44689.DDB0220460      83.1  237   40   0   1    237   113  349   8.05e-141  406
 5 UN00020.p3   34740.HMEL002916-PA   57.6  66    28   0   5    70    1    66    3.31e-17   79.0
 6 UN00032.p1   136037.KDR10571       90.8  390   36   0   1    390   1    390   3.33e-265  728
 7 UN00038.p1   136037.KDR22512       89.2  344   30   2   1    344   139  475   1.31e-215  604
 8 UN00041.p1   136037.KDR17043       76.2  799   180  5   191  982   1    796   0.0   1247
 9 UN00044.p1   126957.SMAR008145-PA  43.4  288   137  7   21   308   5    266   1.01e-59   207
10 UN00044.p2   7460.GB45183-PA       60.6  203   77   1   27   226   362  564   1.35e-81   261
11 UN00049.p1   126957.SMAR000761-PA  45.6  537   267  8   68   604   1    512   2.79e-144  439
12 UN00050.p1   136037.KDR10643       92.5  922   67   1   1    920   1    922   0.0   1720
13 UN00050.p2   136037.KDR10643       97.1  479   14   0   1    479   945  1423  0.0   959
14 UN00051.p1   12957.ACEP22619-PA    35.4  551   228  14  1033 1515  1480 1970  1.17e-58   233
15 UN00052.p1   7070.TC007398-PA      43.8  573   286  14  1    556   1    554   1.47e-132  404
16 UN00052.p3   136037.KDR17168       59.0  61    25   0   53   113   79   139   2.99e-16   76.6
17 UN00056.p4   136037.KDR09911       84.9  139   21   0   4    142   1    139   7.75e-81   241
18 UN00057.p1   136037.KDR10032       88.1  827   95   2   1    824   233  1059  0.0   1414
19 UN00063.p1   136037.KDR22681       74.8  298   73   1   11   308   1    296   1.08e-150  431
20 UN00066.p2   7425.NV23830-PA       37.7  151   91   2   11   161   144  291   3.67e-25   108
21 UN00066.p3   28377.ENSACAP00000022200     57.8  116  48   1   10   124   1   116   1.10e-38   141
22 UN00067.p1   5762.XP_002670548.1   84.9  152   23   0   1    152   5    156   1.07e-91   271
23 UN00070.p1   7668.SPU_021140-tr    46.3  365   194  2   8    370   186  550   2.45e-116  358
24 UN00070.p2   136037.KDR12657       71.4  70    20   0   20   89    282  351   2.17e-19   91.7
25 UN00075.p1   136037.KDR23874       64.7  85    30   0   29   113   359  443   3.95e-30   120
26 UN00076.p1   136037.KDR18923       92.3  418   32   0   130  547   1    418   3.79e-284  784
27 UN00079.p2   136037.KDR15678       80.2  106   18   2   1    105   817  920   9.04e-39   144
28 UN00080.p1   136037.KDR14054       69.3  2056  502  26  1    1991  121  2112  0.0   2564
29 UN00080.p2   136037.KDR14054       48.6  923   267  17  367  1221  2522 3305  2.93e-188  621
30 UN00081.p1   7029.ACYPI068389-PA   36.2  414   235  7   35   430   6    408   1.06e-79   264
31 UN00082.p1   136037.KDR22723       83.3  723   104  4   1    713   1    716   0.0   1235
32 UN00082.p3   136037.KDR24543       53.3  105   45   3   1    102   1    104   3.20e-26   100
33 UN00084.p1   570417.WP0292   32.6  436   250   15   3    415   152   566   1.09e-37   164
34 UN00085.p1   2880.D7FZS6     76.4  191   45    0    1    191   243   433   1.06e-103  312
35 UN00085.p2   3694.POPTR_0010s22610.1      54.8  73   32   1   10   81   9   81   3.43e-09   60.1
36 UN00087.p1   121225.PHUM244880-PA  64.9  3531  998  55  2    3465  9    3363  0.0   4214
37 UN00091.p1   136037.KDR23166       80.5  543   96   5   79   618   529  1064  0.0   916
38 UN00093.p1   7091.BGIBMGA004980-TA 94.9  452   23   0   1    452   1    452   2.70e-316  863
39 UN00096.p1   136037.KDR20337       96.6  268   9    0   1    268   1    268   2.52e-194  538
40 UN00096.p2   136037.KDR13105       93.2  249   17   0   9    257   1    249   8.09e-154  435
41 UN00101.p1   7029.ACYPI007824-PA   46.7  180   95   1   50   229   29   207   6.51e-60   196
42 UN00104.p1   121225.PHUM450130-PA  50.6  813   343  15  21   795   39   830   1.92e-229  671
43 UN00108.p1   7029.ACYPI44937-PA    56.0  200   87   1   1    199   189  388   1.88e-78   246
44 UN00110.p1   8010.XP_010904103.1   67.9  28    9    0   2    29    144  171   5.67e-05   50.4

纯文本 ▾   制表符宽度：8 ▾   第 17619 行，第 97 列 ▾   插入
```

图 2-47　使用 diamond 得到的输出结果

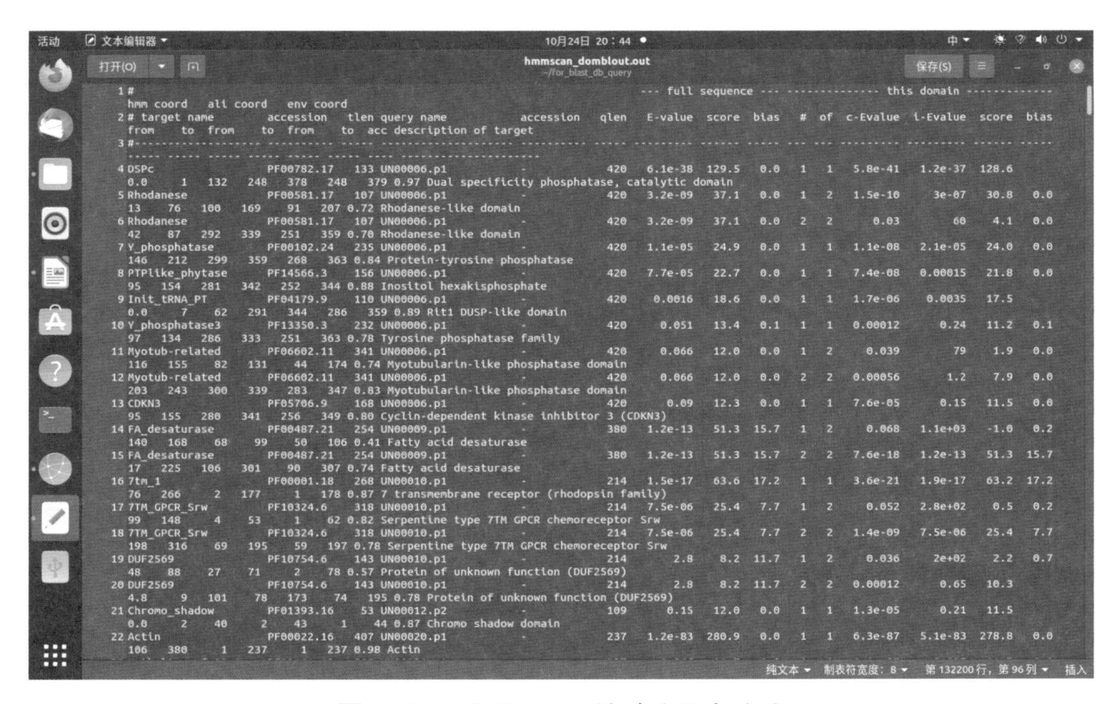

```
hmmscan_domblout.out
~/for_blast_db_query

 1 #                                                                            --- full sequence --- -------------- this domain -------------
   hmm coord  ali coord  env coord
 2 # target name        accession   tlen query name           accession   qlen   E-value  score  bias   #  of  c-Evalue  i-Evalue  score  bias
   from    to  from    to  from    to  acc description of target
 3 #------------------- ---------- ----- -------------------- ---------- ----- --------- ------ ----- --- --- --------- --------- ------ -----
   ----- ----- ----- ----- ----- ----- ---- ---------------------
 4 DSPc                 PF00782.17   133 UN00006.p1           -            420   6.1e-38  129.5   0.0   1   1   5.8e-41   1.2e-37  128.6
   0.0     1   132   248   378   248   379 0.97 Dual specificity phosphatase, catalytic domain
 5 Rhodanese            PF00581.17   107 UN00006.p1           -            420   3.2e-09   37.1   0.0   1   2   1.5e-10     3e-07   30.8   0.0
   13     76   100   169    91   207 0.72 Rhodanese-like domain
 6 Rhodanese            PF00581.17   107 UN00006.p1           -            420   3.2e-09   37.1   0.0   2   2      0.03        60    4.1   0.0
   42     87   292   339   251   359 0.70 Rhodanese-like domain
 7 Y_phosphatase        PF00102.24   235 UN00006.p1           -            420   1.1e-05   24.9   0.0   1   1   1.1e-08   2.1e-05   24.0   0.0
   146   212   299   359   268   363 0.84 Protein-tyrosine phosphatase
 8 PTPlike_phytase      PF14566.3    156 UN00006.p1           -            420   7.7e-05   22.7   0.0   1   1   7.4e-08   0.00015   21.8   0.0
   95    154   281   342   252   344 0.88 Inositol hexakisphosphate
 9 Init_tRNA_PT         PF04179.9    110 UN00006.p1           -            420    0.0016   18.6   0.0   1   1   1.7e-06    0.0035   17.5
   0.0     7    62   291   344   286   359 0.89 Rit1 DUSP-like domain
10 Y_phosphatase3       PF13350.3    232 UN00006.p1           -            420     0.051   13.4   0.1   1   1   0.00012      0.24   11.2   0.1
   97    134   286   333   251   363 0.78 Tyrosine phosphatase family
11 Myotub-related       PF06602.11   341 UN00006.p1           -            420     0.066   12.0   0.0   1   2     0.039        79    1.9   0.0
   116   155    82   131    44   174 0.74 Myotubularin-like phosphatase domain
12 Myotub-related       PF06602.11   341 UN00006.p1           -            420     0.066   12.0   0.0   2   2   0.00056       1.2    7.9   0.0
   203   243   300   339   283   347 0.83 Myotubularin-like phosphatase domain
13 CDKN3                PF05706.9    168 UN00006.p1           -            420      0.09   12.3   0.0   1   1   7.6e-05      0.15   11.5   0.0
   95    155   280   341   256   349 0.80 Cyclin-dependent kinase inhibitor 3 (CDKN3)
14 FA_desaturase        PF00487.21   254 UN00009.p1           -            380   1.2e-13   51.3  15.7   1   2     0.068   1.1e+03   -1.0   0.2
   140   168    68    99    50   106 0.41 Fatty acid desaturase
15 FA_desaturase        PF00487.21   254 UN00009.p1           -            380   1.2e-13   51.3  15.7   2   2   7.6e-18   1.2e-13   51.3  15.7
   17    225   106   301    90   307 0.74 Fatty acid desaturase
16 7tm_1                PF00001.18   268 UN00010.p1           -            214   1.5e-17   63.6  17.2   1   1   3.6e-21   1.9e-17   63.2  17.2
   76    266     2   177     1   178 0.87 7 transmembrane receptor (rhodopsin family)
17 7TM_GPCR_Srw         PF10324.6    318 UN00010.p1           -            214   7.5e-06   25.4   7.7   1   2     0.052   2.8e+02    0.5   0.2
   99    148     4    53     1    62 0.82 Serpentine type 7TM GPCR chemoreceptor Srw
18 7TM_GPCR_Srw         PF10324.6    318 UN00010.p1           -            214   7.5e-06   25.4   7.7   2   2   1.4e-09   7.5e-06   25.4   7.7
   198   316    69   195    59   197 0.78 Serpentine type 7TM GPCR chemoreceptor Srw
19 DUF2569              PF10754.6    143 UN00010.p1           -            214       2.8    8.2  11.7   1   2     0.036     2e+02    2.2   0.7
   48     88    27    71     2    78 0.57 Protein of unknown function (DUF2569)
20 DUF2569              PF10754.6    143 UN00010.p1           -            214       2.8    8.2  11.7   2   2   0.00012      0.65   10.3
   4.8     9   101    78   173    74   195 0.78 Protein of unknown function (DUF2569)
21 Chromo_shadow        PF01393.16    53 UN00012.p2           -            109      0.15   12.0   0.0   1   1   1.3e-05      0.21   11.5
   0.0     2    40     2    43     1    44 0.87 Chromo shadow domain
22 Actin                PF00022.16   407 UN00020.p1           -            237   1.2e-83  280.9   0.0   1   1   6.3e-87   5.1e-83  278.8   0.0
   106   380     1   237     1   237 0.98 Actin

纯文本 ▾   制表符宽度：8 ▾   第 132200 行，第 96 列 ▾   插入
```

图 2-48　使用 hmm 得到的输出结果

是不是看起来一头雾水？虽然这两类注释确实告诉了我们哪些 unigene 比对到了数据库中，而且也有一些对 unigene 的文字性描述。可至少对于笔者来说，依旧不满足于这些注释，不仅是因为不够细致，最重要的是结果中并没有告诉笔者这些 unigene 对应的 GOID 和 KOID。没有这些信息我们便不能做后续的富集分析。综上所述，笔者将 diamond 和 hmm 注释结果仅仅用于预测 CDS，而使用 emapper 来得到基因功能的描述。接下来开始介绍 emapper。

2.6.1 关于 emapper 和 eggnog

emapper 类似 diamond 和 hmm，都是注释软件，但是它有如下特点：① emapper 既可以使用 diamond 方法比对，也可以使用 hmm 方法比对。② emapper 比对的数据库来源于 eggnog 数据库，所以在运行前需要先基于你打算使用的比对方法（通常为 diamond 或 hmm）下载对应的 eggnog 数据库。需要注意的是，eggnog 中的适用于 hmm 方法的数据库有很多分类（见图 2-49），如果你选择最大的真核 hmm 数据库，请在配置极好的电脑上运行。

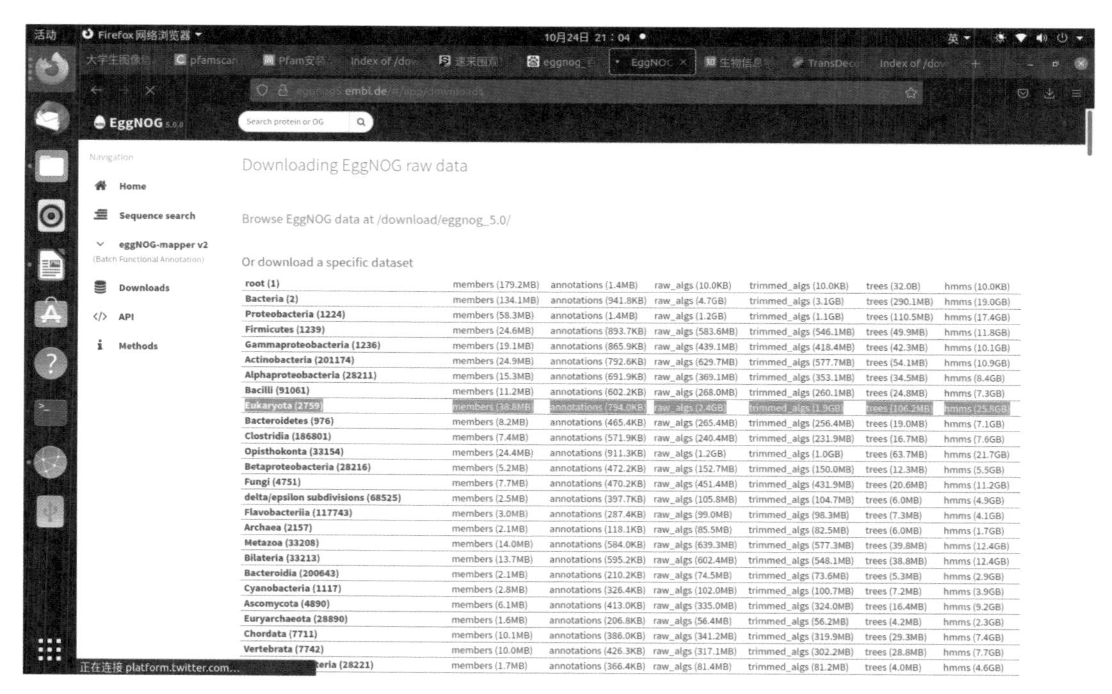

图 2-49 eggnog 数据下载页面

2.6.2 代码实例

本次实验中，我们选择较为快速的 diamond 方法进行比对。首先运行下面的代码下载 eggnog 的 diamond 数据库：

download_eggnog_data.py

这将会下载数个文件到你的电脑上，他们都是进行 diamond 注释所必需的。需要注意的是：① 默认的下载路径为 /home/ycx/miniconda3/envs/ycx/lib/python3.8/site-packages/data/，笔者当时并没有 data 这个文件夹，所以报错了，解决方法是只需要在指定目录手动创建一个 data 文件夹即可。② 下载数据库的代码可能因版本的不同而不同，如果你不知道如何下载数据库，可以先在没有数据库的情况下运行 emapper 进行比对，程序便会告知你运行哪个代码来下载数据库。附上运行过程及结果图供读者参考（见图 2–50 和图 2–51）。

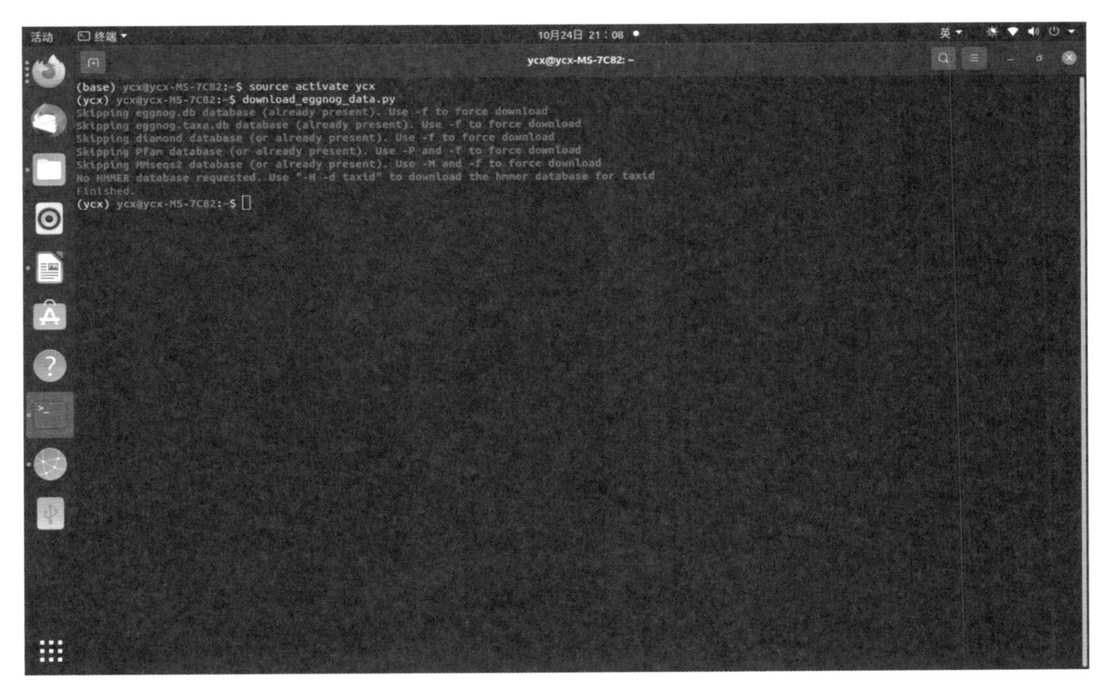

图 2–50　下载 eggnog 的 diamond 数据库

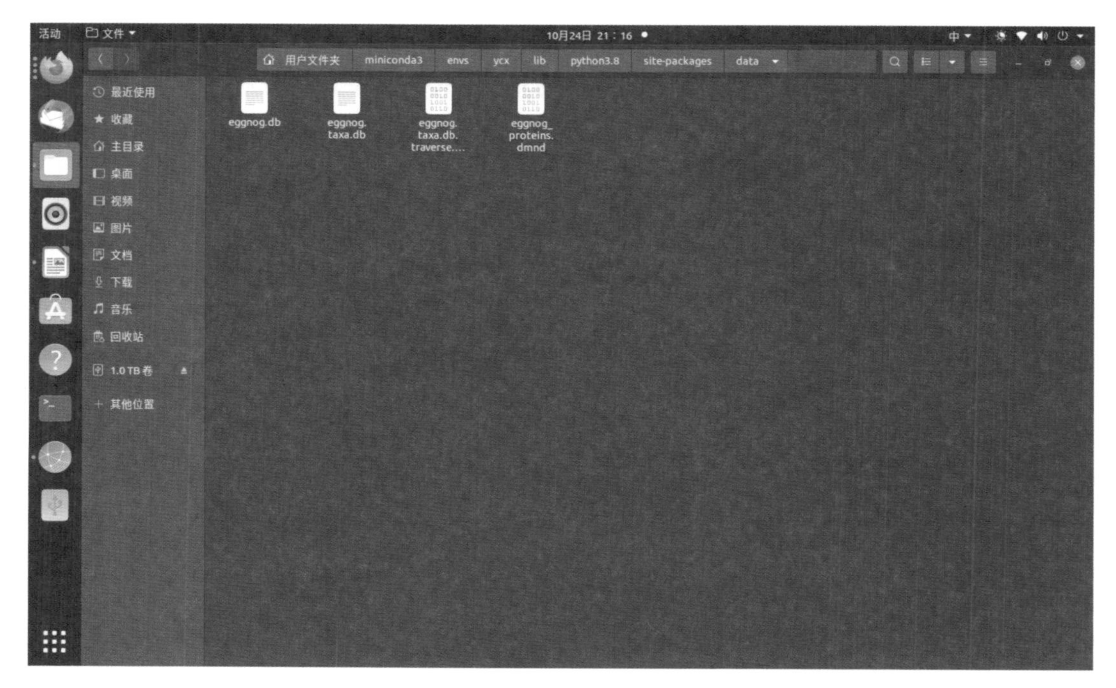

图 2–51　eggnog 的 diamond 数据库文件

下载好数据库后，开始用 emapper 进行 diamond 比对，运行如下代码：

emapper.py --cpu 8 --output emapper_diamondresult --output_dir /home/ycx/emapper_2 -i /home/ycx/for_blast_db_query/transdecoder_orfresult/longest_orfs.pep --itype proteins -m diamond

· --cpu 使用的 cpu 数目。

· --output 输出文件的前缀。

· --output_dir 指明输出文件目录。

· -i 输入的需要比对的文件。

· --itype 输入文件的类型。

· -m 选择比对的方法，此处为 diamond 方法。该版本默认为 diamond 法，故可以省略。

笔者在查询 emapper 使用方法的时候，发现很多使用者写的 emapper 使用方法中提到 emapper 的默认比对方法为 hmm，但是笔者使用的版本默认为 diamond，所以读者在使用之前需要仔细阅读所使用版本的 emapper 参数说明。虽然 diamond 方法比对速度较快，但仍会运行几十分钟至数个小时。附上运行过程及结果图供读者参考（见图 2–52、图 2–53、图 2–54、图 2–55 和图 2–56）。

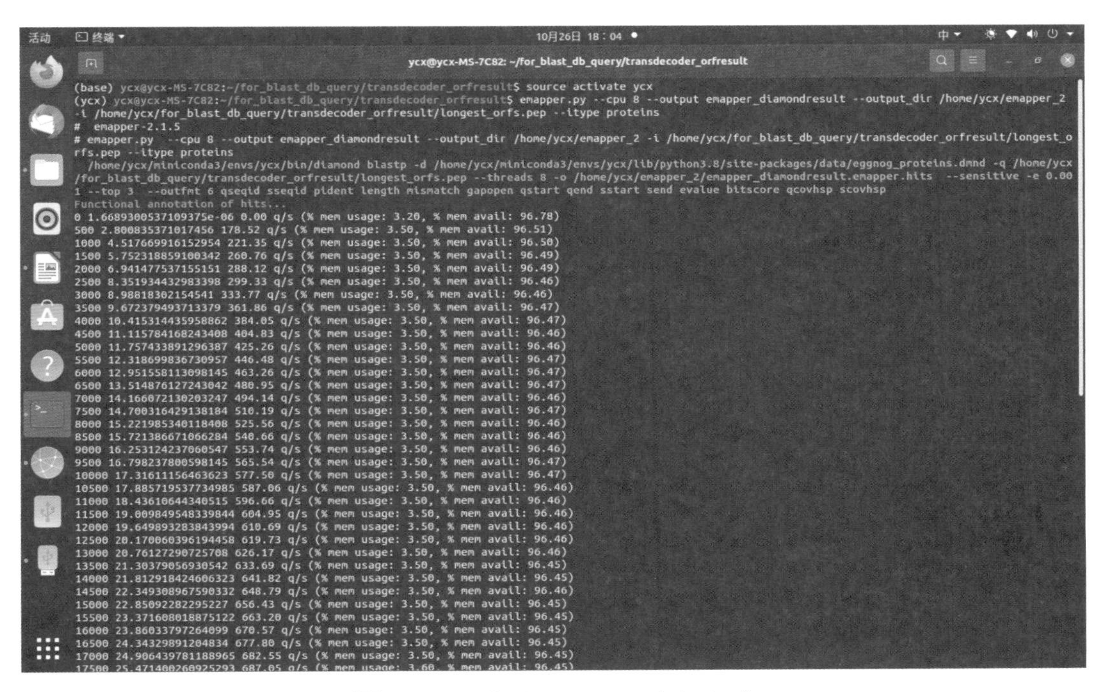

图 2-52　使用 emapper 进行比对

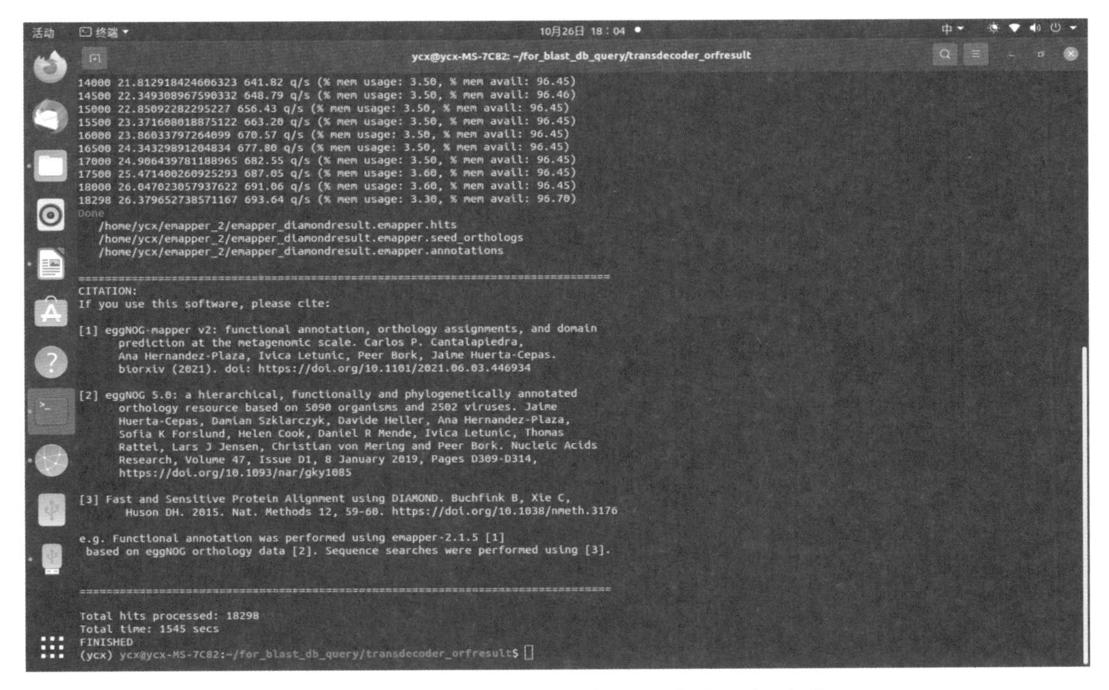

图 2-53　使用 emapper 进行比对的运行结果

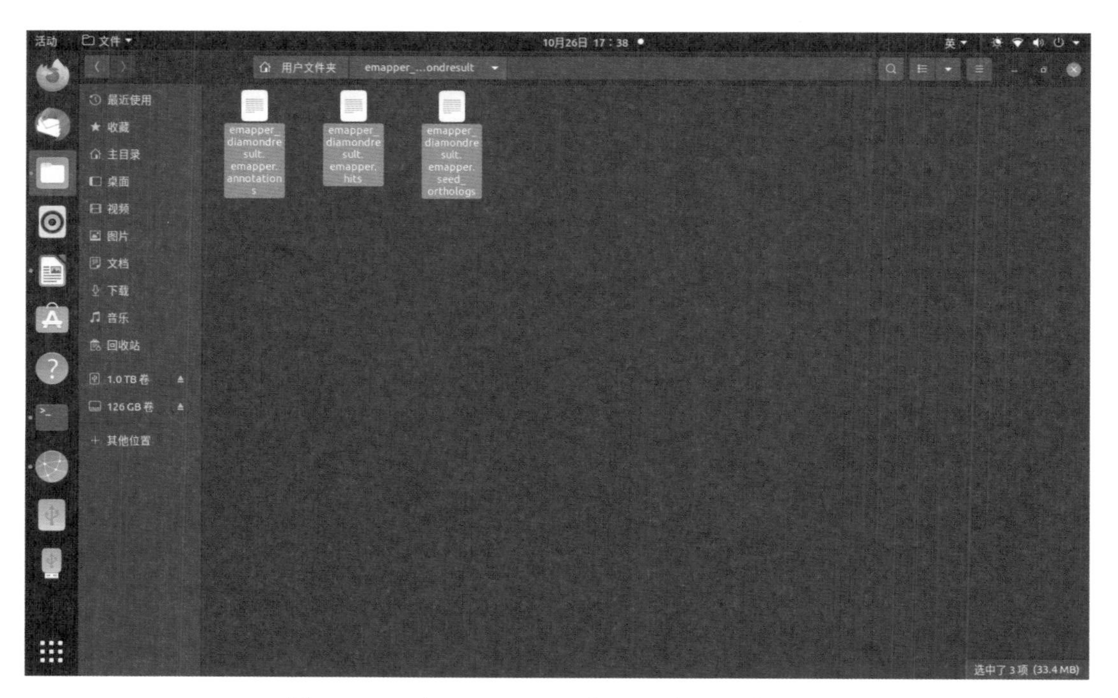

图 2-54 使用 emapper 进行比对的输出文件

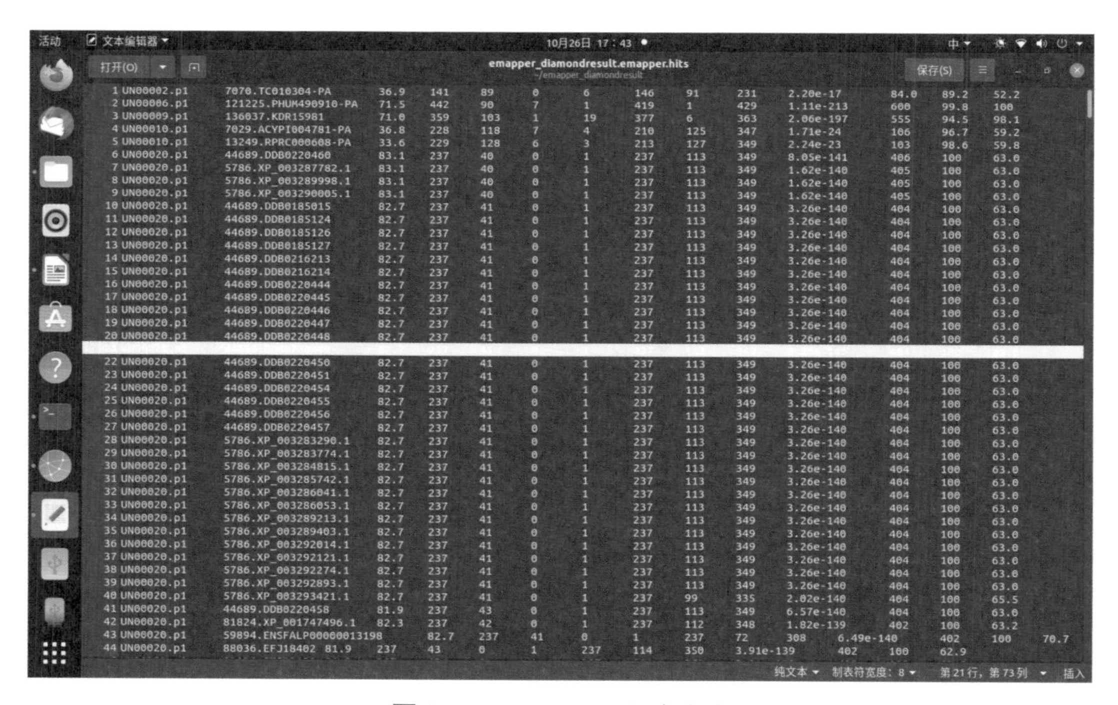

图 2-55 emapper 比对结果

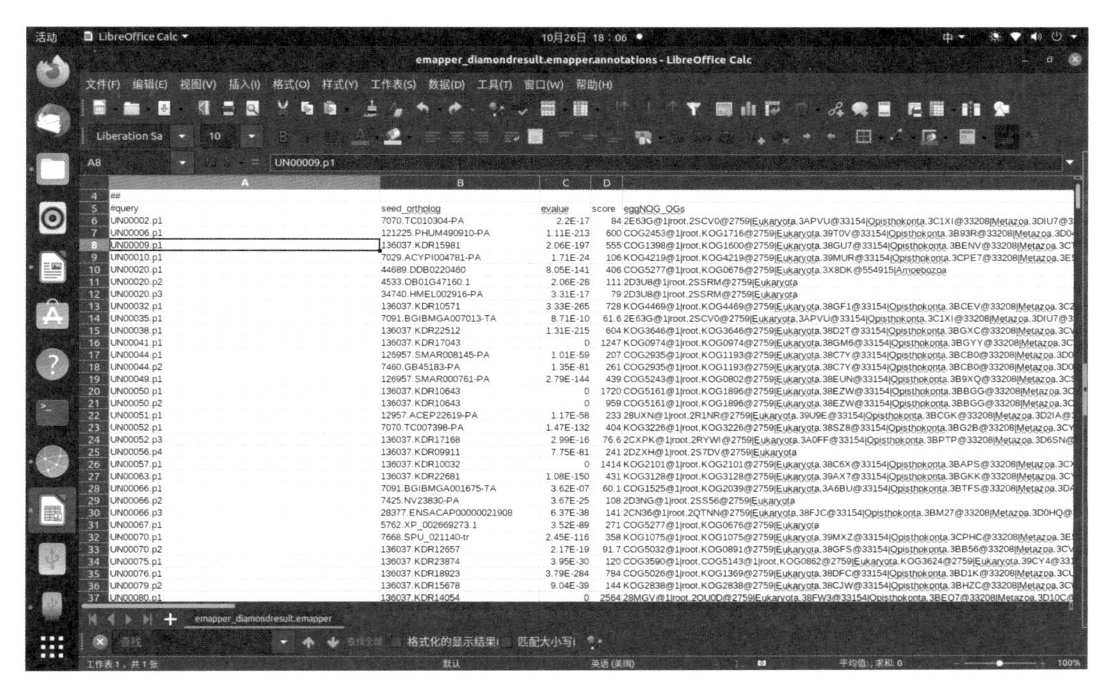

图 2–56　使用 emapper 进行比对的注释文件内容

你会在输出文件夹中得到三个文件。打开后缀为 hits 的文件看看，是不是有些眼熟？如果毫无印象，不妨再去打开前几节中用 diamond 软件比对得到的结果文件，你就会明白原来这个后缀为 hits 的文件也是 outfmt6 格式。其实这一点在运行 emapper 的过程中屏幕上也已经有所提示，笔者也是在编写本书时重新运行程序才发现的。请记住这个 hits 文件，既然它也是 outfmt6 格式，我们没有理由不利用它来对我们的 CDS 结果精益求精，这将在下一章中讲到。

现在我们将目标换成后缀为 annotations 的文件，这个后缀就已经告诉我们它的作用了。打开文件，呈现出的内容着实令我们眼花缭乱，因为它的列数实在是有些多，用 linux 自带的表格工具实在是不方便阅读。笔者简要说明一下表格中的内容：该表格给出了每一个比对上的 unigene 所对应的各种注释，包含了 GO 编号、KO 编号、英文注释、名称等常用信息。这样无论是搜索关键字还是做富集分析都可以通过这个表格来完成。保存好它并另存为 csv 文件，我们将在 R 语言中用到它。

2.7 温故而知新

这是进入 R 语言之前的最后一节，这一章节的内容是笔者在写这本书时反反复复地运行每一个步骤所需要的软件时得到的新启发。笔者并不是专业的生物信息学或是计算机专业从业者，所以在操作中的每一个步骤都是自己一点点查询和摸索而来，在使用中随着慢慢地深入，笔者可能会对之前的结果加以修改调整，然后将后续流程重新运行以此得到更好的结果。接下来笔者有一个问题：能否得到更多的 CDS？或者说让 ORF 能够比对到更多的结果，以此来丰富我们的数据？请先自主思考，然后再继续阅读。

在解决这个问题之前，我们先想想得到 CDS 的过程是怎样的：将 ORF 与各种数据库进行比对，根据比对结果筛选出能够比对上的序列，这就是 CDS。在之前使用 TransDecoder.Predict 功能筛选 CDS 时，我们可以将 outfmt6 格式的 blast 结果文件以及 domtblout 格式的 hmmscan 结果文件作为筛选 CDS 的依据。那么这两个文件中包含的序列越多，我们得到的 CDS 也越多。

在上一节的 emapper 比对结果中，当我们得到了同样格式为 outfmt6 的比对文件时，如果我们发现它包含的序列数目比 blast 比对得到的序列数目多，我们不妨就以 emapper 比对而来的 outfmt6 文件作为筛选 CDS 时的 --retain_blastp_hits 参数，从而尽可能获取更多的 CDS 结果。

当然，emapper 比对而得的 outfmt6 之所以更大，很大程度上是因为 emapper 自带的 diamond 数据库更大。综上所述，在电脑性能允许的情况下，尽可能选择更大更全面的数据库进行比对往往会带来更多的 CDS。

从下一章开始，我们将在 R 语言上进行后续所有的分析，R 语言在 linux 系统和 windows 系统上都可以运行，但笔者想大多数读者都和笔者一样习惯于 windows 系统，所以我们将在 windows 系统上使用 R 语言。

第3章 组间差异基因分析

经过上百次的报错和尝试，我们终于得到了 unigene 原始计数文件以及注释文件，这就像是一位老农民勤勤恳恳地耕耘田地之后迎来了丰收。但这还没有结束，接下来我们要做的事情就是把粮食制作成各种各样的食物，充分地发挥它们的作用，所以我们将要对这些数据进行挖掘，企图从中发现一些我们关心的问题。

我们要做的事情如下：筛选出显著差异基因；计算表达量 rpkm；创建自己的物种注释包；利用注释包来进行富集分析；建立一个可以判断巢中是否有生殖蚁的分类模型。这一系列的步骤需要用到大量 R 包，在后期还需要在 windows 系统下构建 python 环境，所以初学者们又要再经历一番磨炼了，请做好准备。

让我们从筛选显著差异基因开始，只有知道了哪些基因在不同样本间有表达差异，才能够进行后续研究，否则便是“巧妇难为无米之炊”了。

3.1 使用 DESeq2 包筛选差异基因

3.1.1 安装 R 包

我们需要用 DESeq2 包来筛选差异基因，虽然还有其他的包如 edgeR 包和 limma 包也有类似的功能，但是对于转录组测序来说，DESeq2 包是最为合适的。由于这是在 R 上的第一次操作，我在这里加上 R 包的安装和载入方法，以后所需的包绝大多数可以通过此方法安装。

```
> install.packages("BiocManager")
> BiocManager::install("DESeq2")
```

install.packages() 是 R 中最基本的安装包的方法，用这个函数可以安装 R 中常见的包。对于 DESeq2 这类用于生物信息分析（生信分析）的包，我们需要使用 BiocManager::install() 这个专门的生信分析利器来安装，后面的许多包的安装也少不了它，正所谓“术业有专攻”。所以我们先用 install.packages() 安装 BiocManager 包，再用 BiocManager::install() 来安装 DESeq2 包，这个顺序要理清楚。

安装好的包不能直接使用，需要先用 library() 函数载入。你也可以加上 suppressMessages() 来不显示载入包时的提示信息。下面出现的 flextable 包和 xtable 包是制作表格用的，大家可以不用安装。

```
> suppressMessages(library(DESeq2))
> suppressMessages(library(flextable))
> suppressMessages(library(xtable))
```

3.1.2 导入原始计数文件

接下来就要载入原始计数文件了，我们使用 read.csv() 来读取 csv 文件，这也是为什么之前建议大家把需要载入 R 的表格都保存成 csv 格式。载入后先打开表格浏览一遍，把表格的列名、行名都处理妥当，检查无误后再继续下一步，切记载入任何表格时都要先检查一遍，尤其是在格式方面。

```
> RL_rawcounts=read.csv('G:\\new_RL_rawcounts.csv')
> rownames(RL_rawcounts)=RL_rawcounts[,10]
> RL_rawcounts=RL_rawcounts[-nrow(RL_rawcounts),]
> RL_rawcounts=RL_rawcounts[,c(-10,-11)]
> set_formatter(xtable_to_flextable(xtable(head(RL_rawcounts),align = rep('c',10))))
```

载入和处理完毕的表格如表 3-1 所示：

表 3-1　原始计数表格

	w1	w2	w3	iw1	iw2	iw3	nrw1	nrw2	nrw3
UN00006.p1	857	1,181	937	779	713	1,061	841	908	887
UN00006.p2	383	359	323	180	239	288	285	256	319
UN00009.p1	5,229	6,835	4,947	8,080	12,024	13,700	6,385	5,112	7,277
UN00010.p1	31	36	25	38	26	38	39	37	57
UN00012.p2	107	229	125	127	92	106	121	106	160
UN00012.p1	23	25	14	9	13	17	11	23	12

3.1.3 使用 DESeq2 包

想要使用 DESeq2 包，除了原始计数表格，还需要构建一个能够被 DESeq2 读取的数据框。这个数据框记录了样本的组别信息，称为 coldata。

对于本实验而言，coldata 是这样构建的：

```
> coldata_RL_rawcounts=data.frame(factor(rep(c('w','iw','nrw'),each=3),levels = c('w','iw','nrw')),row.names=colnames(RL_rawcounts))
> colnames(coldata_RL_rawcounts)='caste'
```

相当简练的一个数据框，它表明了你一共有几个样本并且每个样本所属的类别。第一列是行名，不可重复。从第二列开始是分类方式，本实验只按照 caste 来分类，如表 3-2 所示。

表 3-2　样本分组信息表格

	w1	w2	w3	iw1	iw2	iw3	nrw1	nrw2	nrw3
caste	w	w	w	iw	iw	iw	nrw	nrw	nrw

现在我们已经完成了准备工作，接下来只要将表格放入 DESeqDataSetFromMatrix() 函数中即可。因为我们是按照 caste 来分类，所以该函数的 design 参数要写‘~caste’，如果你用过 R 中的回归分析或者其他分类模型的构建函数，那么你就知道‘~’的右边代表着自变量。

```
> dds_RL=DESeqDataSetFromMatrix（RL_rawcounts,colData=coldata_RL_rawcounts,design = ~caste）
```

哪怕已经用 DESeqDataSetFromMatrix() 函数将 rawcounts 表格转换为适用于 DESeq2 包的格式，我们仍可以通过 counts() 函数来查看该表格。接下来在我们进行组间表达量差异分析之前，还需要人为地删除各个样本原始计数总和小于 30 的 unigene，因为这些 unigene 的表达量实在太低了。你也可以按照自己的要求来设置门槛。

```
> dds_RL=dds_RL[rowSums(counts(dds_RL))>30,]
```

终于可以使用 DESeq() 函数了，我们只需要稍等片刻待它运算完毕。

```
> dds_RL_DESeq=DESeq(dds_RL)
## estimating size factors
## estimating dispersions
## gene-wise dispersion estimates
## mean-dispersion relationship
## final dispersion estimates
## fitting model and testing
```

3.1.4 筛选结果

运行完毕后，如何取得自己想要的结果也需要新手好好摸索一番。首先我们使用 resultsNames() 函数来查看我们可以取得哪些结果，这想必也是函数名为“resultsNames”的原因吧。以本实验为例，我们得到的结果为“Intercept”“caste_iw_vs_w”“caste_nrw_vs_w”。“Intercept”且不去管它，从后两个字符串我们可以得到以下信息：①分类方法只有按“caste”分类。②按“caste”分类有“w”“iw”“nrw”三类。所以如果我们想要得到我们“iw”和“w”的基因组间表达量差异结果，就要使用 results(dds_RL_DESeq,c('caste','iw','w')) 来获取。“iw”在前、“w”在后表示在计算差异倍数时，“iw”为分子，“w”为分母，results() 函数中格式和顺序很重要，诸位读者莫要搞错。

```
> resultsNames(dds_RL_DESeq)
## [1] "Intercept"      "caste_iw_vs_w"  "caste_nrw_vs_w"
> w_iw_result=results(dds_RL_DESeq,c('caste','iw','w'))
```

通过 results() 函数得到的是所有 unigene 在 iw 和 w 中的组间表达量差异，先使用 na.omit() 函数来去除掉含有 NA 的行，NA 通常来自于 padj 列。接下来我们还要筛选显著差异基因，筛选往往通过对 log2FC 和 padj 设置门槛来实现，在这里我们以 padj<0.05 且 log2FC>=1 来作为筛选标准。

```
> w_iw_result=na.omit(w_iw_result)
> w_iw_result_sig=w_iw_result[w_iw_result$padj<0.05&w_iw_result$log2FoldChange>=1,]
> set_formatter(xtable_to_flextable(xtable(head(as.data.frame(w_iw_result_sig)),align=rep('c',7))),baseMean=function(x){formatC(x,format='f',digit=3)},pvalue=function(x){format(x,format='e',digits=3)},padj=function(x){format(x,format='e',digits=3)})
```

表达量显著差异数据框前六行如表 3-3 所示：

表 3-3　表达量显著差异基因表格

	baseMean	log2FoldChange	lfcSE	stat	pvalue	padj
UN00314.p1	191.677	1.1	0.2	5.7	1.20e-08	3.81e-06
UN00372.p1	1503.801	1.1	0.2	7.2	8.31e-13	8.98e-10
UN00831.p1	436.027	1.6	0.3	6.0	2.36e-09	8.81e-07
UN00832.p1	1378.863	1.1	0.2	6.4	2.07e-10	1.07e-07
UN00853.p1	514.538	1.2	0.2	6.7	2.69e-11	1.87e-08
UN01024.p1	452.160	1.2	0.3	4.9	1.07e-06	1.67e-04

3.2 创建自己的物种注释包

得到了显著差异基因，我们自然想要知道这些差异基因富集到了哪些功能上，然而我们进行的是无参转录组测序，我们不知道每一个 unigene 对应哪些 GOID 和 KOID，所以想要做富集分析，无论是 GO 富集还是 KEGG 富集，我们都需要先制作自己的物种注释包。

3.2.1 导入注释表格

构建注释包的基础文件来源于在 ubuntu 系统上进行 emapper 注释得到的注释结果文件，我们先将它导入 R 中并拣选出构建注释包所需要的列，如表 3-4 所示。其中的 GOs 列和 KEGG_ko 列是构建注释包必不可缺的两列，我们将利用这两列的信息来分别构建 unigene 到 GOID 和 KOID 的映射。

```
> enrich_basefile=read.csv(file.choose())
> enrich_basefile=as.data.frame(enrich_basefile)
> enrich_usefile=enrich_basefile[,c(1,3,8,9,10,12,13,14)]
```

表 3-4　emapper 的注释结果表格

	X.query	evalue	Description	Preferred_name	GOs	KEGG_ko	KEGG_Pathway	KEGG_Module
1	UN00002.p1	0.0	-	-	-	-	-	-
2	UN00006.p1	0.0	Dual specificity protein	DUSP10	GO:0000188,GO:00	ko:K20216	ko04010,ko04013,ko04214,map	-
3	UN00009.p1	0.0	Oxidoreductase activity, acting on	SCD	GO:0000003,GO:00		ko01040,ko01212,ko03320,ko0	-
4	UN00010.p1	0.0	Serpentine type 7TM GPCR	-	GO:0001653,GO:00	ko:K04169	ko04020,ko04080,map04020,ma	-
5	UN00020.p1	0.0	Actins are highly conserved	-	GO:0000278,GO:00	ko:K05692,ko:K10355	ko04015,ko04145,ko04210,ko0	-
6	UN00020.p2	0.0	-	-	-	-	-	-

3.2.2 创建 unigene 到 GOID 的映射表格

我们先构建 unigene 到 GOID（表中的 GOs）的映射表格，当你看到数十行代码时，可能会觉得略有难度，但思路其实十分简单，在读者了解数据框操作的情况下完全可以自行完成。在 emapper 注释文件中，我们可以看出以下三点：①一个 unigene 可以对应多个 GOID。②一个 GOID 可以对应多个 unigene。③每个 unigene 对应的多个 GOID 是以逗号隔开的。而我们的任务就是将被逗号隔开的 GOID 分离开，使得 unigene 与 GOID 变为一一对应的关系，这样就会变成下表的形式。注意不能把 unigene 放到行名处，因为行名不可出现重复。下面的代码仅仅是笔者习惯于使用的，读者也可以按照自己的方式来将数据整理成和笔者一样的结果，但是列名需要和笔者的一样，这样才能在后续构建注释包的时候被识别。如果读者不太熟悉 R 语言，可以按照笔者的方式来操作，笔者还顺便提取了 unigene 到 Preferred_name 的映射表格，这也是一个学习处理数据框的机会，读者可以着重练习一下 strsplit() 函数和创建数据框的操作方法。

```
> options(stringsAsFactors = F)
> suppressMessages(library(AnnotationForge))
> suppressMessages(library(AnnotationHub))
> suppressMessages(library(dplyr))
> suppressMessages(library(stringr))
> gene_info=dplyr::select(enrich_usefile,geneid=X.query,genename=Preferred_name)
> gene_info[gene_info=='-']=NA
> gene_info=na.omit(gene_info)
## 提取 unigene 到 GOID 的映射
> gene_GOterm=(select(enrich_usefile,geneid=X.query,GOID=GOs))
> gene_GOterm[gene_GOterm=='-']=NA
> gene_GOterm=na.omit(gene_GOterm)
> split_GOterm=strsplit(gene_GOterm$GOID,',')
> GOlength_bygene=character()
> for (i in 1:length(split_GOterm)) {
+   GOlength_bygene[i]=length(split_GOterm[[i]])
+ }
> GOlength_bygene=as.numeric(GOlength_bygene)
> gene_mapto_GO=data.frame(GID=rep(gene_GOterm$geneid,GOlength_bygene),GO=unlist(split_GOterm),EVIDENCE=rep('IEA',length(unlist(split_GOterm))))
> set_formatter(xtable_to_flextable(xtable(head(gene_mapto_GO),align = rep('c',4))))
```

unigene 到 GOID 的映射数据框前六行如表 3-5 所示：

表 3–5　unigene 到 GOID 的映射表格

	GID	GO	EVIDENCE
1	UN00006.p1	GO:0000188	IEA
2	UN00006.p1	GO:0001932	IEA
3	UN00006.p1	GO:0001933	IEA
4	UN00006.p1	GO:0002237	IEA
5	UN00006.p1	GO:0002682	IEA
6	UN00006.p1	GO:0002683	IEA

3.2.3 创建 unigene 到 KOID 的映射表格

unigene 到 GOID 的映射数据框构建完毕，接下来以同样的操作来构建 unigene 到 KOID 的映射数据框。如果想多做一些工作，还可以下载 KOID 到 pathway 的映射数据框，这样一来我们就可以得到 unigene → KOID → pathway 的关系表。你需要下载 ko00001 的 json 格式文件，它以“[]”“{}”“children”这些字符串来将 KEGG 的类别层层划分，每个“children”代表一个节点，你应当一层一层抽丝剥茧地将 pathway 的名字以及 pathway 中包含的 ko 提取出来，这一步网上有许多的方法供我们参考。新手可以顺便学习一下如何借助 left_join()、right_join()、merge() 函数来整合两个表格中的内容。

```
> update_kegg = function(json = "ko00001.json") {
+   library(jsonlite)
+   library(purrr)
+   library(RCurl)
+   pathway2name = tibble(Pathway = character(), Name = character())
+   ko2pathway = tibble(Ko = character(), Pathway = character())
```

```
+   kegg = fromJSON(json)
+   for (a in seq_along(kegg[["children"]][["children"]])) {
+     A = kegg[["children"]][["name"]][[a]]
+   for (b in seq_along(kegg[["children"]][["children"]][[a]][["children"]])) {
+     B = kegg[["children"]][["children"]][[a]][["name"]][[b]]
+     for (c in seq_along(kegg[["children"]][["children"]][[a]][["children"]][[b]]
[["children"]])) {
+           pathway_info=kegg[["children"]][["children"]][[a]][["children"]][[b]]
[["name"]][[c]]
+       pathway_id = str_match(pathway_info, "ko[0-9]{5}")[1]
+         pathway_name = str_replace(pathway_info, " \\[PATH:ko[0-9]{5}\\]", "")
%>% str_replace("[0-9]{5} ", "")
+         pathway2name=rbind(pathway2name,tibble(Pathway=pathway_id, Name =
pathway_name))
+       kos_info = kegg[["children"]][["children"]][[a]][["children"]][[b]][["children"]]
[[c]][["name"]]
+       kos = str_match(kos_info, "K[0-9]*")[,1]
+       ko2pathway = rbind(ko2pathway, tibble(Ko = kos, Pathway = rep(pathway_id,
length(kos))))
+       }
+     }
+   }
+   save(pathway2name, ko2pathway, file = "kegg_info.RData")
+ }
> update_kegg(json = "ko00001.json")
> load(file = "kegg_info.RData")
> gene_ko=dplyr::select(enrich_usefile,geneid=X.query,ko=KEGG_ko)
```

```
> gene_ko[gene_ko=='-']=NA
> gene_ko=na.omit(gene_ko)
> gene_ko$ko=gsub('ko:','',gene_ko$ko)
> split_koterm=strsplit(gene_ko$ko,',')
> kolength_bygene=character()
> for(i in 1:length(split_koterm)){
+   kolength_bygene[i]=length(split_koterm[[i]])
+ }
> kolength_bygene=as.numeric(kolength_bygene)
> gene_mapto_ko=data.frame(geneid=rep(gene_ko$geneid,kolength_bygene),Ko=unlist(split_koterm))
> gene_topathway=left_join(gene_mapto_ko,ko2pathway,by='Ko')
> gene_topathway=na.omit(gene_topathway)
> set_formatter(xtable_to_flextable(xtable(head(gene_topathway),align = rep('c',4))))
```

unigene 到 KOID 和 pathway 的映射数据框前六行如表 3-6 所示：

表 3-6　unigene 到 KOID 和 pathway 的映射表格

	geneid	Ko	Pathway
1	UN00006.p1	K20216	ko04010
2	UN00006.p1	K20216	ko04013
3	UN00006.p1	K20216	ko04214
4	UN00006.p1	K20216	ko01009
5	UN00009.p1	K00507	ko01040
6	UN00009.p1	K00507	ko04152

3.2.4 生成注释包

构建完成 unigene 分别到 GOID 和 KOID 的映射表格后，我们就可以创建自己的物种注释包了。创建物种注释包需要用到 AnnotationForge 包的 makeOrgPackage() 函数，你可以在 makeOrgPackage() 函数中传递自己的各种数据框（dataframe）作为参数，但是一定要有一个数据框记载了 unigene 到 GOID 的映射，而这个表格的三列必须是“GID”“GO”“EVIDENCE”，这三列分别记载了基因（unigene）、GOID 和 evidence code（IEA），这些工作我们已经在前面做好。函数中的 goTable 参数就是我们前面传入的数据框的名字（此处叫“go”）。还需注意的是邮箱也需填写，自己用的话可以随便填写但一定要符合格式且不能省略，否则会报错。

```
> library(AnnotationForge)
> makeOrgPackage(go=gene_mapto_GO,version='4.1.0',tax_id = '19960419',genus='Reticulitermes',species='RL',goTable = 'go',maintainer="ycx<so@someplace.org>",author='ycx<so@someplace.org>',outputDir = getwd())
```

创建好的物种注释包仍需要先安装才能被 library() 函数导入：

```
> install.packages('org.RL.eg.db',repos = NULL,type = 'source')
```

3.3 表达量显著差异基因富集分析

3.3.1 表达量显著差异基因的 GO 富集

基因本体论（GO Ontology, GO）分析包括 GO 注释和 GO 富集分析。GO 是基因本体联合会（Gene Ontology Consortium）所建立的数据库，它由一组预先定义好的术语（GO term）组成，这组术语对基因和蛋白质功能进行限定和描述，适用于各个物种。

GO 是一个国际标准化的基因功能分类体系，提供了一套动态更新的标准词汇表（controlled vocabulary）来全面描述生物体中基因和基因产物的属性。GO 总共有三个 ontology（本体），分别描述基因的分子功能（molecular function）、细胞组分（cellular component）、参与的生物过程（biological process）。

GO 注释则就是将表示基因或其产物的 ID（此处是我们的 unigene ID）映射到一组 GO 的 ID 上，用这组 GO term 来描述这个基因。在大多数转录组分析中，我们关心的是某些基因（如差异表达基因）的共同点，所以我们会对这些基因所对应 GO 的分布情况进行统计分析来看看它们集中在哪些功能上，这就是 GO 富集分析。GO 富集分析的统计学基础是超几何分布，根据 Fisher 精确检验公式来对每一个 GO term 计算得到 P 值，当 P 值小于某个阈值（如 0.01 或 0.05）时，我们就可以说差异基因显著地富集在某个 GO term 上。

做完了准备工作后，进行 GO 富集分析就相当简单了。我们需要用到 clusterProfiler 包的 enrichGO() 函数，在函数中输入想要进行分析的 unigene、OrgDb、ont、keyType。其中 OrgDb 就是我们刚才创建的物种注释包，ont 是 “BP” “MF” “CC” “ALL” 中的一个，分别代表分子功能（molecular function）、细胞组分（cellular component）、参与的生物过程（biological process）以及全部。keyType= 'GID' 是指输入的 unigene 对应的是数据框的 GID 列。

```
> library(clusterProfiler)
> enrich_GO_W_IW=enrichGO(rownames(w_iw_result_sig),OrgDb=org.RL.eg.db,ont = 'MF',keyType = 'GID')
> kable(format(head(enrich_GO_W_IW[,c(-1,-8)]),digits=4),format = 'pipe',align = 'c')%>%kable_styling(bootstrap_options = 'basic',full_width = F)
```

表达量显著差异基因的 GO 富集结果前六行如表 3-7 所示：

表 3-7　表达量显著差异基因的 GO 富集结果表格

	Description	Gene Ratio	BgRatio	pvalue	p.adjust	qvalue	Count
GO:0008083	growth factor activity	7/39	19/10993	1.956e-13	2.935e-11	2.204e-11	7
GO:0008236	serine-type peptidase activity	9/39	102/10993	5.992e-11	4.494e-09	3.374e-09	9
GO:0017171	serine hydrolase activity	9/39	108/10993	1.008e-10	5.041e-09	3.785e-09	9
GO:0004732	pyridoxal oxidase activity	5/39	13/10993	5.431e-10	2.036e-08	1.529e-08	5
GO:0004031	aldehyde oxidase activity	5/39	16/10993	1.829e-09	3.919e-08	2.943e-08	5
GO:0004854	xanthine dehydrogenase activity	5/39	16/10993	1.829e-09	3.919e-08	2.943e-08	5

结果可视化是转录组分析中必不可少的步骤，enrichplot 包可以让我们将各种富集结果可视化，这点从包的名字就不难猜出。我们先来用 dotplot() 函数来绘制富集结果的散点图。

```
> library(enrichplot)
> dotplot(enrich_GO_W_IW)
```

表达量显著差异基因的 GO 富集结果中显著性前十的散点图如图 3-1 所示：

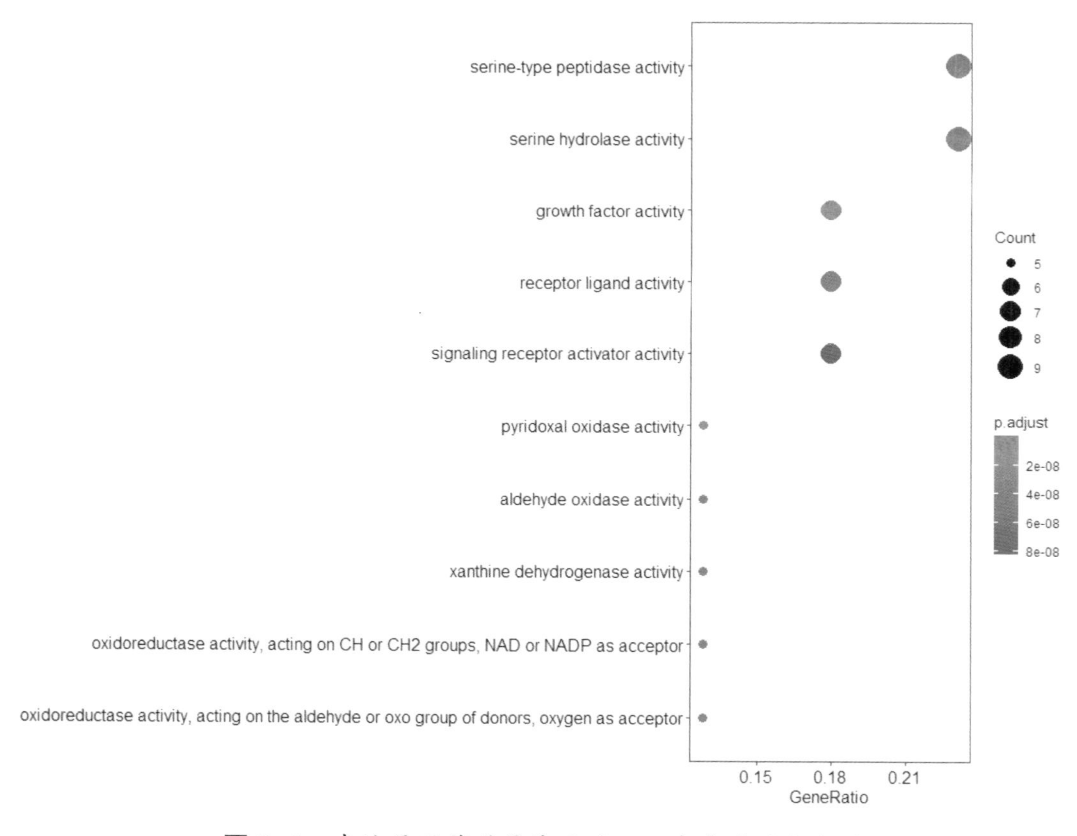

图 3-1 表达量显著差异基因的 GO 富集结果散点图

紧接着用 goplot() 函数来绘制富集结果的有向无环图：

```
> goplot(enrich_GO_W_IW)
```

GO 富集结果的有向无环图如图 3-2 所示：

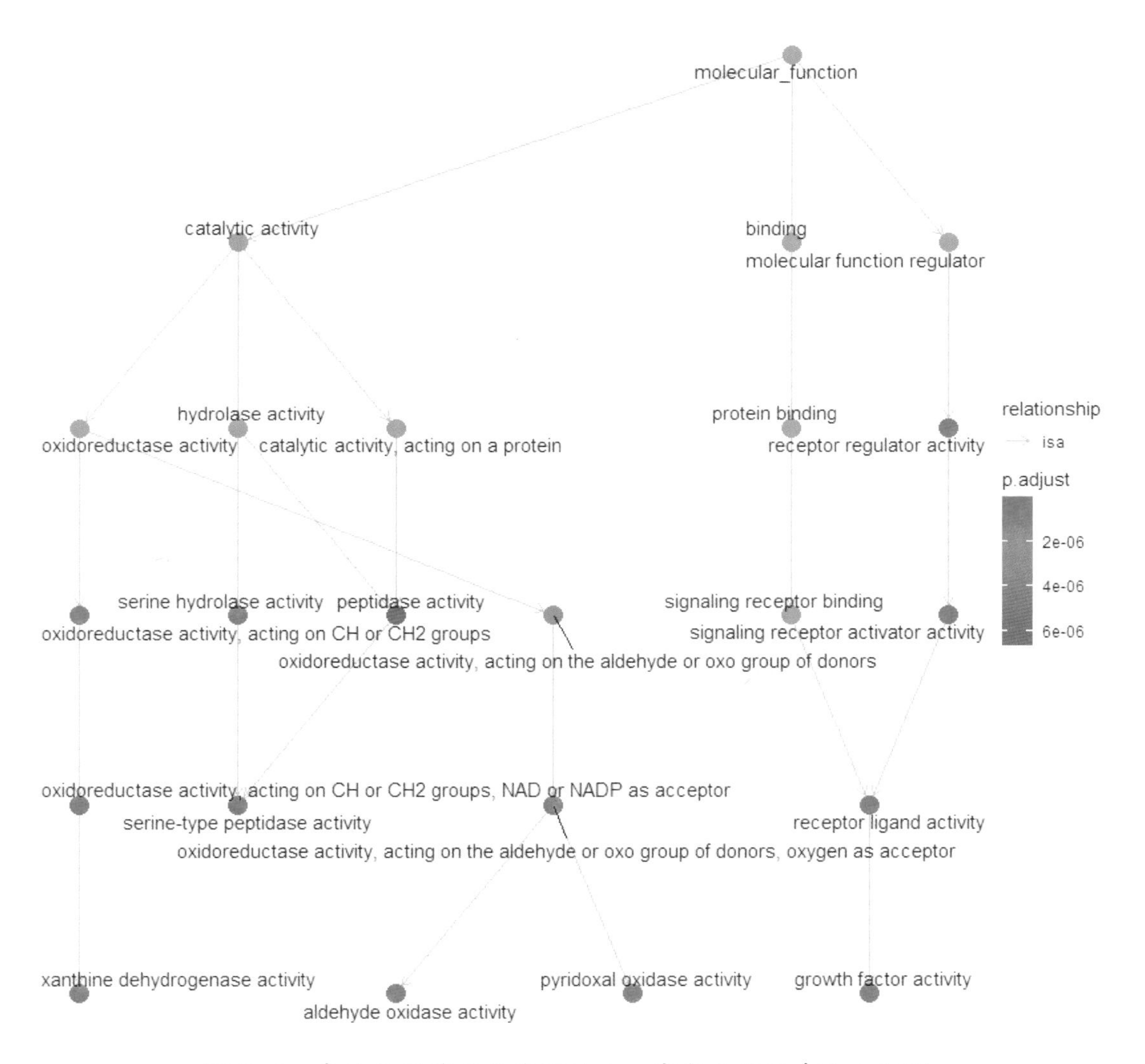

图 3-2 表达量显著差异基因的 GO 富集结果的有向无环图

3.3.2 GO 的基因集富集分析（gsea）

传统的富集分析，需要人为地提供用于富集的基因集，本实验中用到的是通过 DESeq2 包分析得到的显著差异表达基因，这样可能会由于仅仅关注一小部分基因而无法窥见整个通路中所有基因的整体上调或下降。基于传统富集分析得到结果可能会很少，甚至没有结果。GSEA 分析（Gene Set Enrichment Analysis）能够有效弥补传统富集分析对微效基因的有效信息挖掘不足等问题，更为全面地对某一功能单位（通路、GO term 或其他）的调节作用进行解释。

GSEA 分析首先需要对两组样本的所有基因按照某种方式进行降序排序（本实验中就使用 log2FC），然后根据预设的生物学功能的 gene subset 进行注释，就很容易获得参与某条通路或途径的关键基因，或者直接看出通路调控整体是上升或下降。

以 w 和 iw 这两组为例，在 R 中的实际操作时，我们可以直接将之前 DESeq2 包得到的这两组间的 log2FC 提取出来并保存为 numeric 格式并以 unigene ID 给每个值命名，然后按照降序排列：

```
> w_iw_forGSEA=as.numeric(w_iw_result$log2FoldChange)
> names(w_iw_forGSEA)=rownames(w_iw_result)
> w_iw_forGSEA=sort(w_iw_forGSEA,decreasing = T)
> head(w_iw_forGSEA)
## UN28157.p1 UN08399.p2 UN22390.p2 UN16469.p1 UN41784.p1 UN40763.p1
##   9.729390   7.605336   6.860277   5.140789   4.199162   4.190986
```

整理好了每个 unigene 在 w 和 iw 中的 log2FC 值之后，就可以用 gseGO( ) 函数得到 gsea 的 GO 富集结果，该函数依然属于 clusterProfiler 包：

```
> gsea_GO_w_iw= gseGO(geneList=w_iw_forGSEA,OrgDb=org.RL.eg.db,keyType = 'GID',eps = 0)
> kable(format(head(gsea_GO_w_iw[,c(-1,-11,-6,-7)]),digits=4),align='c',format = 'pipe')%>%kable_styling(bootstrap_options='basic',full_width = F)
```

gsea 结果数据框前六行如表 3-8 所示：

表 3-8　gsea 的 GO 富集结果表格

	Description	Set size	Enrichment score	NES	Qvalues	Rank	Leading_edge
GO:0045010	actin nucleation	69	−0.8593	−2.794	5.926e−16	485	tags=42%, list=2%, signal=41%
GO:0032273	positive regulation of protein polymerization	179	−0.6770	−2.477	3.994e−13	517	tags=20%, list=2%, signal=19%
GO:0030838	positive regulation of actin filament polymerization	140	−0.6897	−2.458	2.845e−11	485	tags=21%, list=2%, signal=21%
GO:0030041	actin filament polymerization	266	−0.5940	−2.260	2.845e−11	1335	tags=17%, list=6%, signal=16%
GO:0008154	actin polymerization or epolymerization	299	−0.5713	−2.197	7.528e−11	1335	tags=16%, list=6%, signal=15%
GO:0002181	cytoplasmic translation	192	−0.6335	−2.326	2.241e−10	5315	tags=64%, list=25%, signal=49%

表格中的 enrichmentScore 是 GSEA 得到的原始结果，ES 为正，表示某一功能 gene 集富集在排序序列前方，而我们之前的 log2FC 是按照降序排列的，所以排在序列前面代表着上调，反之亦然。NES 是为了比较 data set 在不同功能 gene set 中的富集程度而对 enrichmentScore 进行标准化得到的结果。

对于 gsea 的 GO 富集结果，我们通常会用 gseaplot() 函数对每一个 GOID 单独绘图来查看所有基因在该 GO 上富集的结果，这样我们就可以一目了然地看到 enrichmentScore 的分布（见图 3-3）。

```
> gseaplot(gsea_GO_w_iw,geneSetID = 'GO:0045010')
```

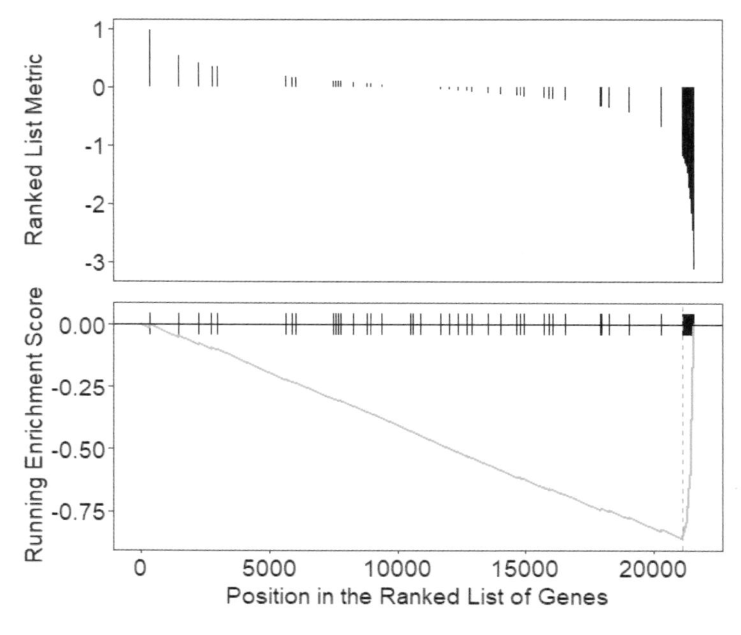

图 3-3　单个 GO 的 gsea 富集结果

如果你不想一个一个 GOID 地看下去，而是想要一次能够看到多个 GOID 的富集结果，那么你还可以用 enrichplot 包的 ridgeplot() 函数将自己筛选的 GSEA 结果绘制在一张图上（见图 3-4），比如你想要得到 NES 排名前 20 的结果：

```
> library(enrichplot)
> ridgeplot(gsea_GO_w_iw[order(abs(gsea_GO_w_iw@result$NES),decreasing = T)
[1:20]])
```

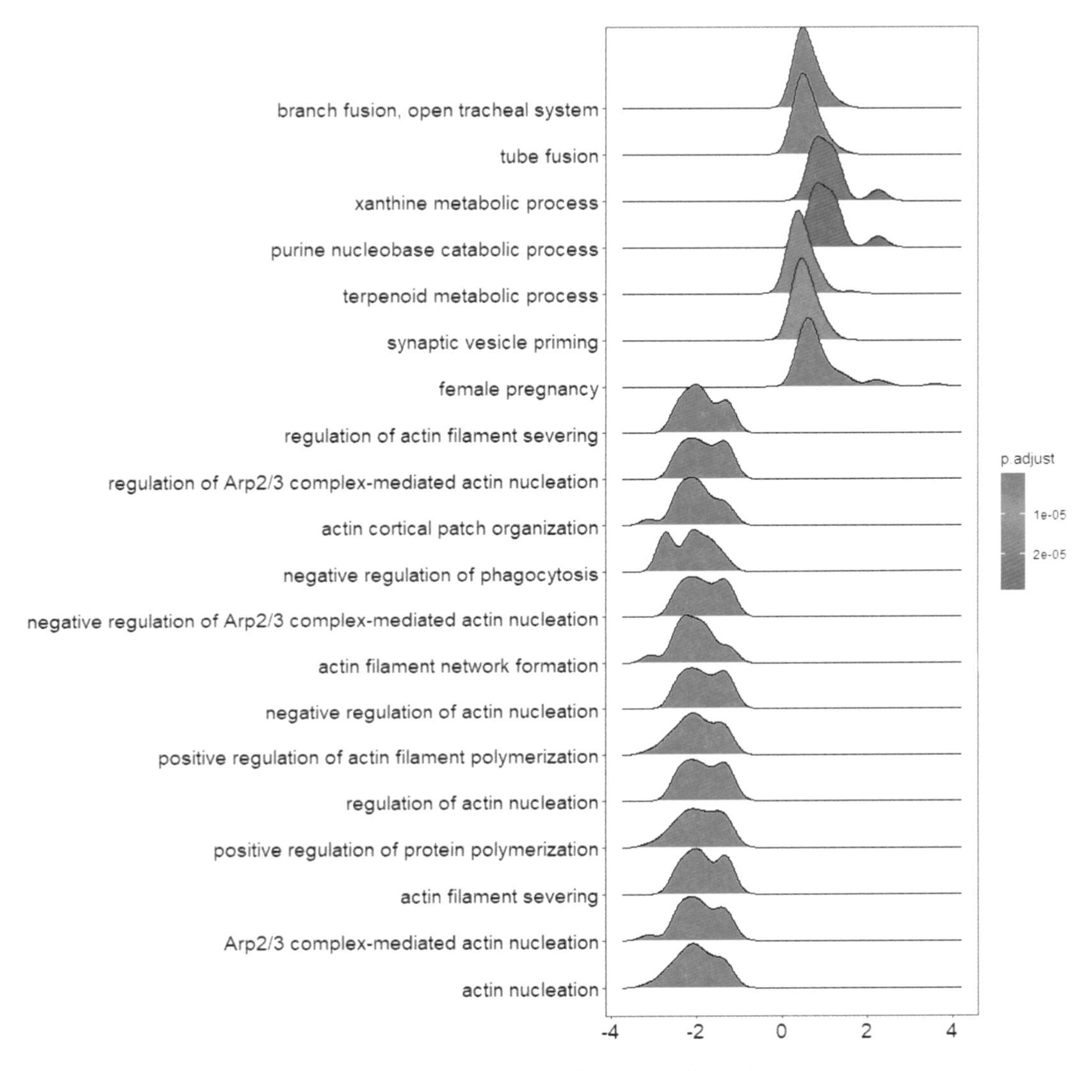

图 3–4 多个 GO 的 gsea 富集结果

这张图显然更能让我们直观地看到多个 GO 的富集结果，峰值越靠右代表 enrichmentScore 值越大，反之亦然。你可以通过这类图方便地挑选出想要研究的 GO。相比于传统的 GO 富集，笔者认为 GSEA 结果往往能提供更全面的富集信息，让我们发掘出可能被忽视的 GO。

3.3.3 表达量显著差异基因的 KEGG 富集

通路（Pathway）分析包括通路注释和通路富集分析，其富集分析的基本思路、统计模型等基本和 GO 富集分析如出一辙，通过计算得到的 P 值如果小于一定的阈值（0.01 或 0.05）则认为差异表达基因显著地富集到该通路上。

常用的通路数据库有 KEGG、BioCarta 和 GenMAPP，其中最为著名和可靠的是 KEGG 数据库中的代谢通路，所以接下来我们使用 KEGG 数据库来进行富集分析，我们已经在前面整理好了 unigene 到 KOID 和 PATHWAY 的映射数据框，我们只需要使用它即可。

KEGG 富集分析仍需要用到 clusterProfiler 包，这次换成了 enrichKEGG() 函数。这次我们无须使用之前创建的物种注释包，我们只要得到差异基因所对应的 KOID 即可。

```
> library(clusterProfiler)
> w_iw_result_sig_mapto_ko=character()
> for (i in rownames(w_iw_result_sig)) {
+     w_iw_result_sig_mapto_ko=c(w_iw_result_sig_mapto_ko,gene_mapto_ko[gene_mapto_ko$GID==i,2])
+  }
```

需要注意的是，因为我们进行的是无参转录组分析，所以对于 enrichKEGG() 函数中的 organism 参数我们无法提供任何一个被 kegg 所列出的物种（如 hsa），我们能给出的仅有 KOID。在这种情况下，我们将使用“ko”作为实参传递给 organism 参数。

```
> enrich_kegg=enrichKEGG(w_iw_result_sig_mapto_ko,organism='ko',keyType = 'kegg')
```

通过 enrich_kegg@result 来查看结果，同时用 enrich_kegg@result$qvalue<0.05 来筛选出显著富集的通路。

```
> enrich_kegg@result[enrich_kegg@result$qvalue<0.05,]
> kable(format(enrich_kegg@result[enrich_kegg@result$qvalue<0.05,c(-1,-5,-6)],digits=4),align='c',format='pipe')%>%kable_styling(bootstrap_options='basic',full_width = F)
```

富集结果中 qvalue 小于 0.05 的 pathway 如表 3-9 所示：

表 3-9　表达量显著差异基因的 KEGG 富集结果表格

	Description	Gene ratio	BgRatio	Qvalue	GeneID	Count
ko04152	AMPK signaling pathway	4/35	84/13025	3.387e-03	K00665/K04526/K05459/K00507	4
ko00983	Drug metabolism - other enzymes	3/35	32/13025	3.387e-03	K00106/K01044/K03927	3
ko04913	Ovarian steroidogenesis	3/35	40/13025	4.432e-03	K04526/K05459/K13885	3
ko04979	Cholesterol metabolism	3/35	49/13025	6.097e-03	K13443/K01052/K13885	3
ko00910	Nitrogen metabolism	3/35	65/13025	1.123e-02	K01672/K01674/K18246	3
ko04960	Aldosterone-regulated sodium reabsorption	2/35	26/13025	2.799e-02	K04526/K05459	2
ko04975	Fat digestion and absorption	2/35	28/13025	2.799e-02	K14452/K13885	2
ko04142	Lysosome	3/35	105/13025	2.799e-02	K13443/K01052/K12350	3
ko05016	Huntington disease	4/35	229/13025	2.862e-02	K03006/K05613/K05614/K03884	4

得到 KEGG 富集结果后，如果想可视化，让结果表示在通路图中，可以使用 browseKEGG() 函数来实现，但是需要联网，如果报错的话多试几次，记得我第一次使用该函数的时候一直报错，然而第二天就好了。富集到的结果会在通路图中被标注出来（见图 3-5）。

```
> browseKEGG(enrich_kegg,pathID = 'ko04152')
```

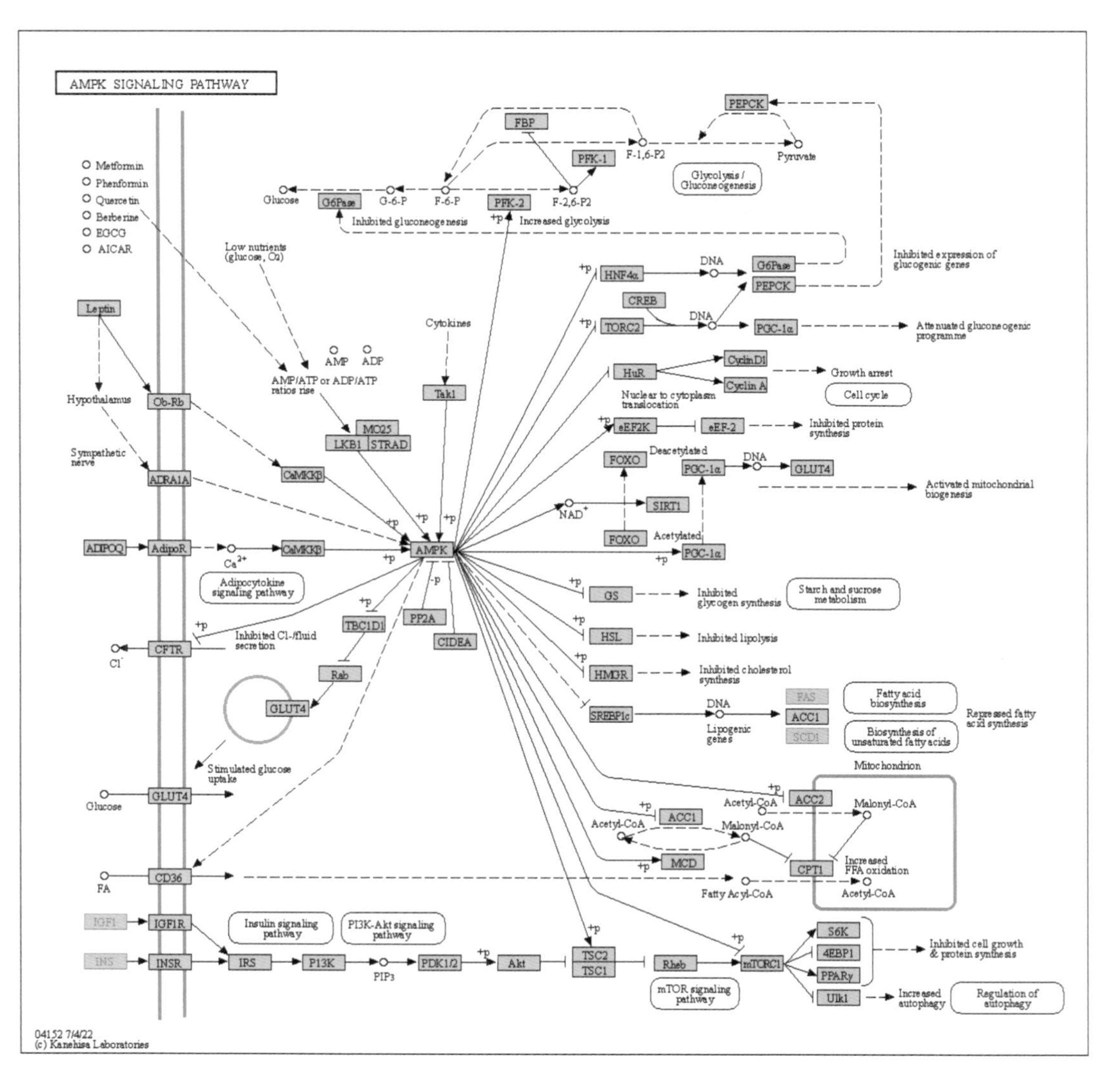

图 3-5　在单个通路图中显示富集结果

3.3.4 KEGG 的基因集富集分析（gsea）

对于 KEGG 富集，我们也可以使用 GSEA 方法，它与 GSEA 的 GO 富集在数据的预处理上略有不同。在这里我们需要的不是 unigeneID 而是 KOID，我们同样要将它们按某种数值从大到小排序。笔者还是选择使用 unigene 在两个样本间的 log2FC 值，只不过我们会按照映射表格将 unigeneID 以 KOID 代替。需要注意的是，一个 unigene 可能对应多个 KOID，一个 KOID 也可能对应多个 unigene，因此面对一个 KOID 对应不同 log2FC 的情况，笔者选择了取平均值的方法。

首先我们整理出包含 KOID 和 log2FC 的表格：

```
> w_iw_forgseakegg_koname=data.frame(GID=1,KO=1)
> for (a in rownames(w_iw_result)) {
+   w_iw_forgseakegg_koname=rbind(w_iw_forgseakegg_koname,gene_mapto_ko[gene_mapto_ko$GID==a,])
+ }
> w_iw_forgseakegg_koname=w_iw_forgseakegg_koname[-1,]
> rownames(w_iw_forgseakegg_koname)=1:nrow(w_iw_forgseakegg_koname)
> w_iw_forgseakegg_koname$log2foldchange=w_iw_result$log2FoldChange[match(w_iw_forgseakegg_koname$GID,rownames(w_iw_result))]
> set_formatter(xtable_to_flextable(xtable(head(w_iw_forgseakegg_koname),align = rep('c',4))),log2foldchange=function(x){formatC(x,format='f',digit=3)})
```

整理后的表格如表 3-10 所示，其本质就是在每个 unigene 对应 log2FC 的表格基础上多了一列 KO，GID 列已经没有作用了，可以删除。

表 3-10　KOID 对应的 log2FC

	GID	Ko	log2foldchange
1	UN00006.p1	K20216	−0.359
2	UN00009.p1	K00507	0.853
3	UN00009.p1	K15331	0.853
4	UN00010.p1	K04169	0.024
5	UN00020.p1	K05692	−1.982
6	UN00020.p1	K10355	−1.982

我们已经知道 KO 列中一定会有重复的 KOID，而我们需要的是无重复的 KOID，所以接下来笔者使用了 avereps() 函数来对相同的 KOID 取均值然后再以降序排序。

```
> x=as.matrix(w_iw_forgseakegg_koname$log2foldchange)
> rownames(x)=w_iw_forgseakegg_koname$Ko
> x=avereps(x)
> w_iw_forgseakegg_final=as.numeric(x)
> names(w_iw_forgseakegg_final)=rownames(x)
> w_iw_forgseakegg_final=sort(w_iw_forgseakegg_final,decreasing = T)
```

现在就可以使用 gseKEGG() 函数来进行富集了：

```
> w_iw_gsekegg=gseKEGG(w_iw_forgseakegg_final,organism='ko',minGSSize =
1,keyType = 'kegg',eps=0 )
> kable(format(w_iw_gsekegg@result[,c(−1,−6,−7,−11,−12)],digits=4),align='c',for
mat='pipe')%>%kable_styling(bootstrap_options='basic',full_width = F)
```

KEGG 的基因集富集（GSEAKEGG）结果如表 3-11 所示：

表 3-11 gsea 的 KEGG 富集结果

	Description	Set size	Enrichment score	NES	Qvalues	Rank	Leading_edge
ko05171	Coronavirus disease - COVID-19	114	-0.7436	-2.811	1.964e-18	916	tags=70%, list=15%, signal=61%
ko03010	Ribosome	111	-0.7058	-2.660	6.603e-14	977	tags=66%, list=16%, signal=56%
ko05131	Shigellosis	124	-0.4654	-1.794	1.298e-02	1048	tags=27%, list=17%, signal=23%
ko05130	Pathogenic Escherichia coli infection	78	-0.5357	-1.917	1.298e-02	460	tags=23%, list=7%, signal=22%
ko00830	Retinol metabolism	15	0.8041	2.102	1.369e-02	749	tags=67%, list=12%, signal=59%
ko05150	Staphylococcus aureus infection	8	-0.9101	-1.997	1.369e-02	471	tags=88%, list=8%, signal=81%
ko04710	Circadian rhythm	16	-0.7753	-1.993	2.518e-02	69	tags=38%, list=1%, signal=37%
ko05322	Systemic lupus erythematosus	15	-0.7956	-2.042	2.518e-02	982	tags=73%, list=16%, signal=62%
ko04080	Neuroactive ligand-receptor interaction	81	-0.5063	-1.823	2.554e-02	945	tags=37%, list=15%, signal=32%
ko04514	Cell adhesion molecules	25	0.6713	2.024	2.554e-02	812	tags=48%, list=13%, signal=42%
ko05132	Salmonella infection	117	-0.4448	-1.690	2.997e-02	460	tags=15%, list=7%, signal=15%
ko05133	Pertussis	26	-0.6783	-1.919	2.997e-02	439	tags=31%, list=7%, signal=29%

你也可以使用 pathview 包的 pathview() 函数来生成一张包含富集结果的通路图（见图 3-6），该函数会创建三个文件，其中后缀为 pathview.png 图片展现了通路信息以及富集到的KO的值的高低并以不同颜色加以区分，你也可以自定义颜色，总体来说，pathview() 函数是相当不错的 KEGG 的 GSEA 可视化工具。

```
> pathview(w_iw_forgseakegg_final,pathway.id='05171',species = 'ko',out.suffix='output')
```

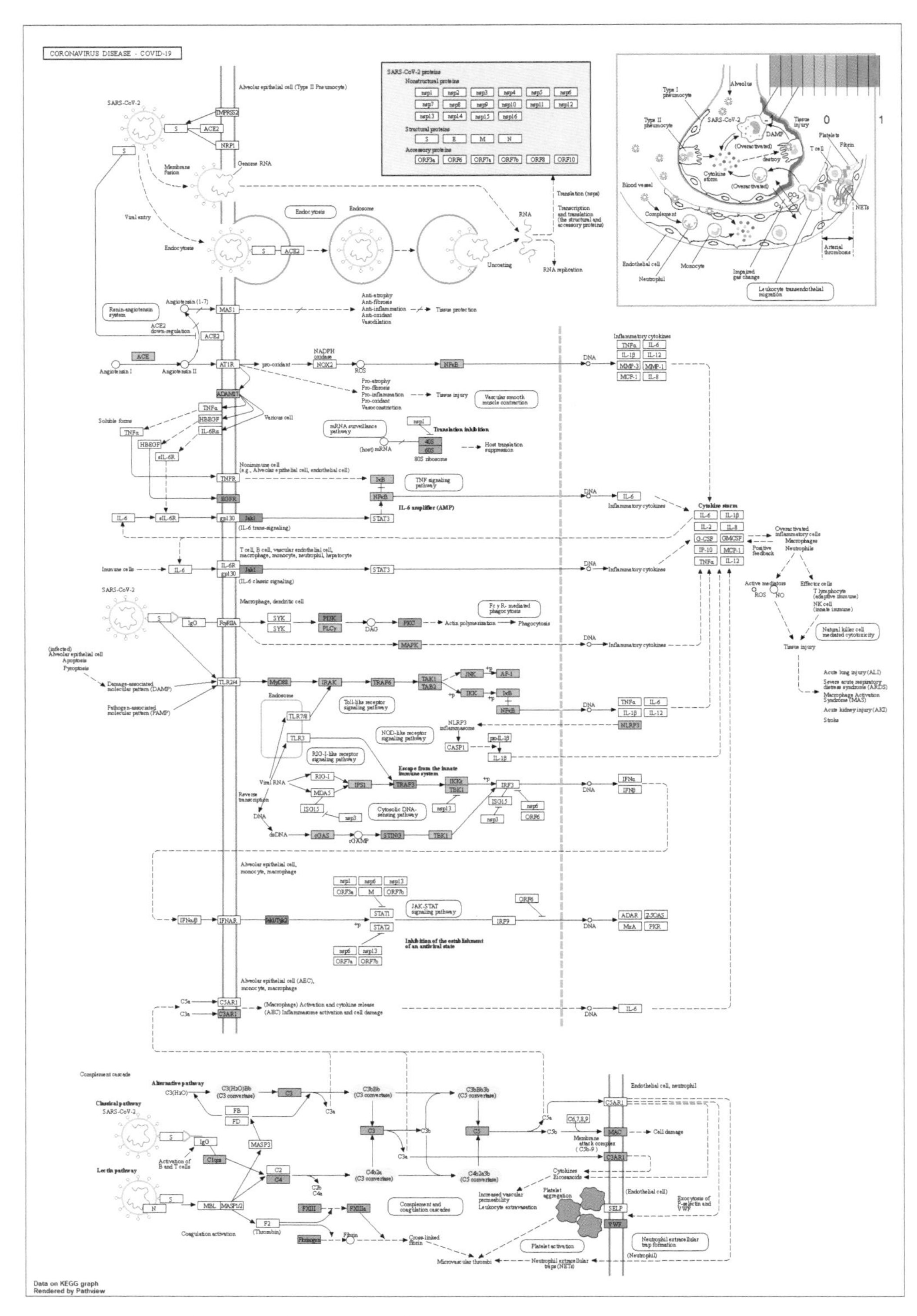

图 3–6　在单个通路图中显示 gsea 的 KEGG 富集结果

第 4 章

构建分类模型

我们在山中采集白蚁时往往花上数个小时寻找白蚁的踪迹，好不容易看见了几只白蚁，我们兴冲冲地开始挖四周的泥土和树桩，结果干得满头大汗也找不到白蚁的巢穴。如果是古建筑保护项目，那么即使发现了白蚁也不能挖掘，因为这会破坏了那些具有重要价值的建筑。即使我们运气很好收获了一段含有白蚁巢穴的树桩，想要把它剖开来观察里面的情况也需要四五个人花上大半天的时间。所以在获得了这个转录组后，笔者想到了一个问题：能不能通过某些基因的表达量来判断白蚁巢内部有无生殖蚁（蚁后）呢？

我们的转录组选取的样本有三类：原巢工蚁、隔离工蚁（无生殖蚁）、产生了补充生殖蚁（蚁后）后的巢中工蚁。如果我们找到了一些对组间差异有代表性的基因，那么可否用这些基因的表达量来判断一个新的白蚁巢是否有生殖蚁？换句话说，既然我们有了包含不同样本的转录组，那么我们要想办法用转录组筛选出的某些基因反推回去，从而在面对一个新样本时我们可以通过这些基因的表达量判断样本所属类别。如果方法可行，我们不需要花费大把力气去挖出完整的巢穴再用大量的人力去一点点剖开巢去观察数以万计的白蚁，我们只需收集属于该巢的几十只工蚁然后做个 qPCR 即可，不仅节约了大量时间，成本也极低。

既然有了这个想法，那就开始着手吧。想要实现这个想法，我们需要一个合适的模型，这个模型可以在我们输入特定基因的表达量后告诉该样本所属类别。我们所需要的其实就是一个分类模型，然而有许多模型都能实现分类效果，比如回归模型、随机森林模型、支持向量机、神经网络等，在后面笔者会带大家逐一尝试。

4.1 构建数据集

无论使用什么模型，我们都需要先整理出合适的数据并做好数据的预处理。我们的数据要有多少行、多少列才能满足训练要求？我们要用哪些指标作为变量？在笔者看来，生成用于训练的数据比训练模型要更具有挑战性，如果数据没有处理好，那么再好的模型也无济于事。所以我们先从构建自己的数据集开始吧。

笔者打算根据 gsea 的 GO 富集结果，筛选出具有代表性的 GOID，然后找到每一个 GOID 下对应的 unigene，以这些 unigene 的表达量作为用于分类的数据。笔者会将每一个 GOID 作为一个自变量，由于每个 GOID 可能对应多个 unigene，这样就会形成多种组合，每种组合作为一个样本的话就可以获得大量用于训练的样本了。

4.1.1 计算 rpkm

先计算每个 unigene 的表达量（rpkm），我们需要用到 edgeR 包的 rpkm() 函数，其中所需的参数（原始计数和 unigene 长度）我们早已在之前的步骤中准备好了。

```
> gene_length_rl=read.csv(file.choose())
> gene_length_rl=gene_length_rl[-nrow(gene_length_rl),]
> gene_length_rl=as.numeric(gene_length_rl$length)
> rpkm_rl=rpkm(as.matrix(RL_rawcounts),gene.length = gene_length_rl)
> kable(format(head(rpkm_rl),digits=4),align='c',format='pipe')%>%kable_styling(bootstrap_options='basic',full_width = F)
```

rpkm 表格前六行如表 4-1 所示：

表 4-1　unigene 在每个样本中的 rpkm

	w1	w2	w3	iw1	iw2	iw3	nrw1	nrw2	nrw3
UN00006.p1	62.178	64.361	73.165	48.099	47.154	57.757	43.092	48.411	44.003
UN00006.p2	90.472	63.698	82.116	36.185	51.462	51.043	47.545	44.438	51.524
UN00009.p1	445.083	436.997	453.182	585.292	932.921	874.934	383.816	319.751	423.523
UN00010.p1	4.414	3.850	3.831	4.605	3.375	4.060	3.922	3.872	5.550
UN00012.p2	29.913	48.087	37.610	30.215	23.444	22.234	23.889	21.776	30.585
UN00012.p1	5.475	4.470	3.587	1.823	2.821	3.037	1.849	4.024	1.953

4.1.2 根据 gsea 结果筛选 GOID

准备好 unigene 表达量表格之后，接下来我们筛选出要用于构建数据的 GOID。本实验中我从 gsea 的 GO 富集结果中选取了 enrichmentScore 大于 0.5 且 p.adjust 小于 0.01 的 GOID。

```
## 筛选出 enrichmentScore 大于 0.5 以及 p.adjust 小于 0.01 的 GOID
> classify_bygsea=gsea_GO_w_iw@result
> classify_bygsea=classify_bygsea[abs(classify_bygsea$enrichmentScore)>0.5&classify_bygsea$p.adjust<0.01,]
> nrow(classify_bygsea)
## [1] 138
```

有 138 个 GOID 符合要求，但这实在是有些多了，所以我们要再筛选一下，这次就把含有基因数目太多和太少的 GOID 排除掉，笔者希望筛选出的 GOID 所含的基因数不要相差过多。

因为每个 GOID 所包含的 unigene 在数据框中是以“/”隔开，所以我们要先用 strsplit() 函数提取出 unigene 再判断其数目。

```
## 筛选出富集的基因数目大于 30 且小于 60 的 GOID
> classify_bygsea_gene=strsplit(classify_bygsea$core_enrichment,'/')
> classify_bygsea_gene_length=numeric()
> for (e in 1:138) {
+   classify_bygsea_gene_length[e]=length(classify_bygsea_gene[[e]])
+ }
> classify_bygsea_gene_filter=classify_bygsea_gene[which(classify_bygsea_gene_length>30&classify_bygsea_gene_length<60)]
> names(classify_bygsea_gene_filter)=rownames(classify_bygsea)[which(classify_bygsea_gene_length>30&classify_bygsea_gene_length<60)]
## 看看筛选过后还有多少 GOID
> length(classify_bygsea_gene_filter)
## [1] 32
```

4.1.3 构建表达量数据集

现在我们已经有了所有 unigene 的表达量和所需的 32 个 GOID，那我们就来把这些 GOID 中所含的 unigene 对应的表达量从 rpkm 表格中提取出来，这可以用 for 循环来实现。

```
## 获取 w 和 nrw 的表达量，放入列表中
> rpkm_byeveryGO2gene_rl_list_w=list()
> for (a in 1:32) {
```

```
+   rpkm_byeveryGO2gene_rl_list_w[[a]]=as.numeric(rpkm_rl[match(classify_bygsea_gene_filter[[a]],rownames(rpkm_rl)),c(1:3,7:9)])
+ }
## 获取 iw 的表达量，放入列表中
> rpkm_byeveryGO2gene_rl_list_iw=list()
> for(b in 1:32){
+   rpkm_byeveryGO2gene_rl_list_iw[[b]]=as.numeric(rpkm_rl[match(classify_bygsea_gene_filter[[b]],rownames(rpkm_rl)),4:6])
+ }
```

现在我们手中已经有了所选取的 GOID 内含有的每一个 unigene 的表达量，接下来创建一个行数为 100000、列数为 33（32 个 GOID 以及一个结果）的矩阵，将数据填进去。这个矩阵每一个样本中的 GOID 值都是从该 GOID 包含的 unigene 表达量中随机抽取得来。该实验中将 w 和 nrw 归为一类，因为它们的巢中都有生殖蚁；将 iw 设置为另一类，因为它的巢中无生殖蚁。

```
## 填入前 32 列的数据，每列代表一个 GOID
> none_omit_rl_sample=matrix(0,nrow=100000,ncol=33)
> for (c in 1:32) {
+   none_omit_rl_sample[c(1:25000,75001:100000),c]=sample(rpkm_byeveryGO2gene_rl_list_w[[c]],50000,replace = T)
+ }
> for (d in 1:32) {
+   none_omit_rl_sample[25001:75000,d]=sample(rpkm_byeveryGO2gene_rl_list_iw[[d]],50000,replace = T)
+ }
## 填入最后一列数据，0 代表 w 或 nrw，1 代表 iw。
> none_omit_rl_sample[,33]=rep(c(0,1,0),times=c(25000,50000,25000))
## 填入列名，记得要先转为 data.frame 才行。
> none_omit_rl_sample=as.data.frame(none_omit_rl_sample)
```

```
> colnames(none_omit_rl_sample)[1:32]=names(classify_bygsea_gene_filter)
> colnames(none_omit_rl_sample)[33]='caste'
## 总数据集各列如下所示:
> str(none_omit_rl_sample)
## 'data.frame':   100000 obs. of  33 variables:
##  $ GO:0032273: num  15.97   11.85   40.33   8.48   5.45   ...
##  $ GO:0030041: num   8.33   19.13   12.78   3.52   2.32   ...
##  $ GO:0008154: num  15.32   14.44   34.95   1.58   7.89   ...
##  $ GO:0051258: num   4.05    2.9     4.56  26.66   9.29   ...
##  $ GO:0030833: num  6.093   0.966   1.521  7.891  5.161  ...
##  $ GO:1902905: num   6.12   20.84   22.12   8.48   9.39   ...
##  $ GO:0032271: num   6.1    17.38   12.14   8.33   6.65   ...
##  $ GO:0008064: num  10.4    12.47    1.43   5.76   7.83   ...
##  $ GO:0030832: num  16.62    5.77    3.94   5.1   15.82   ...
##  $ GO:0051495: num   7.83    1.43    7.01  14.51   8.14   ...
##  $ GO:0031334: num   8.68    4.77    7.81   5.86   8.94   ...
##  $ GO:0007565: num  14.67    3.66    4.62   2.28  76.2    ...
##  $ GO:0035146: num   5.13    2.28    4.3    1.69   2.8    ...
##  $ GO:0035147: num  3.499   2.891   4.093   3.63  0.224  ...
##  $ GO:0060446: num   2.76    3.47   10.6    4.24   4.65   ...
##  $ GO:0016082: num   4.65    2.57    2.11  24.13   3.09   ...
##  $ GO:0006721: num   4.95    5.6    43     88.27  31.19   ...
##  $ GO:0006613: num   430     403     478    560    304    ...
##  $ GO:0001676: num  32.15   19.49   14.71   9.33  31.71   ...
##  $ GO:0006614: num 1611.3   648.1   951.2  596.8   13.7   ...
##  $ GO:0072599: num  229.4    441    687.5  837.1   35.6   ...
##  $ GO:0045047: num   468     456     104    357    830    ...
##  $ GO:0006766: num  13.38    5.71    8.82  12.62 182.36   ...
##  $ GO:0006767: num   5.47   40.89   61.02   9.99   4.02   ...
##  $ GO:1901568: num  25.5   114.14    8.64   9.93   2.65   ...
```

```
## $ GO:0050830: num  16.28   3.51  604.23   3.51   4.61  ...
## $ GO:0006637: num  36.32  30.21   33.62  10.05   4.87  ...
## $ GO:0035383: num  453.2   84.5      69   22.6   22.2  ...
## $ GO:0033866: num   29.1   20.9    14.9   25.1     13  ...
## $ GO:0034030: num  28.73   7.04   20.36   6.68  30.68  ...
## $ GO:0034033: num     43   14.2    36.1   44.6   25.7  ...
## $ GO:0050848: num  12.59  18.89    6.29  54.58  21.24  ...
## $ caste          : num 0 0 0 0 0 0 0 0 0 0 ...
## 分出 80000 个样本作为训练集，20000 个样本作为验证集
> none_omit_rl_sample_train=none_omit_rl_sample[sample(1:100000,80000),]
> none_omit_rl_sample_valid=none_omit_rl_sample[-as.numeric(rownames(none_omit_rl_sample_train)),]
## 确认训练集和验证集没有重复
> table(rownames(none_omit_rl_sample_valid)%in%rownames(none_omit_rl_sample_train))
##
## FALSE
## 20000
```

转录组测序结果存在批次效应，即使是同一种的样本两次测序的结果也可能不同，更何况是不同的物种。如果我们训练出的模型只能适用于该物种的该转录组，再采样后以 qPCR 结果作为数据进行预测却无法令人满意的话，那么模型将没有任何意义。我们的目标是训练出一个模型，使得其在预测该物种以及类似物种时都能取得精确的预测结果。综上所述，我们用一个新的转录组测序结果作为测试集，该转录组是用尖唇散白蚁做的，其中含有 w 和 iw 两个阶段类型，处理方法与第一个转录组一模一样，用新的转录组作为测试集可以很好地检验模型的泛化性。

4.2 随机森林

随机森林（random forest）是一种组成式的有监督学习方法。我们都听说过决策树，而随机森林算法通过对样本单元和变量进行抽样，从而生成大量决策树，每个决策树都会提供一个预测结果，所有决策树预测结果的众数就是随机森林的最终预测结果。

我们使用 randomForest 包的 randomForest() 函数来构建随机森林模型①，该函数的使用方法很简单，只需明确自变量、因变量、数据即可。需要注意的是对于样本的预处理，经过笔者的尝试，当样本数过多时，随机森林模型无法支持，函数会报错；如果列名中含有"："符号，函数也会报错。让我们先来解决一下这两个小问题。

```
> library(randomForest)
> library(caret)
> randomforest_train=none_omit_rl_sample_train
## 使用 randomforest 包时需要将数据列名中的"："去掉，否则会报错
> colnames(randomforest_train)= sub(':','',colnames(randomforest_train))
## 使用 randomforest 包时需要将类别列改为 factor 类型
> randomforest_train$caste=as.factor(randomforest_train$caste)
## 验证集进行同样地预处理
> randomforest_valid=none_omit_rl_sample_valid
> colnames(randomforest_valid)=sub(':','',colnames(randomforest_valid))
```

① Robert I. Kabacoff，王小宁，刘撷芯，等. R语言实战（第2版）[M]. 人民邮电出版社，2016.

```
> randomforest_valid$caste=as.factor(randomforest_valid$caste)
## 测试集进行同样地预处理，ra_rpkm_test 是来自于 ra 转录组的测试集
> randomforest_test=ra_rpkm_test
> colnames(randomforest_test)=sub(':','',colnames(randomforest_test))
> randomforest_test=as.data.frame(randomforest_test)
> randomforest_test$caste=as.factor(randomforest_test$caste)
```

现在我们得到了用于随机森林的训练集、验证集、测试集，它们分别为 randomforest_train、randomforest_valid、randomforest_test。正如之前所说，randomforest 无法处理训练集的 80000 个样本，我们先使用 20000 个样本来了解 randomforest 函数。

```
> fit_randomforest=randomForest(caste ~ .,data =randomforest_train[sample(80000
,20000),],importance=T,ntree=500,proximity=T,na.action = na.omit)
> library(randomForest)
> fit_randomforest
##
## Call:
##  randomForest(formula = caste ~ ., data = randomforest_train[sample(80000,
20000), ], importance = T, ntree = 500, proximity = T, na.action = na.omit)
##               Type of random forest: classification
##                     Number of trees: 500
## No. of variables tried at each split: 5
##
##         OOB estimate of  error rate: 1.34%
## Confusion matrix:
##         0       1      class.error
## 0   9840      99    0.009960761
## 1    169    9892    0.016797535
## 可以使用 fit_randomforest$confusion 单独看混淆矩阵
```

```
> fit_randomforest$confusion
##          0       1     class.error
## 0  9840      99   0.009960761
## 1    169   9892   0.016797535
## 查看各个变量在模型中的重要性
> sort(importance(fit_randomforest,type = 2),decreasing = T)
##  [1] 1340.28807 1323.17493 1268.87425 1190.72722  777.71354  696.24369
##  [7]  663.23566  430.37758  404.95289  399.78900  341.66895   78.84169
## [13]   73.70765   70.21847   68.63664   66.15222   62.24764   59.58039
## [19]   55.96518   54.50788   53.88729   52.01945   51.70199   51.49580
## [25]   50.47031   50.34978   49.86314   47.99776   43.42711   43.21840
## [31]   39.45503   38.34920
```

可以用下面的方法去除掉重要性偏低的变量后再次建立随机森林模型，看看效果是否更好，此处不演示。

```
> randomforest_train_tmp_data=randomforest_train[,-(which(importance(fit_randomforest,type = 2)<100))]
```

接下来我们使用全部的训练样本（80000 个）来构建随机森林模型。由于 randomForest 无法一次使用 80000 个样本进行训练（会报错），所以我们使用 caret 包的 creatFolds 函数来将训练样本划分成四份，分别构建随机森林模型，并计算平均预测错误概率。

```
> randomforest_train_folds=createFolds(randomforest_train$caste,4,list = T)
> str(randomforest_train_folds)
## List of 4
##  $ Fold1: int [1:19999]  1  7  9 12 14 16 20 23 33 36 ...
##  $ Fold2: int [1:20001]  2  4  6  8 10 19 26 29 32 38 ...
##  $ Fold3: int [1:19999] 11 15 17 18 24 28 30 42 44 49 ...
```

```
## $ Fold4: int [1:20001]  3  5  13  21  22  25  27  31  34  35 ...

## 查看四组样本中不同类别的个数
> for(i in 1:4)
+ {
+ print(table((randomforest_train[randomforest_train_folds[[i]],33])))
+ }
##
##     0      1
## 9980  10019
##
##     0      1
## 9981  10020
##
##     0      1
## 9980  10019
##
##     0      1
## 9981  10020
```

可以看出，使用 creatFolds 函数划分出的四组样本，其类别列（caste 列）的 0 和 1 的比例都是一致的，这样可以使我们的模型更为准确。接下来我们用这四组样本分别构建随机森林模型并查看结果。

```
> tmp_randomforest=numeric()
> for(a in 1:4){
+  fit_randomforest_folds=randomForest(caste ~.,data =randomforest_train[randomforest_train_folds[[a]],],importance=T,ntree=500,proximity=T,na.action = na.omit)
+  tmp_randomforest[a]=fit_randomforest_folds$confusion[1,2]+fit_randomforest_
```

```
folds$confusion[2,1]
+ }
## 查看 4 个随机森林模型中，预测错误的样本数
> tmp_randomforest
## [1] 233 250 247 260
## 计算预测错误率平均值
> sum(tmp_randomforest)/80000
## [1] 0.012375
```

我们分别使用了 20000 个样本来建立四个随机森林模型，而这四个随机森林模型预测训练样本的错误数十分相近，可见这四个随机森林模型的效果近似，所以我们使用 20000 个样本构建随机森林模型足矣。接下来我们使用最开始构建的随机森林模型来对验证集和测试集进行预测，看看其对于新数据的预测效果如何。

```
## 查看随机森林模型在验证集上的表现
> predict_randomforest_valid=predict(fit_randomforest,newdata = randomforest_valid[,1:32])
> table(randomforest_valid$caste,predict_randomforest_valid)
##    predict_randomforest_valid
##          0      1
##   0  9989     89
##   1   132   9790
> (89+132)/20000
## [1] 0.01105
## 查看随机森林模型在测试集上的表现
> predict_randomforest_test=predict(fit_randomforest,newdata = randomforest_test[,1:32])
> table(randomforest_test$caste,predict_randomforest_test)
##    predict_randomforest_test
```

```
##          0      1
## 0  5826  4174
## 1   290  9710
> (290+4174)/20000
## [1] 0.2232
```

可以看出，我们的随机森林模型在验证集上的预测表现很好，错误率只有1.1%。然而对于另外一个尖唇转录组样本的预测，错误率达到了22.3%，效果并不是很好。读者可以通过调整变量数、对样本进行更多预处理的方法来尝试提高模型的准确率。接下来我们建立支持向量机模型并进行预测，看能否获得更好的结果。

4.3 支持向量机

支持向量机（SVM）是一类可用于分类和回归的有监督的机器学习模型，旨在在多维空间中找到一个可以将所有样本分为两类的最优平面。在对大量样本建模时，SVM 的速度较慢，寻找合适的参数需要花费大量时间。然而一旦构建了合适的模型，其在预测新样本时往往会有很好的表现。在本节中，我们使用 e1071 包来构建 SVM 模型[①]。

① Robert I. Kabacoff，王小宁，刘撷芯，等 . R 语言实战（第 2 版）. 北京：人民邮电出版社，2016.

4.3.1 寻找合适的参数

在构建 SVM 模型时，有两个重要的参数我们需要提供：gamma 和 cost。gamma 是核函数的参数，控制分割超平面的形状。gamma 越大意味着训练样本达到的范围越广。gamma 需要大于 0 且通常小于 1。

cost 是犯错的成本。cost 越大意味着模型对于误差的容忍度越小，所以为了减小误差，模型将会生成一个更为复杂的平面。cost 越小意味着模型对于误差的容忍度越大，模型生成的平面将更为平滑。cost 参数较大时，模型对于训练样本的分类效果较好，却容易造成过拟合，从而可能会造成对新样本的预测效果变差。cost 参数较小时，模型对于训练样本的分类效果会稍差，然而在面对新样本时，分类效果却不容易大打折扣，模型具有较好的泛化性。

综上所述，寻找合适的 gamma 和 cost 参数是构建良好 SVM 模型的关键，所以我们先使用 tune.svm() 函数对上述两个参数人为输入想要尝试的实参，该函数会将两个参数的实参两两组合进行模型构建并给出最佳的 gamma 和 cost 值。需要注意的是，SVM 模型预测样本时不允许有缺省值。

由于我们的样本量较大，如果使用所有训练样本进行参数搜索，在 64GB 内存的电脑上需要至少几十个小时，甚至会死机，所以我们先随机抽取 1000 个样本在较大的范围内进行参数搜索来获得参数 gamma 和 cost 的值，再以此为参考，以 10000 个样本在较小的参数范围内进行搜索，从而确定合适的 gamma 和 cost 值。

```
## 使用 tune.svm() 寻找最适 gamma 和 cost 值
> library(e1071)
> fit_svm_tune=tune.svm(caste ~ .,data =randomforest_train[sample(80000,1000),],
gamma=10^(seq(-4,-1,0.5)),cost = seq(1,20,1))
> library(e1071)
> fit_svm_tune
##
## Parameter tuning of 'svm':
##
## - sampling method: 10-fold cross validation
```

```
##
## - best parameters:
##        gamma  cost
## 0.03162278    10
##
## - best performance: 0.041
```

通过 tune.svm() 函数对一千个样本进行训练得到的最佳 gamma 参数为 10^(-1.5)，最佳 cost 值为 10，接下来我们对 10000 个样本在上述数值周围进行参数搜索，这样可以花费较少的时间得到更合适的 gamma 和 cost 值。

```
> fit_svm_tune=tune.svm(caste ~ .,data =randomforest_train[sample(80000,10000),
],gamma=10^(seq(-3,-1,0.5)),cost = seq(5,15,1))
## 查看最佳的 gamma 和 cost 参数
> library(e1071)
> fit_svm_tune
##
## Parameter tuning of 'svm':
##
## - sampling method: 10-fold cross validation
##
## - best parameters:
##        gamma  cost
## 0.03162278     6
##
## - best performance: 0.039
```

对 10000 个样本进行参数搜索后，最佳 gamma 值不变，最佳 cost 值改为 6。我们用这两个值来构建最终的 SVM 模型进行预测。

4.3.2 构建 svm 模型

使用得到的 gamma 和 cost 参数来构建 svm 模型：

```
> fit_svm=svm(caste~.,data=randomforest_train,gamma=10^(-1.5),cost= 6)
> fit_svm
##
## Call:
## svm(formula = caste ~ ., data = randomforest_train, gamma = 10^(-1.5), cost = 6)
##
##
## Parameters:
##    SVM-Type:  C-classification
##  SVM-Kernel:  radial
##        cost:  6
##
## Number of Support Vectors:  7439
## 使用构建好的 svm 模型对验证集进行预测
> predict_svm=predict(fit_svm,newdata=randomforest_valid[,-33])
> table(randomforest_valid$caste,predict_svm)
##    predict_svm
##           0      1
##   0  3436    256
##   1    158   6481
> (158+256)/20000
## [1] 0.027
## 使用构建好的 svm 模型对测试集进行预测
> predict_svm=predict(fit_svm,newdata=randomforest_test[,-33])
> table(randomforest_test$caste,predict_svm)
##    predict_svm
```

```
##          0        1
##   0  6485     3515
##   1    392     9608
> (392+3515)/20000
## [1] 0.19535
```

SVM 模型的预测取得了不错的效果。相比于随机森林模型，在对验证集预测时，错误率略有上升，但是在对测试集的预测时却有着更好的表现。这说明 SVM 模型更具有泛化性，不容易过拟合。

4.4 KNN

KNN 算法是一种高效便捷的分类和回归方法，本实验中我们只是用其分类功能。KNN 分类采用的是多数表决思想，想象每一个样本代表空间中的一个点，点与点的距离以欧氏距离或其他距离计算方法表示，每个点的预测类别以它周围临近的 K 个点的类别的众数表示。由此可见 K 的取值会影响到预测的结果并且 K 应当为奇数来得到一个确定的结果①。

我们使用 caret 包的 knn3() 函数来构建 KNN 模型，先用默认的 k 值（默认为 5）来试一试。

```
> library(caret)
> fit_KNN=knn3(x=randomforest_train[,1:32],y=as.factor(randomforest_
```

① 薛震，孙玉林．R 语言统计分析与机器学习（微课视频版）[M]．北京：中国水利水电出版社，2020.

```
train$caste),k=5)
> fit_KNN
## 5-nearest neighbor model
## Training set outcome distribution:
##
##      0       1
## 39922   40078
> predict_KNN=predict(fit_KNN,randomforest_valid[,1:32],type = 'class')
> table(as.factor(randomforest_valid$caste),predict_KNN)
##    predict_KNN
##          0      1
##   0   6847   3231
##   1   2560   7362
```

使用 k=5 参数的 KNN 模型，在预测验证集时的效果不尽如人意。为了寻找的更合适的 k 值来构建 KNN 模型，我们使用 caret 包的 train() 来进行参数搜索。

```
## 搜索合适的 KNN 值
> KNN_trcl=trainControl(method = 'cv',number=5)
> KNN_trgrid=expand.grid(k=seq(1,31,2))
> KNN_grid=caret::train(x=randomforest_train[,1:32],y=as.factor(randomforest_train$caste),method='KNN',trControl=KNN_trcl,tuneGrid=KNN_trgrid)
> plot(KNN_grid,main='KNN')
```

trainControl(method = 'cv',number=5) 表示采用 5 折交叉验证来检验使用不同 k 值构建的 KNN 模型的精度。expand.grid(k=seq(1,31,2)) 表示我们要搜索的 k 值范围为 1~31，每次加 2。随后我们将上述两个参数传递入 train() 中。运行结束后我们使用 plot() 函数将结果可视化，如下图所示。

可以看出在 k 小于 13 时，KNN 模型的预测效果随着 k 值的增大而上升，在 k 等于 13 时分类效果达到最好，k 大于 13 后预测效果逐渐下降。接下来我们使用 13 作为 k 值来重新构建 KNN 模型，看看模型的分类效果是否有所改善（见图 4-1）。

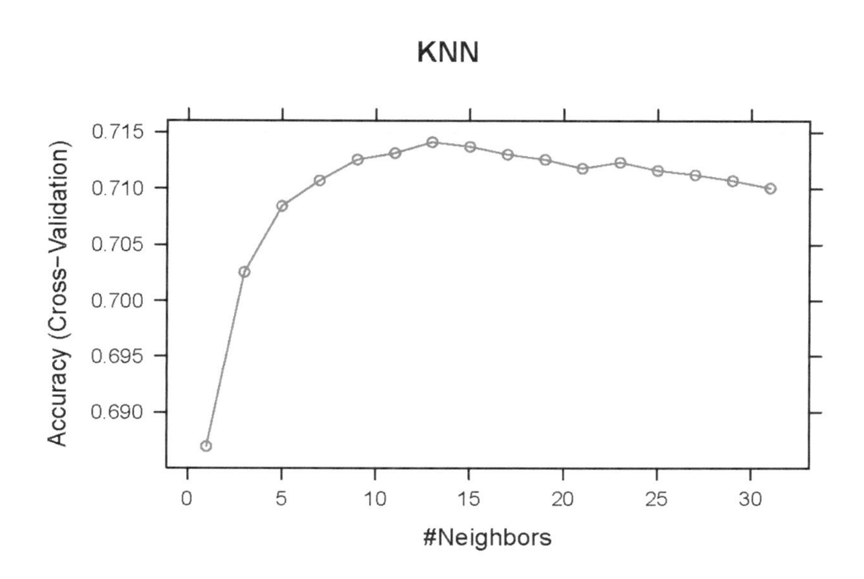

图 4-1 搜索 KNN 模型的最佳 k 值

```
## 使用最佳 k 值构建 KNN 模型。
> fit_KNN_best=knn3(x=randomforest_train[,1:32],y=as.factor(randomforest_train$caste),k=13)
> library(caret)
> fit_KNN_best
## 13-nearest neighbor model
## Training set outcome distribution:
##
##     0     1
## 39922 40078
> predict_KNN_valid_best=predict(fit_KNN_best,randomforest_valid[,1:32],type = 'class')
> library(caret)
```

```
> table(as.factor(randomforest_valid$caste),predict_KNN_valid_best)
##    predict_KNN_valid_best
##          0     1
##  0   6714  3364
##  1   2300  7622
> (2300+3364)/20000
## [1] 0.2832
> predict_KNN_test_best=predict(fit_KNN_best,randomforest_test[,1:32],type = 'class')
> library(caret)
> table(as.factor(randomforest_test$caste),predict_KNN_test_best)
##    predict_KNN_test_best
##          0     1
##  0   7677  2323
##  1   2482  7518
> (2482+2323)/20000
## [1] 0.2403
```

结果表明，使用了合适的k值，并没有使得KNN模型的预测效果获得显著的提升，在预测验证集和测试集的错误率分别为28.32%和24.03%。

4.5 判别分析

判别分析（Discriminant Analysis）是根据已有的分类情况总结规律，判别样本所属类别的分析方法。当对新样本进行分类时，判断其与判别函数之间的相似程度（如概率最大、距离最近、离差最小等判别准测），从而得到新样本的归属分类。判别分析属于有监督的学习。

在判别分析中，训练出的判别函数可以是确定性的，即确定新样本所属的类别，属于Fisher判别；判别函数也可以是统计性的，即给出新样本属于各个类别的概率，属于 Bayes 判别。在 Fisher 判别中，最常用的是线性判别和二次判别方法①。

4.5.1 线性判别 lda

接下来，我们使用 R 中的 MASS 包来对样本进行线性判别分析和非线性判别分析。

```
> library(MASS)
> fit_lda=lda(caste~.,randomforest_train)
> fit_lda
## Call:
## lda(caste ~ ., data = randomforest_train)
##
## Prior probabilities of groups:
##        0         1
## 0.499025  0.500975
##
## Group means:
##   GO0032273 GO0030041 GO0008154 GO0051258 GO0030833 GO1902905
GO0032271
## 0 13.270644 29.047550 28.001342 26.331047 11.239923 13.129534
11.007315
```

① 薛震，孙玉林．R语言统计分析与机器学习（微课视频版）[M]．北京：中国水利水电出版社，2020.

```
## 1  3.662205  7.776359  7.499292  7.344151  3.347727  3.670701  3.785522
##    GO0008064 GO0030832 GO0051495 GO0031334 GO0007565 GO0035146 GO0035147
## 0 11.078461 11.135595 13.166795 13.531576  61.74198  3.348865  3.325178
## 1  3.371172  3.371525  3.618914  3.734792  78.56770  4.122202  4.090424
##    GO0060446 GO0016082 GO0006721 GO0006613 GO0001676 GO0006614 GO0072599
## 0  6.443341  3.692866  51.38929  540.4349  105.0496  556.4885  539.9015
## 1  7.999948  4.472914  60.27954  436.0601  139.1076  444.9249  430.5838
##    GO0045047 GO0006766 GO0006767 GO1901568 GO0050830 GO0006637 GO0035383
## 0  549.0784  34.96606  26.73418  94.03952  75.44482  42.51379  43.06561
## 1  436.5572  45.98936  37.00882 132.55481 157.59546  56.38778  57.01146
##   GO0033866 GO0034030 GO0034033 GO0050848
## 0  37.07448  36.60066  36.88868  17.77197
## 1  51.56778  51.29963  51.80357  21.11208
##
## Coefficients of linear discriminants:
##                LD1
## GO0032273 -0.0342700953
## GO0030041 -0.0015034824
## GO0008154 -0.0015961093
## GO0051258 -0.0016290139
## GO0030833 -0.0302456673
## GO1902905 -0.0341474899
## GO0032271 -0.0311294444
## GO0008064 -0.0302776526
## GO0030832 -0.0302452016
## GO0051495 -0.0346333931
## GO0031334 -0.0338119907
```

```
## GO0007565  0.0001076974
## GO0035146  0.0492978686
## GO0035147  0.0508737437
## GO0060446  0.0033649187
## GO0016082  0.0161798976
## GO0006721  0.0003248600
## GO0006613 -0.0002819737
## GO0001676  0.0001315367
## GO0006614 -0.0003048284
## GO0072599 -0.0002863258
## GO0045047 -0.0002991542
## GO0006766  0.0008093098
## GO0006767  0.0032408948
## GO1901568  0.0001609722
## GO0050830  0.0001407471
## GO0006637  0.0006726276
## GO0035383  0.0006253883
## GO0033866  0.0005297336
## GO0034030  0.0005101284
## GO0034033  0.0005312048
## GO0050848  0.0031750692
```

需要注意的是，使用 predict(fit_lda,randomforest_valid) 获得的预测结果是以 list 形式保存的，若要取出预测的类别结果，需要加上 $class。

```
> predict_lda_valid=predict(fit_lda,randomforest_valid)
> predict_lda_valid=predict_lda_valid$class
> head(predict_lda_valid)
## [1] 0 0 0 0 0 0 0 0 0 0 0 0 0 0 0 0 1 0 1 0 0 0 0 0 0 0 0 0 0 0 0 0 1 0
## [32] 0 0 0 1 1 0 1 0 0 0 0 0 1 0 0 1 0 0 0 0 0 0 0 0 0 1 1 1 0 0
```

```
## Levels: 0 1

> table(randomforest_valid$caste,predict_lda_valid)
##    predict_lda_valid
##          0      1
##  0  8766   1312
##  1   102   9820
> (102+1312)/20000
## [1] 0.0707

> predict_lda_test=predict(fit_lda,randomforest_test)
> predict_lda_test=predict_lda_test$class
> table(randomforest_test$caste,predict_lda_test)
##    predict_lda_test
##          0      1
##  0  5414   4586
##  1    10   9990
> (10+4586)/20000
## [1]0.2298
```

4.5.2 非线性判别 qda

MASS 包中的判别分析函数，除了 lda() 之外，还有二次判别函数 qda()，该函数可以训练出非线性判别函数，即用于划分样本类别的‘线’可以是弯曲的。接下来我们使用 qda() 函数建立模型，看看能否获得更好的效果。qda() 函数的使用方法和 lda() 函数的使用方法一样。

```
> fit_qda=qda(caste~.,randomforest_train)
```

```
> predict_qda_valid=predict(fit_qda,randomforest_valid)
> predict_qda_valid=predict_qda_valid$class
> table(randomforest_valid$caste,predict_qda_valid)
##    predict_qda_valid
##          0      1
##  0  8584   1494
##  1   983   8939
> (983+1494)/20000
## [1]0.1239

> predict_qda_test=predict(fit_qda,randomforest_test)
> predict_qda_test=predict_qda_test$class
> table(randomforest_test$caste,predict_qda_test)
##    predict_qda_test
##          0      1
##  0  7251   2749
##  1  1089   8911
> (1089+2749)/20000
## [1]0.1919
```

可以看出，在判别分析中，使用线性判别分析函数 lda() 训练的模型，对于出自同一转录组的验证集的预测效果较好。但是对于测试集的预测，非线性判别分析函数 qda() 的效果更好。综上所述，对于本实验来讲，非线性判别具有更好的泛化性。

4.6 梯度提升机

梯度提升机（Gradient Boosting Machine，GBM）是一种常用于回归和分类问题的机器学习技术，该技术以弱预测模型（通常为决策树）集合的形式产生预测模型。如果你在网上搜索 GBM，你会知道它的主要思想是串行地生成多个弱学习器，每个弱学习器的目标是拟合先前累加模型的损失函数的负梯度，使加上该弱学习器后的累积模型损失往负梯度的方向减少；且它用不同的权重将基学习器进行线性组合，使表现优秀的学习器得到重用。

GBM 具有以下特点：

- 预测结果精度很高，可以和随机森林这样的高性能算法竞争。
- 能够有效地处理带有缺失值的数据集。
- 不需要对特征进行缩放。
- 在处理具有因子水平的数据集时，效果比随机森林好。
- 对高维或低维数据都非常有效①。

4.6.1 安装 H2O 包

本实验中，我们使用 H2O 包来构建 GBM 模型。H2O 包的 GBM 功能会在分析的数据集上构建梯度提升决策树和梯度提升回归树。需要注意的是，想要使用 H2O 包，需要同时在电脑上自行安装 JAVA，并且 JAVA 的版本不宜过高，否则会报错。在反复的尝试之后，我选择的版本是 JDK15。也许 H2O 包会提醒你去下载最新的 JAVA 版本，我们忽略它的提醒即可，自己尝试找到可以支持的 JAVA

① 薛震，孙玉林．R 语言统计分析与机器学习（微课视频版）[M]. 北京：中国水利水电出版社，2020.

总是没错的。

安装好 H2O 包和 JAVA 之后，我们载入 H2O 包并完成初始化。你需要在像往常一样输入 library(h2o) 之后加上一句 h2o.init(nthreads = -1,min_mem_size = '40G')。参数 nthreads 是 H2O 包可以使用的线程数，-1 意味着可以使用全部的线程。参数 min_mem_size 用于设置分配给 H2O 的最小内存大小，与之相对的还有 max_mem_size。如果 H2O 对你反馈了如下一大堆信息，说明你已经完成了 H2O 的载入。

```
> library(h2o)
##
## ------------------------------------------------------------
##
## Your next step is to start H2O:
##     > h2o.init()
##
## For H2O package documentation, ask for help:
##     > ??h2o
##
## After starting H2O, you can use the Web UI at http://localhost:54321
## For more information visit https://docs.h2o.ai
##
## ------------------------------------------------------------
##
## 载入程辑包：'h2o'
## The following object is masked from 'package:AnnotationDbi':
##
##     colnames
## The following objects are masked from 'package:IRanges':
##
##     as.factor, colnames, colnames<-, cor, sd, var
```

```
## The following objects are masked from 'package:S4Vectors':
##
##     %in%, as.factor, colnames, colnames<-, cor, sd, var
## The following objects are masked from 'package:BiocGenerics':
##
##     %in%, colnames, colnames<-, sd, var
## The following objects are masked from 'package:stats':
##
##     cor, sd, var
## The following objects are masked from 'package:base':
##
##     %*%, %in%, &&, ||, apply, as.factor, as.numeric, colnames,
##     colnames<-, ifelse, is.character, is.factor, is.numeric, log,
##     log10, log1p, log2, round, signif, trunc

> h2o.init(nthreads = -1,min_mem_size = '40G')
##  Connection successful!
##
## R is connected to the H2O cluster:
##     H2O cluster uptime:         1 hours 7 minutes
##     H2O cluster timezone:       Asia/Shanghai
##     H2O data parsing timezone:  UTC
##     H2O cluster version:        3.32.1.3
##     H2O cluster version age:    1 year and 26 days !!!
##     H2O cluster name:           H2O_started_from_R_Administrator_qdm231
##     H2O cluster total nodes:    1
##     H2O cluster total memory:   39.97 GB
##     H2O cluster total cores:    12
##     H2O cluster allowed cores:  12
```

```
## H2O cluster healthy: TRUE
## H2O Connection ip: localhost
## H2O Connection port: 54321
## H2O Connection proxy: NA
## H2O Internal Security: FALSE
## H2O API Extensions: Amazon S3, Algos, AutoML, Core V3, TargetEncoder, Core V4
## R Version: R version 4.1.1 (2021-08-10)
```

4.6.2 导入数据集

至此，我们已经完成了 H2O 的载入。但接下来我们无法直接使用 H2O 中的函数对数据进行建模。想要使用 H2O 包的函数来处理数据，需要先使用 as.h2o() 函数将我们的数据（如 dataframe 格式数据）变成 H2O 包能够识别的数据。你也可以将数据先存储在电脑中，然后使用 h2o.uploadFile() 函数来读取这些数据，这与 as.h2o() 函数所得到的结果一样。

需要注意的是：①训练集、验证集、测试集的列名必须保持一致，否则会出现各种错误，有时候并不会报错但会产生离谱的预测结果；②每当重启 R 后，你需要用上述两种方法之一来重新载入数据，这确实有些烦琐和费时，不过习惯就好。

```
## 验证集、测试集的列名需要和训练集一样，否则会发生各种各样的意外！
> h2o_train=as.h2o(randomforest_train)
> h2o_valid=as.h2o(randomforest_valid)
> h2o_test=as.h2o(randomforest_test)
```

4.6.3 构建 GBM 模型

数据准备完毕后，我们就可以使用 h2o.gbm() 函数来构建 GBM 模型。参数 x 表示用于预测的变量所在列，参数 y 表示分类结果所在列。本实验中，前 32 列为 x；第 33 列为 y。

```
> fit_gbm=h2o.gbm(x=1:32,y=33,training_frame =h2o_train,validation_frame =h2o_valid)
> fit_gbm
## Model Details:
## ==============
##
## H2OBinomialModel: gbm
## Model ID:  GBM_model_R_1655205815745_429
## Model Summary:
##   number_of_trees number_of_internal_trees model_size_in_bytes min_depth
## 1              50                       50               22882         5
##   max_depth mean_depth min_leaves max_leaves mean_leaves
## 1         5    5.00000         30         32    31.74000
##
##
## H2OBinomialMetrics: gbm
## ** Reported on training data. **
##
## MSE:  0.01089482
## RMSE:  0.1043782
## LogLoss:  0.05901168
## Mean Per-Class Error:  0.0107017
```

```
## AUC:  0.9993656
## AUCPR:  0.9993583
## Gini:  0.9987312
## R^2:  0.9564206
##
## Confusion Matrix (vertical: actual; across: predicted) for F1-optimal threshold:
##              0       1    Error          Rate
## 0        39460     462  0.011573  =462/39922
## 1          394   39684  0.009831  =394/40078
## Totals   39854   40146  0.010700  =856/80000
##
## Maximum Metrics: Maximum metrics at their respective thresholds
##                         metric  threshold         value  idx
## 1                       max f1   0.498596      0.989330  200
## 2                       max f2   0.343199      0.991928  234
## 3                 max f0point5   0.639576      0.991275  169
## 4                 max accuracy   0.498596      0.989300  200
## 5                max precision   0.990372      1.000000    0
## 6                   max recall   0.042177      1.000000  350
## 7              max specificity   0.990372      1.000000    0
## 8             max absolute_mcc   0.498596      0.978601  200
## 9   max min_per_class_accuracy   0.515164      0.989071  196
## 10 max mean_per_class_accuracy   0.498596      0.989298  200
## 11                     max tns   0.990372  39922.000000    0
## 12                     max fns   0.990372  37211.000000    0
## 13                     max fps   0.007366  39922.000000  399
## 14                     max tps   0.042177  40078.000000  350
## 15                     max tnr   0.990372      1.000000    0
```

```
## 16                          max fnr   0.990372   0.928464     0
## 17                          max fpr   0.007366   1.000000   399
## 18                          max tpr   0.042177   1.000000   350
##
## Gains/Lift Table: Extract with `h2o.gainsLift(<model>, <data>)` or `h2o.gainsLift(<model>, valid=<T/F>, xval=<T/F>)`
## H2OBinomialMetrics: gbm
## ** Reported on validation data. **
##
## MSE:  0.01180056
## RMSE:  0.1086304
## LogLoss:  0.06158527
## Mean Per-Class Error:  0.0118859
## AUC:  0.9992214
## AUCPR:  0.9991643
## Gini:  0.9984429
## R^2:  0.9527949
##
## Confusion Matrix (vertical: actual; across: predicted) for F1-optimal threshold:
##             0     1    Error           Rate
## 0        9940   138 0.013693  =138/10078
## 1         100  9822 0.010079   =100/9922
## Totals  10040  9960 0.011900  =238/20000
##
## Maximum Metrics: Maximum metrics at their respective thresholds
##                        metric  threshold     value  idx
## 1                      max f1   0.486830  0.988029  198
## 2                      max f2   0.414611  0.990731  214
```

```
## 3                    max  f0point5   0.679588      0.990456  161
## 4                    max accuracy   0.486830      0.988100  198
## 5                   max precision   0.990383      1.000000    0
## 6                      max recall   0.081887      1.000000  320
## 7                 max specificity   0.990383      1.000000    0
## 8                max absolute_mcc   0.486830      0.976206  198
## 9      max min_per_class_accuracy   0.511954      0.987704  193
## 10    max mean_per_class_accuracy   0.486830      0.988114  198
## 11                        max tns   0.990383  10078.000000    0
## 12                        max fns   0.990383   9236.000000    0
## 13                        max fps   0.007503  10078.000000  399
## 14                        max tps   0.081887   9922.000000  320
## 15                        max tnr   0.990383      1.000000    0
## 16                        max fnr   0.990383      0.930861    0
## 17                        max fpr   0.007503      1.000000  399
## 18                        max tpr   0.081887      1.000000  320
##
## Gains/Lift Table: Extract with `h2o.gainsLift(<model>, <data>)` or `h2o.gainsLift(<model>, valid=<T/F>, xval=<T/F>)`
```

GBM 的结果报告了模型分别在训练集和验证集的表现。可以看出模型对训练集的分类错误率为 1.07%；对于验证集的分类错误率为 1.19%。这是一个相当不错的结果。我们可以使用 h2o.varimp_plot() 函数来查看各个变量的重要性。

查看各个变量重要性（见图 4-2）

```
> h2o.varimp_plot(fit_gbm,num_of_features = 10)
```

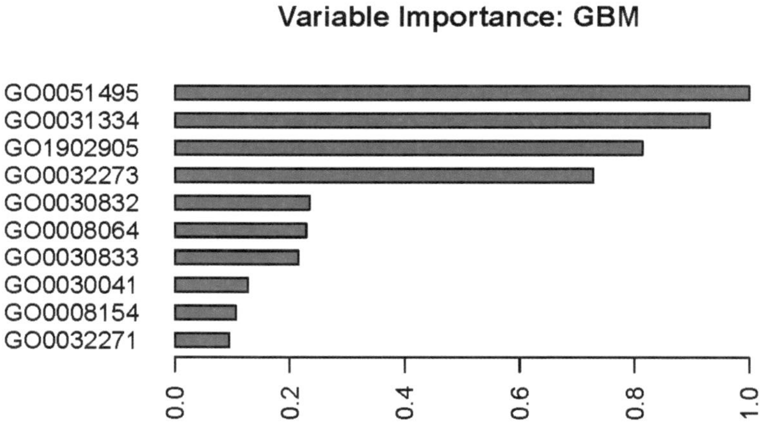

图 4-2　GBM 模型中的变量重要性

除了 h2o.varimp_plot() 外，我们还可以使用 h2o.varimp() 函数来获得关于变量重要性的更为详细的结果。

```
> h2o.varimp(fit_gbm)
## Variable Importances:
##    variable relative_importance scaled_importance percentage
## 1        GO0051495        21810.589844        1.000000    0.218382
## 2        GO0031334        20313.369141        0.931353    0.203391
## 3        GO1902905        17746.062500        0.813644    0.177685
## 4        GO0032273        15887.647461        0.728437    0.159078
## 5        GO0030832         5120.595703        0.234776    0.051271
##
## ---
##    variable relative_importance scaled_importance percentage
## 27       GO0035383            1.722343        0.000079    0.000017
## 28       GO0006766            1.065584        0.000049    0.000011
## 29       GO0050830            0.621197        0.000028    0.000006
```

```
## 30        GO0060446          0.534162      0.000024    0.000005
## 31        GO0006721          0.000000      0.000000    0.000000
## 32        GO0001676          0.000000      0.000000    0.000000
```

最后，我们使用 h2o.performance() 来查看 GBM 模型在测试集上的预测效果，这也是我们最关注的。

```
> h2o.performance(fit_gbm,h2o_test)
## H2OBinomialMetrics: gbm
##
## MSE:  0.2210911
## RMSE:  0.4702033
## LogLoss:  0.6827846
## Mean Per-Class Error:  0.1114
## AUC:  0.9399315
## AUCPR:  0.90647
## Gini:  0.8798631
## R^2:  0.1156354
##
## Confusion Matrix (vertical: actual; across: predicted) for F1-optimal threshold:
##              0      1     Error          Rate
## 0         8665   1335  0.133500  =1335/10000
## 1          893   9107  0.089300   =893/10000
## Totals    9558  10442  0.111400  =2228/20000
##
## Maximum Metrics: Maximum metrics at their respective thresholds
##                      metric  threshold      value  idx
## 1                    max f1   0.934512   0.891009   55
## 2                    max f2   0.868875   0.925233   88
## 3              max f0point5   0.960336   0.904610   37
```

```
## 4                    max accuracy  0.943418     0.890700  49
## 5                   max precision  0.989986     1.000000   0
## 6                      max recall  0.044989     1.000000 386
## 7                 max specificity  0.989986     1.000000   0
## 8                max absolute_mcc  0.943418     0.781401  49
## 9      max min_per_class_accuracy  0.943418     0.889900  49
## 10    max mean_per_class_accuracy  0.943418     0.890700  49
## 11                        max tns  0.989986 10000.000000   0
## 12                        max fns  0.989986  9805.000000   0
## 13                        max fps  0.011974 10000.000000 399
## 14                        max tps  0.044989 10000.000000 386
## 15                        max tnr  0.989986     1.000000   0
## 16                        max fnr  0.989986     0.980500   0
## 17                        max fpr  0.011974     1.000000 399
## 18                        max tpr  0.044989     1.000000 386
##
## Gains/Lift Table: Extract with `h2o.gainsLift(<model>, <data>)` or `h2o.
gainsLift(<model>, valid=<T/F>, xval=<T/F>)`
```

分类错误率仅有 11.14%，这是我们采用了各种模型以来得到的最好的预测结果，然而我们并不会就此停下。GBM 模型中有许多参数可供我们调试，接下来我们使用参数网格搜索的方法来试图找到更合适的模型。

4.6.4 搜索合适的参数来改善模型

在构建 SVM 模型时，我们通过寻找合适的 gamma 和 cost 参数来改善模型，此处的 GBM 亦是同样道理，只不过 H2O 包有更为完善的方法，我们将所有要尝试的参数打包在一个 list 中，然后传入 h2o.grid() 函数。

```
> ntrees_opt=c(50,100,500)          ## 树的数量，默认为 50
> maxdepth_opt=c(2,4,6,8,10)        ## 树的最大深度，默认为 5
> balance_opt=c(T,F)                ## 对于类别不平衡的样本，是否通过欠
                                    ## 采样或过采样的方法来平衡样本
> hyperpar_gbm=list(ntrees=ntrees_opt,max_depth=maxdepth_opt,balance_
classes=balance_opt,learn_rate=c(0.01,0.1,0.25))
> gbm_grid=h2o.grid(algorithm = 'gbm',grid_id = 'gbm_grid',hyper_params =
hyperpar_gbm,x=1:32,y=33,training_frame =h2o_train,validation_frame =h2o_valid)
```

因为需要逐一尝试各种参数的模型，参数网格搜索是一个漫长的过程。对于配置普通的个人电脑来说，上述参数所对应的 h2o.grid() 函数大约需要运行数个小时。

运行完毕后，我们可以使用 gbm_grid@summary_table 来查看所有模型的评估结果，也可以使用 h2o.getGrid() 函数，通过其中的 sort_by 参数来按照自己所需的方式对参数网格搜索结果进行排序。

```
> head(gbm_grid@summary_table,n=10)
## Hyper-Parameter Search Summary: ordered by increasing logloss
##   balance_classes learn_rate max_depth ntrees          model_ids
## 1           false       0.25         6    500 gbm_grid_model_78
## 2           false       0.25         4    500 gbm_grid_model_72
## 3            true        0.1         8    500 gbm_grid_model_81
## 4            true       0.25         6    500 gbm_grid_model_77
## 5           false        0.1         8    500 gbm_grid_model_82
## 6            true        0.1         6    500 gbm_grid_model_75
## 7           false       0.25         8    500 gbm_grid_model_84
## 8            true       0.25         4    500 gbm_grid_model_71
## 9           false        0.1         6    500 gbm_grid_model_76
```

```
## 10                true          0.25                8     500     gbm_grid_model_83
##                        logloss
## 1   7.747935282884619E-4
## 2   8.021602952119826E-4
## 3   8.726305762014872E-4
## 4   8.903947658280556E-4
## 5   9.872010800939571E-4
## 6  0.0010196495945544268
## 7  0.0011369413995013066
## 8    0.001150223455626529
## 9  0.0012622810064275398
## 10 0.0014545637603929557
> get_gbm_gridmodel=h2o.getGrid('gbm_grid',sort_by = 'accuracy',decreasing = T)
> head(get_gbm_gridmodel@summary_table)
## Hyper-Parameter Search Summary: ordered by decreasing accuracy
##   balance_classes learn_rate max_depth ntrees            model_ids accuracy
## 1            true       0.25         6    500 gbm_grid_model_77  0.99995
## 2           false       0.25         8    500 gbm_grid_model_84  0.99995
## 3           false       0.25         4    500 gbm_grid_model_72   0.9999
## 4           false       0.25         6    500 gbm_grid_model_78   0.9999
## 5            true        0.1         8    500 gbm_grid_model_81   0.9999
## 6           false        0.1         8    500 gbm_grid_model_82   0.9999
```

得到了参数网格搜索结果后，我们将 logloss 值最低的结果所对应的参数输入 h2o.gbm() 函数中来重新构建模型。

```
> fit_gbm_best=h2o.gbm(x=1:32,y=33,training_frame =h2o_train,validation_frame
=h2o_valid,ntrees = 500,max_depth = 6,col_sample_rate = 1,learn_rate =0.25)
```

```
> h2o.performance(fit_gbm_best,h2o_test)
## H2OBinomialMetrics: gbm
##
## MSE:  0.1681949
## RMSE:  0.4101157
## LogLoss:  1.115781
## Mean Per-Class Error:  0.1749
## AUC:  0.884738
## AUCPR:  0.858603
## Gini:  0.769476
## R^2:  0.3272205
##
## Confusion Matrix (vertical: actual; across: predicted) for F1-optimal threshold:
##              0      1      Error          Rate
## 0         7567   2433   0.243300   =2433/10000
## 1         1065   8935   0.106500   =1065/10000
## Totals    8632  11368   0.174900   =3498/20000
##
## Maximum Metrics: Maximum metrics at their respective thresholds
##                          metric  threshold     value  idx
## 1                        max f1   0.006246  0.836297  387
## 2                        max f2   0.000515  0.894005  397
## 3                  max f0point5   0.315737  0.828571  255
## 4                  max accuracy   0.041093  0.826650  358
## 5                 max precision   0.999331  0.908825    2
## 6                    max recall   0.000011  1.000000  399
## 7               max specificity   0.999982  0.969100    0
## 8              max absolute_mcc   0.006246  0.656371  387
```

```
## 9     max min_per_class_accuracy  0.099094     0.822900  332
## 10   max mean_per_class_accuracy  0.041093     0.826650  358
## 11                       max tns  0.999982  9691.000000    0
## 12                       max fns  0.999982  7238.000000    0
## 13                       max fps  0.000011 10000.000000  399
## 14                       max tps  0.000011 10000.000000  399
## 15                       max tnr  0.999982     0.969100    0
## 16                       max fnr  0.999982     0.723800    0
## 17                       max fpr  0.000011     1.000000  399
## 18                       max tpr  0.000011     1.000000  399
##
## Gains/Lift Table: Extract with `h2o.gainsLift(<model>, <data>)` or `h2o.gainsLift(<model>, valid=<T/F>, xval=<T/F>)`
```

在测试集上的分类错误率为 17.49%，在我们使用参数网格搜索得到最适参数后，模型的预测效果反而变差了。由此可见，对于训练集、验证集的最适参数，并不一定对于新数据也是最适宜的参数。我们的训练集和验证集来自同一转录组，而测试集来自另一物种、另一转录组。我们使用参数网格搜索得到的最适参数，很明显使我们的 GBM 模型出现了过拟合的现象，从而导致了模型在训练集和验证集上的表现更好，却在测试集上表现更差。

我们在一开始使用默认参数构建的 GBM 模型，明显更具有泛化性，即在训练集、验证集、测试集的表现并不会相差过大。所以在我们构建模型时，所谓的“最适参数”是片面的、具有偏见的，而我们反复调试模型的目的仅仅是“在那些不好的模型中找到一个勉强能用的模型”。

趁着对于 H2O 包的使用方式有所了解之时，我们来使用 H2O 包所提供的深度学习模型来对样本进行分类，看看能否得到更好的结果。

4.7 深度学习（基于 H2O 包）

在介绍深度学习之前，我们需要先浅显地认识一下神经网络。在机器学习与认知科学领域，人工神经网络是一系列统计学习模型，其目的是让机器能够像人类一样对于接收到的预测变量和响应变量进行复杂的关系建立，特别是关系呈现高度非线性时。神经网络模型的构建和评价不需要基本假设。以上的特点使得神经网络模型在处理那些看似杂乱无章毫无规律可言的数据时，能够像一个面对此类数据有着多年经验的“老师傅”一样，凭借一些无法言说的经验得出结果，而且这些结果（如分类结果）往往是正确的。

说完了神经网络的好，自然需要说说神经网络那些不尽如人意的地方。如前面所讲，通过训练神经网络模型，可以让机器在处理数据时变成一个“老师傅”。然而“老师傅”做事通常是依靠着多年经验积累而得的感觉，所以他无法给你一系列带有系数的等式供你摘抄研究，这对于习惯了按照试剂盒说明书按部就班来配置 PCR 反应体系的生物学研究者来说会有一种不真实感。除此之外，在改变初始的随机输入、用于训练的批次样本量之后，你无法预料神经网络会发生怎样的变化，并且神经网络模型的训练时间和成本也不可小觑。

4.7.1 神经网络简介

尽管神经网络背后的数学概念颇为复杂晦涩，但神经网络的基本原理和流程不难理解，接下来我们一起了解一下神经网络的基本知识和一些关键名词。

在图 4-3 所示的简单神经网络模型中，输入层由一个常量（截距）和两个定量变量组成，他们分别与对应的权重 W1、W2、W3 相乘然后进入隐藏层。在这个隐藏层中仅有一个神经元，它将所有加权后的输入值加总，并通过激活函数进行转换后乘以 W4 再输出，其值代表了神经网络的预测结果。如果激活函数是简单线性的，那么上述一系列步骤所得结果可以表示为 W4*(W1+W2*(变量 1)+W3*(变量 2))。

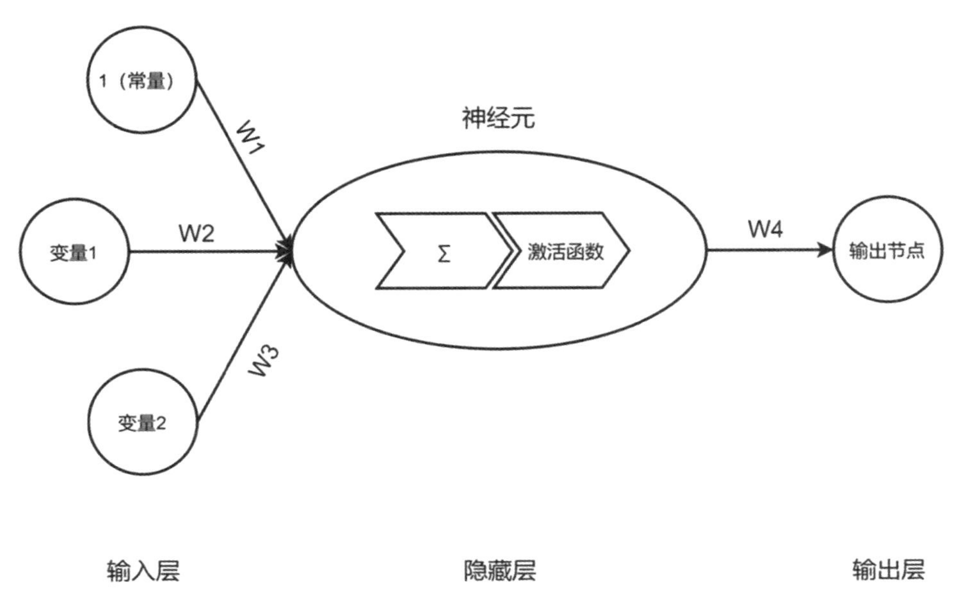

图 4–3　神经网络模型结构图

为了完成一次完整的神经网络模型训练，还要进行反向传播过程，基于学习到的知识来训练模型。为了初始化反向传播过程，需要基于损失函数确定误差，损失函数可以是误差平方总和，也可以是交叉熵，或是其他形式。因为权重最初被设定为 –1 到 1 之间的随机数，所以初始的误差可能会很大。反向传播时，要改变权重值以使损失函数中的误差最小。到此为止，一轮完整的训练就完成了[①]。

① 尼格尔·刘易斯，沙瀛．深度学习实践指南：基于 R 语言 [M]. 北京：人民邮电出版社，2018.

4.7.2 激活函数

那么激活函数是干什么的呢？为什么一个神经元在输出数据之前都要经过激活函数的处理呢？要解释这个问题，先让我们画出 tanh 激活函数和 sigmoid 激活函数这两个常见的激活函数曲线图（见图 4–4）。

```
> curve(tanh(x),from = –5,to = 5,xlab = NA)
> curve(sigmoid(x),from = –5,to = 5,xlab = NA)
```

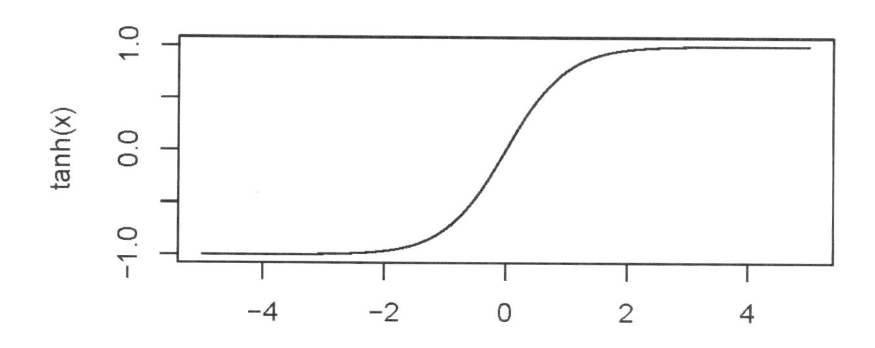

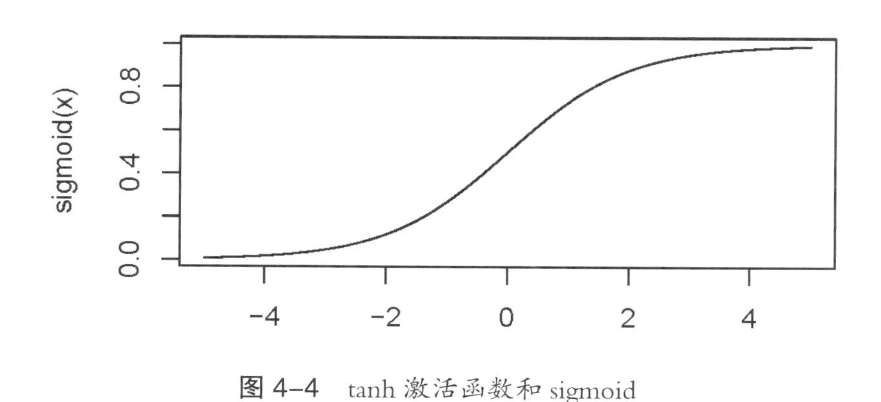

图 4–4　tanh 激活函数和 sigmoid

可以看出，tanh 激活函数的的值域为 -1 到 1，sigmoid 激活函数的值域为 0 到 1。虽然两者的值域不同，但是曲线却十分相似，因为他们的功能都是将输出结果值压缩在一定范围内，从而避免了由于某些神经元中加权值总和过高或过低而对预测结果产生过大的影响。试想一下，如果没有激活函数的约束，某个神经元的输出结果可能比其他神经元的输出结果大数十倍甚至更多，那么最后的预测结果将会被这个神经元极大地影响，这个神经元就成为“独裁者”。激活函数有许多种，如 tanh、maxout、rectifier、relu、sigmoid 等。在不同的阶段你可能需要使用不同的激活函数，比如做二元分类时，你可能需要在最后一个隐藏层使用 sigmoid 激活函数。

在了解神经网络之后，深度学习就更容易理解了。深度学习的基础就是神经网络，它的特点其实就是使用机器学习技术（一般是无监督学习）在输入变量的基础之上构建新的特征。试想一下，当我们面对一只从未见过的猫时，哪怕我们不知道这只猫是什么品种的，但我们依然可以肯定这是一只猫而不是狗，这是因为我们从小到大见过各种各样的猫和狗，我们对于一只猫该拥有什么样的耳朵、眼睛、嘴巴、四肢、胡子、尾巴已经建立了自己认知，所以我们在观察了一只从未见过的猫之后便可以从这些特征来得出这是一只猫的结论。而深度学习模型可以在学习了各种各样猫和狗的图片之后，自己将这些特征划分开来，从而在面对一张新图片时也可以像人类一样去着重评估这些特征然后得出图片中的动物是猫还是狗。这就是深度学习中的卷积神经网络模型的思路。

深度学习所涵盖的范围极为广泛，比如含多个隐藏层的多层感知器也是一种深度学习结构，它通过组合低层特征形成更加抽象的高层表示属性类别或特征，以发现数据的分布式特征表示。接下来，我们就使用 H2O 包的深度学习模型来对我们的数据进行建模和预测。

4.7.3 构建神经网络模型

同之前一样，先进行 H2O 包的初始化再导入数据。

```
> library(h2o)
```

```
> h2o.init(nthreads = -1,min_mem_size = '40G')
> h2o_train=as.h2o(randomforest_train)
> h2o_valid=as.h2o(randomforest_valid)
> h2o_test=as.h2o(randomforest_test)
```

接下来只要使用 h2o.deeplearning() 函数就可以构建深度学习模型了[①]，不要探究参数的调整，先得到一个结果再说。

```
> fit_deeplearning= h2o.deeplearning(
+  x = 1:32,
+  y = 33,
+  training_frame =h2o_train,
+  validation_frame = h2o_valid,
+  nfolds = 5,
+  stopping_metric = "misclassification",
+  variable_importances = T,
+ )
> fit_deeplearning
## Model Details:
## ==============
##
## H2OBinomialModel: deeplearning
## Model ID:  DeepLearning_model_R_1655557268830_1
## Status of Neuron Layers: predicting caste, 2-class classification, bernoulli distribution, CrossEntropy loss, 47,202 weights/biases, 566.8 KB, 832,241 training samples, mini-batch size 1
```

① Cory Leismester，陈光欣．精通机器学习：基于 R（第 2 版）[M]．人民邮电出版社，2018.

```
## layer units       type dropout       l1       l2 mean_rate rate_rms momentum
## 1     1    32      Input  0.00 %       NA       NA        NA       NA       NA
## 2     2   200 Rectifier  0.00 % 0.000000 0.000000  0.006391 0.005355 0.000000
## 3     3   200 Rectifier  0.00 % 0.000000 0.000000  0.031108 0.084726 0.000000
## 4     4     2   Softmax      NA 0.000000 0.000000  0.003430 0.002496 0.000000
##           mean_weight weight_rms mean_bias bias_rms
## 1                  NA         NA        NA       NA
## 2            0.023914   0.182284  0.122368 0.131895
## 3           -0.024666   0.095380  0.848118 0.344521
## 4            0.013484   0.407277  0.003676 0.064795
##
##
## H2OBinomialMetrics: deeplearning
## ** Reported on training data. **
## ** Metrics reported on temporary training frame with 10107 samples **
##
## MSE:  0.01083726
## RMSE:  0.1041022
## LogLoss:  0.04464585
## Mean Per-Class Error:  0.01319582
## AUC:  0.9986065
## AUCPR:  0.9986715
## Gini:  0.997213
##
## Confusion Matrix (vertical: actual; across: predicted) for F1-optimal threshold:
##            0    1    Error          Rate
## 0       4921   86 0.017176     =86/5007
## 1         47 5053 0.009216     =47/5100
## Totals  4968 5139 0.013159  =133/10107
##
```

```
## Maximum Metrics: Maximum metrics at their respective thresholds
##                         metric  threshold       value idx
## 1                       max f1   0.433364    0.987010 217
## 2                       max f2   0.253059    0.990627 262
## 3                 max f0point5   0.880058    0.988284 109
## 4                 max accuracy   0.433364    0.986841 217
## 5                max precision   0.999995    1.000000   0
## 6                   max recall   0.000001    1.000000 399
## 7              max specificity   0.999995    1.000000   0
## 8             max absolute_mcc   0.433364    0.973707 217
## 9   max min_per_class_accuracy   0.601609    0.985882 185
## 10 max mean_per_class_accuracy   0.433364    0.986804 217
## 11                     max tns   0.999995 5007.000000   0
## 12                     max fns   0.999995 3152.000000   0
## 13                     max fps   0.000001 5007.000000 399
## 14                     max tps   0.000001 5100.000000 399
## 15                     max tnr   0.999995    1.000000   0
## 16                     max fnr   0.999995    0.618039   0
## 17                     max fpr   0.000001    1.000000 399
## 18                     max tpr   0.000001    1.000000 399
##
## Gains/Lift Table: Extract with `h2o.gainsLift(<model>, <data>)` or `h2o.gainsLift(<model>, valid=<T/F>, xval=<T/F>)`
## H2OBinomialMetrics: deeplearning
## ** Reported on validation data. **
## ** Metrics reported on full validation frame **
##
## MSE:  0.01557957
## RMSE:  0.1248181
## LogLoss:  0.05956522
```

```
## Mean Per-Class Error:  0.01967109
## AUC:  0.9981403
## AUCPR:  0.998142
## Gini:  0.9962807
##
## Confusion Matrix (vertical: actual; across: predicted) for F1-optimal threshold:
##              0     1    Error          Rate
## 0         9907   171 0.016968  =171/10078
## 1          222  9700 0.022375    =222/9922
## Totals   10129  9871 0.019650  =393/20000
##
## Maximum Metrics: Maximum metrics at their respective thresholds
##                         metric threshold         value idx
## 1                       max f1  0.669431      0.980144 162
## 2                       max f2  0.121262      0.985415 314
## 3                 max f0point5  0.942365      0.984318  66
## 4                 max accuracy  0.669431      0.980350 162
## 5                max precision  0.999989      1.000000   0
## 6                   max recall  0.000157      1.000000 398
## 7              max specificity  0.999989      1.000000   0
## 8             max absolute_mcc  0.669431      0.960709 162
## 9   max min_per_class_accuracy  0.589163      0.979843 182
## 10 max mean_per_class_accuracy  0.669431      0.980329 162
## 11                     max tns  0.999989  10078.000000   0
## 12                     max fns  0.999989   5004.000000   0
## 13                     max fps  0.000006  10078.000000 399
## 14                     max tps  0.000157   9922.000000 398
## 15                     max tnr  0.999989      1.000000   0
## 16                     max fnr  0.999989      0.504334   0
## 17                     max fpr  0.000006      1.000000 399
```

```
## 18                     max tpr  0.000157  1.000000  398
##
## Gains/Lift Table: Extract with `h2o.gainsLift(<model>, <data>)` or `h2o.gainsLift(<model>, valid=<T/F>, xval=<T/F>)`
## H2OBinomialMetrics: deeplearning
## ** Reported on cross-validation data. **
## ** 5-fold cross-validation on training data (Metrics computed for combined holdout predictions) **
##
## MSE:  0.01712133
## RMSE:  0.1308485
## LogLoss:  0.06701807
## Mean Per-Class Error:  0.02125145
## AUC:  0.9972944
## AUCPR:  0.9972763
## Gini:  0.9945888
##
## Confusion Matrix (vertical: actual; across: predicted) for F1-optimal threshold:
##              0      1     Error          Rate
## 0        39044    878  0.021993   =878/39922
## 1          822  39256  0.020510   =822/40078
## Totals   39866  40134  0.021250  =1700/80000
##
## Maximum Metrics: Maximum metrics at their respective thresholds
##                     metric  threshold     value  idx
## 1                   max f1   0.560923  0.978806  182
## 2                   max f2   0.154525  0.983565  298
## 3             max f0point5   0.911783  0.982320   74
## 4             max accuracy   0.560923  0.978750  182
## 5            max precision   0.999982  0.999868    0
```

```
## 6                      max recall  0.000008     1.000000 399
## 7                 max specificity  0.999982     0.999950   0
## 8                max absolute_mcc  0.560923     0.957501 182
## 9      max min_per_class_accuracy  0.580941     0.978708 177
## 10    max mean_per_class_accuracy  0.560923     0.978749 182
## 11                        max tns  0.999982 39920.000000   0
## 12                        max fns  0.999982 24889.000000   0
## 13                        max fps  0.000008 39922.000000 399
## 14                        max tps  0.000008 40078.000000 399
## 15                        max tnr  0.999982     0.999950   0
## 16                        max fnr  0.999982     0.621014   0
## 17                        max fpr  0.000008     1.000000 399
## 18                        max tpr  0.000008     1.000000 399
##
## Gains/Lift Table: Extract with `h2o.gainsLift(<model>, <data>)` or `h2o.
gainsLift(<model>, valid=<T/F>, xval=<T/F>)`
## Cross-Validation Metrics Summary:
##                         mean           sd  cv_1_valid  cv_2_valid
## accuracy           0.9794303 0.0016981411  0.98105735  0.98109204
## auc               0.99756974 3.0396113E-4   0.9977711   0.9978729
## err              0.020569656 0.0016981411 0.018942676 0.018907957
## err_count              329.0    25.465664       306.0       303.0
## f0point5           0.9784158  0.002686038   0.9772185  0.98307097
## f1                 0.9794936 0.0018866308   0.9813027  0.98128587
## f2                 0.9805817 0.0031026986   0.9854212  0.97950727
## lift_top_group     1.9963233  0.018780252     1.98794   1.9735222
## logloss           0.06703319 0.0057874196  0.06570832 0.058992047
## max_per_class_error    0.023574986 0.0018104524 0.026158445
0.021674877
## mcc                0.9588864 0.0034227215   0.9622059   0.9621984
```

```
## mean_per_class_accuracy   0.97942984 0.0016934831   0.98101383
0.98112965
## mean_per_class_error    0.020570152 0.0016934831 0.018986188
0.01887033
## mse              0.017125422  0.0014780946   0.01668821  0.0152763175
## pr_auc            0.99757546  3.5227955E-4   0.99763745      0.998006
## precision          0.9777029  0.0038708805   0.97451454     0.9842647
## r2                 0.9314933  0.0059125936    0.9332447     0.9388837
## recall             0.9813129   0.004375439   0.98818606     0.9783251
## rmse              0.13076697   0.005637157   0.12918286     0.1235974
## specificity        0.9775468  0.0038599318   0.97384155     0.9839342
##                                cv_3_valid   cv_4_valid    cv_5_valid
## accuracy                        0.9783205    0.9794637     0.9772182
## auc                             0.9971678   0.99770606    0.99733096
## err                           0.021679541  0.020536331   0.022781774
## err_count                           348.0        327.0         361.0
## f0point5                        0.9781147    0.9774211     0.9762536
## f1                             0.97833395   0.97958165     0.9769638
## f2                              0.9785533   0.98175174      0.977675
## lift_top_group                  1.9995017    1.9958637      2.024789
## logloss                       0.070691295   0.06553458   0.074239716
## max_per_class_error           0.022058824  0.024292007   0.023690773
## mcc                             0.9566412   0.95895284     0.9544337
## mean_per_class_accuracy        0.97832036    0.9794559     0.9772295
## mean_per_class_error          0.021679636  0.020544099   0.022770507
## mse                           0.018019492  0.016525364   0.019117728
## pr_auc                         0.99711823    0.9977786    0.99733704
## precision                      0.97796863   0.97598606     0.9757807
## r2                               0.927922   0.93389827    0.92351764
## recall                         0.97869956    0.9832038     0.9781498
```

```
## rmse                    0.1342367    0.128551    0.13826688
## specificity             0.97794116   0.975708    0.97630924
```

输出结果可以分为四个部分：模型参数、模型在训练集上的表现、模型在验证集上的表现、模型在训练集上的 5 折交叉验证表现。模型在训练集上的预测错误率为 1.32%，在验证集上的预测错误率为 1.97%，在训练集上的 5 折交叉验证错误率为 2.13%。我们还可以使用 @model[['variable_importances']] 来查看变量的重要性。

```
> fit_deeplearning@model[['variable_importances']]
## Variable Importances:
##        variable  relative_importance  scaled_importance  percentage
## 1     GO0051258             1.000000           1.000000    0.082652
## 2     GO0008154             0.969484           0.969484    0.080130
## 3     GO0030041             0.956136           0.956136    0.079027
## 4     GO0032273             0.640888           0.640888    0.052971
## 5     GO0031334             0.631735           0.631735    0.052214
##
## ---
##        variable  relative_importance  scaled_importance  percentage
## 27    GO0050848             0.182938           0.182938    0.015120
## 28    GO0006613             0.182261           0.182261    0.015064
## 29    GO0045047             0.180367           0.180367    0.014908
## 30    GO0072599             0.175524           0.175524    0.014507
## 31    GO0001676             0.167870           0.167870    0.013875
## 32    GO0006721             0.159369           0.159369    0.013172
```

接下来我们用 h2o.performance() 函数来看看模型在测试集上的表现。

```
h2o.performance(fit_deeplearning,newdata = h2o_test)
```

```
## H2OBinomialMetrics: deeplearning
##
## MSE:  0.2014958
## RMSE:  0.4488828
## LogLoss:  1.113796
## Mean Per-Class Error:  0.14555
## AUC:  0.9100163
## AUCPR:  0.8659627
## Gini:  0.8200326
##
## Confusion Matrix (vertical: actual; across: predicted) for F1-optimal threshold:
##             0     1    Error          Rate
## 0        8135  1865 0.186500  =1865/10000
## 1        1046  8954 0.104600  =1046/10000
## Totals   9181 10819 0.145550  =2911/20000
##
## Maximum Metrics: Maximum metrics at their respective thresholds
##                         metric threshold       value idx
## 1                       max f1  0.991381    0.860176  16
## 2                       max f2  0.874303    0.908153  80
## 3                 max f0point5  0.999417    0.863867   3
## 4                 max accuracy  0.994534    0.854800  12
## 5                max precision  0.999877    0.906362   1
## 6                   max recall  0.000028    1.000000 399
## 7              max specificity  0.999984    0.929200   0
## 8             max absolute_mcc  0.991381    0.711290  16
## 9   max min_per_class_accuracy  0.996728    0.849200   9
## 10 max mean_per_class_accuracy  0.994534    0.854800  12
## 11                     max tns  0.999984 9292.000000   0
## 12                     max fns  0.999984 4917.000000   0
```

```
## 13                max fps   0.000028  10000.000000  399
## 14                max tps   0.000028  10000.000000  399
## 15                max tnr   0.999984      0.929200    0
## 16                max fnr   0.999984      0.491700    0
## 17                max fpr   0.000028      1.000000  399
## 18                max tpr   0.000028      1.000000  399
##
## Gains/Lift Table: Extract with `h2o.gainsLift(<model>, <data>)` or `h2o.
gainsLift(<model>, valid=<T/F>, xval=<T/F>)`
```

在测试集上的错误率为 14.56%，这是一个差强人意的结果。同样地，让我们来通过网格搜索的方法来尝试筛选出一个更好的模型。

4.7.4 超参数搜索

在对于神经网络的超参数进行设置时，我们需要注意不要将网络层数以及神经元的个数设置过大，否则会造成过拟合以及大量的训练时间花费。对于此实验来说，三四个隐藏层、每层几十到几百神经元足矣。笔者曾经试着将每层的神经元个数提高到 1000，但除了花费更多的训练时间以外并未有任何收益。所以当你的模型结果在验证集和测试集上表现不好时，我们的第一反应应该是减少每层的神经元个数而不是增加。

如果你担心代码运行时间过长，可以使用 max_runtime_secs =36000 参数来让代码在运行 36000 秒后提早结束。

```
> hyper_params <- list(
+  activation = c("Tanh", "TanhWithDropout","RectifierWithDropout","Rectifier",
"Maxout"),
+  hidden = list(c(50,50,50),c(100,100,100),c(200,200,200),c(200,100,50)),
+  input_dropout_ratio = c(0,0.1,0.2,0.5), rate = c(0.01, 0.1,0.25,0.5)
```

```
+ )
> search_criteria = list(
+   strategy = "RandomDiscrete", max_runtime_secs =36000,
+   max_models = 500,stopping_rounds = 10,
+   stopping_tolerance = 0.0005
+ )
> deeplearning_grid=h2o.grid(training_frame =h2o_train,validation_frame
= h2o_valid,x=1:32,y=33,stopping_metric = "misclassification",algorithm =
"deeplearning",grid_id = 'search_deeplearning',hyper_params = hyper_params,search_
criteria = search_criteria,epochs=15)
```

网格搜索完成后，我们可以使用 @summary_table 来查看不同神经网络参数对应的 logloss（越小越好），也可以使用 h2o.getGrid(‘grid_id’ ,sort_by = 'accuracy',decreasing = T) 来按照 accuracy 进行从大到小的排序。

```
> head(deeplearning_grid@summary_table,n=10)
## Hyper-Parameter Search Summary: ordered by increasing logloss
##       activation          hidden  input_dropout_ratio   rate
## 1        Maxout  [200, 200, 200]                  0.1   0.25
## 2        Maxout   [200, 100, 50]                  0.1    0.1
## 3        Maxout   [200, 100, 50]                  0.2   0.25
## 4        Maxout  [200, 200, 200]                  0.1    0.1
## 5        Maxout  [200, 200, 200]                  0.1    0.5
## 6          Tanh  [200, 200, 200]                  0.0   0.25
## 7          Tanh  [200, 200, 200]                  0.1   0.25
## 8     Rectifier   [200, 100, 50]                  0.1   0.25
## 9        Maxout  [100, 100, 100]                  0.1    0.5
## 10         Tanh  [200, 200, 200]                  0.0   0.01
##                          model_ids               logloss
## 1       search_deeplearning_model_241   0.050768567263751035
```

```
## 2     search_deeplearning_model_315    0.0531621187802931
## 3     search_deeplearning_model_316   0.0535953763888605555
## 4     search_deeplearning_model_234   0.053741238594372125
## 5     search_deeplearning_model_296    0.05483493280929931
## 6      search_deeplearning_model_34   0.055324045260919344
## 7      search_deeplearning_model_91   0.055383512201351334
## 8     search_deeplearning_model_168    0.05548456384221127
## 9     search_deeplearning_model_139    0.05551268605216302
## 10    search_deeplearning_model_133    0.05586539617834012
> deeplearning_gridresult=h2o.getGrid('search_deeplearning',sort_by = 'accuracy',decreasing = T)
> head(deeplearning_gridresult@summary_table,n=10)
## Hyper-Parameter Search Summary: ordered by decreasing accuracy
##          activation           hidden  input_dropout_ratio  rate
## 1           Maxout  [200, 200, 200]                  0.2   0.5
## 2           Maxout  [200, 200, 200]                  0.1   0.1
## 3           Maxout    [200, 100, 50]                 0.2  0.01
## 4           Maxout  [100, 100, 100]                  0.2   0.5
## 5           Maxout  [100, 100, 100]                  0.1  0.25
## 6           Maxout    [200, 100, 50]                 0.2   0.5
## 7           Maxout      [50, 50, 50]                 0.1   0.5
## 8           Maxout  [200, 200, 200]                  0.2  0.01
## 9           Maxout  [200, 200, 200]                  0.2   0.1
## 10          Maxout  [200, 200, 200]                  0.1   0.5
##                                     model_ids   accuracy
## 1              search_deeplearning_model_60     0.98295
## 2             search_deeplearning_model_234      0.9827
## 3             search_deeplearning_model_256     0.98255
## 4              search_deeplearning_model_54      0.9825
## 5             search_deeplearning_model_242      0.9824
```

```
## 6                search_deeplearning_model_259     0.9824
## 7                search_deeplearning_model_307     0.9824
## 8                search_deeplearning_model_175     0.9823
## 9                search_deeplearning_model_291     0.9823
## 10               search_deeplearning_model_296    0.98225
```

我们选择准确率最高的模型对应的参数来重新进行训练，其实作为本实验所需的神经网络参数来说，每层 200 个神经元个数有些高了，在实际应用中笔者可能会选择排名第七的模型，它在每层 50 个神经元的情况下依然有着很高的准确率，还能很好地避免过拟合的现象。

但上述情况往往是有经验的人才能看出的，作为初学者，我们按部就班地使用排名第一的模型参数来构建模型。

```
> fit_deeplearning_best= h2o.deeplearning(
+  x = 1:32,
+  y = 33,
+  training_frame =h2o_train,
+  validation_frame = h2o_valid,
+  activation = 'Maxout',
+  hidden = c(200,200,200),
+  epochs = 20,
+  input_dropout_ratio = 0.2,
+  stopping_metric = "misclassification",
+  variable_importances = T
+ )
## 学习速率参数（rate）无法手动设定，h2o.deeplearning() 会自适应学习速率。
> fit_deeplearning_best
## Model Details:
## ==============
##
```

```
## H2OBinomialModel: deeplearning
## Model ID:  DeepLearning_model_R_1655558782000_4930
## Status of Neuron Layers: predicting caste, 2-class classification, bernoulli distribution, CrossEntropy loss, 174,402 weights/biases, 2.0 MB, 1,616,546 training samples, mini-batch size 1
##   layer units    type dropout       l1       l2 mean_rate rate_rms momentum
## 1     1    32   Input 20.00 %       NA       NA        NA       NA       NA
## 2     2   200  Maxout  0.00 % 0.000000 0.000000  0.010524 0.009072 0.000000
## 3     3   200  Maxout  0.00 % 0.000000 0.000000  0.075176 0.106278 0.000000
## 4     4   200  Maxout  0.00 % 0.000000 0.000000  0.270259 0.202177 0.000000
## 5     5     2 Softmax      NA 0.000000 0.000000  0.001910 0.000809 0.000000
##   mean_weight weight_rms mean_bias bias_rms
## 1          NA         NA        NA       NA
## 2   -0.000239   0.145627  0.036657 0.097349
## 3   -0.022323   0.098118  0.984817 0.134335
## 4   -0.003132   0.086859  0.557492 0.243986
## 5    0.027914   0.268020  0.000536 0.077330
##
##
## H2OBinomialMetrics: deeplearning
## ** Reported on training data. **
## ** Metrics reported on temporary training frame with 10006 samples **
##
## MSE:  0.01570062
## RMSE:  0.1253021
## LogLoss:  0.0553498
## Mean Per-Class Error:  0.01629801
## AUC:  0.9986397
## AUCPR:  0.9987169
## Gini:  0.9972794
```

```
##
## Confusion Matrix (vertical: actual; across: predicted) for F1-optimal threshold:
##            0    1    Error        Rate
## 0       4887   88 0.017688   =88/4975
## 1         75 4956 0.014908   =75/5031
## Totals  4962 5044 0.016290 =163/10006
##
## Maximum Metrics: Maximum metrics at their respective thresholds
##                         metric threshold       value idx
## 1                       max f1  0.740830    0.983821 127
## 2                       max f2  0.532625    0.987811 174
## 3                 max f0point5  0.939830    0.986839  61
## 4                 max accuracy  0.776221    0.983710 117
## 5                max precision  0.999984    1.000000   0
## 6                   max recall  0.000486    1.000000 397
## 7              max specificity  0.999984    1.000000   0
## 8             max absolute_mcc  0.740830    0.967421 127
## 9   max min_per_class_accuracy  0.761054    0.983502 121
## 10 max mean_per_class_accuracy  0.776221    0.983714 117
## 11                     max tns  0.999984 4975.000000   0
## 12                     max fns  0.999984 3706.000000   0
## 13                     max fps  0.000007 4975.000000 399
## 14                     max tps  0.000486 5031.000000 397
## 15                     max tnr  0.999984    1.000000   0
## 16                     max fnr  0.999984    0.736633   0
## 17                     max fpr  0.000007    1.000000 399
## 18                     max tpr  0.000486    1.000000 397
##
## Gains/Lift Table: Extract with `h2o.gainsLift(<model>, <data>)` or `h2o.gainsLift(<model>, valid=<T/F>, xval=<T/F>)`
```

```
## H2OBinomialMetrics: deeplearning
## ** Reported on validation data. **
## ** Metrics reported on full validation frame **
##
## MSE:  0.01840516
## RMSE:  0.1356656
## LogLoss:  0.0639721
## Mean Per-Class Error:  0.01727172
## AUC:  0.9984692
## AUCPR:  0.9984518
## Gini:  0.9969384
##
## Confusion Matrix (vertical: actual; across: predicted) for F1-optimal threshold:
##              0      1      Error           Rate
## 0         9932    146   0.014487   =146/10078
## 1          199   9723   0.020056    =199/9922
## Totals   10131   9869   0.017250   =345/20000
##
## Maximum Metrics: Maximum metrics at their respective thresholds
##                          metric   threshold      value  idx
## 1                        max f1    0.860083   0.982568   91
## 2                        max f2    0.554763   0.986762  172
## 3                  max f0point5    0.937614   0.986156   61
## 4                  max accuracy    0.860083   0.982750   91
## 5                 max precision    0.999982   1.000000    0
## 6                    max recall    0.003119   1.000000  389
## 7               max specificity    0.999982   1.000000    0
## 8              max absolute_mcc    0.860083   0.965510   91
## 9    max min_per_class_accuracy    0.830792   0.981959  101
## 10  max mean_per_class_accuracy    0.860083   0.982728   91
```

```
## 11                              max tns  0.999982  10078.000000    0
## 12                              max fns  0.999982   7113.000000    0
## 13                              max fps  0.000013  10078.000000  399
## 14                              max tps  0.003119   9922.000000  389
## 15                              max tnr  0.999982      1.000000    0
## 16                              max fnr  0.999982      0.716892    0
## 17                              max fpr  0.000013      1.000000  399
## 18                              max tpr  0.003119      1.000000  389
##
## Gains/Lift Table: Extract with `h2o.gainsLift(<model>, <data>)` or `h2o.gainsLift(<model>, valid=<T/F>, xval=<T/F>)`
h2o.performance(fit_deeplearning_best,newdata = h2o_test)
## H2OBinomialMetrics: deeplearning
##
## MSE:  0.2252717
## RMSE:  0.474628
## LogLoss:  1.034773
## Mean Per-Class Error:  0.1514
## AUC:  0.9209083
## AUCPR:  0.9145041
## Gini:  0.8418165
##
## Confusion Matrix (vertical: actual; across: predicted) for F1-optimal threshold:
##              0      1     Error          Rate
## 0         8137   1863  0.186300  =1863/10000
## 1         1165   8835  0.116500  =1165/10000
## Totals    9302  10698  0.151400  =3028/20000
##
## Maximum Metrics: Maximum metrics at their respective thresholds
##                               metric  threshold         value  idx
```

```
## 1                        max f1  0.986444     0.853706  18
## 2                        max f2  0.875496     0.901656  81
## 3                  max f0point5  0.997168     0.856211   6
## 4                  max accuracy  0.987398     0.848700  17
## 5                 max precision  0.999963     0.978549   0
## 6                    max recall  0.000091     1.000000 399
## 7               max specificity  0.999963     0.991900   0
## 8              max absolute_mcc  0.986444     0.698905  18
## 9    max min_per_class_accuracy  0.992579     0.845200  12
## 10  max mean_per_class_accuracy  0.987398     0.848700  17
## 11                      max tns  0.999963  9919.000000   0
## 12                      max fns  0.999963  6305.000000   0
## 13                      max fps  0.000091 10000.000000 399
## 14                      max tps  0.000091 10000.000000 399
## 15                      max tnr  0.999963     0.991900   0
## 16                      max fnr  0.999963     0.630500   0
## 17                      max fpr  0.000091     1.000000 399
## 18                      max tpr  0.000091     1.000000 399
##
## Gains/Lift Table: Extract with `h2o.gainsLift(<model>, <data>)` or `h2o.
gainsLift(<model>, valid=<T/F>, xval=<T/F>)`
```

不出所料，模型在验证集上的表现确实有所提高，但是在测试集上的表现反而略微下降了。作为生命科学专业的研究者，我们知道在送样测转录组时会有批次效应，这可能会导致不同的转录组结果间会多多少少有些不同（虽然大体上组间趋势还是一致的）。所以当我们使用神经网络时，如果你的模型需要像本实验一样应用于不同的转录组或是不同的物种，那我们一定要注重模型的泛化性，切不可以为神经元越多、模型越复杂就一定能取得更好的结果，这点是本书中再三强调的。在下一章中，我们会使用专业的深度学习包——Keras 来尝试构建更为合适的模型，这也会使你对深度学习有更深刻的印象。

第 5 章

基于 Keras 的深度学习

作为神经网络和深度学习模型的爱好者，从笔者接触它们开始就被其强大的预测能力和可塑性所吸引。深度神经网络模型和其他模型的不同之处在于其支持多种维度的输入数据以及各式各样的网络层，并且用户可以根据自己的想法将它们任意组合。当用户使用深度神经网络时就像是拿到了一堆积木，我们可以用积木按照自己的创意来搭建各式各样的建筑，这是其他机器学习模型无法比拟的。基于此，笔者认为仅仅在上一章讲到的基于 H2O 包的神经网络模型无法体现出深度学习的魅力。虽然笔者并非专业的深度学习使用者，但笔者仍希望为读者们揭开深度学习的冰山一角。所以在这一章中，我们将从另外一种角度来正式打开深度学习的大门，你将对深度学习有更深刻的理解，学习完这一章你也可以用手中各式各样的积木按照自己的想法来构建深度学习模型。

R 语言中可以让你构建深度神经网络模型的包不在少数，如 neuralnet 包、deepnet 包、AMORE 包、keras 包等。其中功能最为强大、最受欢迎的包非 keras 莫属，正是因为它的性能强大、功能丰富，它的运行需要一些其他库的支持。接下来让我们使用 keras 包在实践中用各式各样的深度神经网络模型来解决同一个问题吧。

5.1 Keras 简介

有的同学可能会提出疑问：我们已经使用 H2O 包的深度学习功能了，为什么还要用 Keras 呢？这归功于 Keras 强大而丰富的功能。Keras 是一个深度学习框架，提供了一种便捷的方法来定义和训练几乎任何类型的深度学习模型。Keras 拥有超过 15 万用户，无论你是研究人员还是非专业使用者，Kreas 都能够帮你解决研究或生活中的各种类型的问题，很多新颖的深度学习竞赛题都是使用 Kreas 模型获胜的。

Keras 是一个模型级库，为开发深度学习模型提供高级构建块。它不处理张量操作和微分等低层运算。相反，它依赖于专门的、优化良好的张量库来实现这一目标，作为 Keras 的后端引擎。因此，想要在 R 上使用 Keras，你还需要安装 Keras 的 R 包、核心 Keras 库和后端张量引擎（此处我们使用 Tensorflow）①。

安装过程这里就不再赘述，作为 R 的使用者，这是最基本的素养，只不过 Keras 的安装过程对于新手来说可能会是一个挑战，Keras 的安装过程道阻且长，笔者当时大概花了两天才安装好。提醒读者一点，安装过程中需要格外注意的是 Tensorflow 的安装环节，如果你按照标准步骤在 R 中直接下载并安装的话可能会行不通。这时你可以先在电脑上安装 miniconda，然后在 miniconda 中安装 Tensorflow。miniconda 的使用十分简单，你可以轻松搞定。

用 tf$constant('hello') 来测试 Tensorflow 是否安装好，安装好后执行该命令会有红色提示，不用害怕，这不是报错。

```
> library(tensorflow)
> tf$constant('hello')
```

① 弗朗索瓦·肖莱，J.J.阿莱尔，黄倩，等. R语言深度学习[M]. 北京：机械工业出版社，2021.

5.2 再次处理数据集

在使用 Keras 之前，笔者想要先重新处理一下数据。之前我们一直使用 rl 这个物种的转录组数据作为训练集和验证集，用 ra 物种的转录组数据作为测试集，这种情况下我们无论用何种模型来训练都往往会造成过拟合现象，导致模型在训练集和验证集上的表现极好，但在测试集上表现一般（准确率难以达到 90%）。所以在使用 Keras 之前，我打算将测试集的一半（10000 个）放入训练集（80000 个）中进行混合，将混合后的数据集划分成 70000 个的训练集和 20000 个的验证集。至于测试集笔者打算使用两个数据集，一个是之前的验证集，另一个是之前测试集的另一半，它们分别代表了 rl 和 ra 这两个转录组的数据。当然，在用 Keras 构建模型之后，笔者还会将这个新的数据集在本书前面提到的模型上使用来看看效果如何。

```
> ra_rpkm_test=as.data.frame(ra_rpkm_test)
> ra_rpkm_1=ra_rpkm_test[sample(20000,10000),]
> ra_rpkm_2=ra_rpkm_test[-(as.numeric(rownames(ra_rpkm_1))),]
> mix_train=rbind(none_omit_rl_sample_train,ra_rpkm_1)
> mix_train=mix_train[sample(1:90000,90000),]
> mix_valid=mix_train[1:20000,]                  ## 验证集
> mix_train=mix_train[20001:90000,]              ## 训练集
```

5.3 用 Keras 构建第一个神经网络模型

5.3.1 搭建一个全连接网络模型

Keras 中定义模型有两种方法：使用 keras_model_sequential() 函数（仅用于线性堆栈的层）或使用函数 API（用于层的有向无环图，可以让你构建任意框架）。在接下来的模型构建中，我们先来使用较为容易上手的 keras_model_sequential() 函数作为开头，然后用 %>% 将输出结果传递给下一层。%>% 是向右操作符，意思是将左边函数的结果传递给右边函数的第一个参数。使用 %>% 操作符可以让我们方便快捷地构建深度学习模型并使构建过程一目了然，让我们先照猫画虎地构建一个深度学习模型吧。

```
> library(keras)
##
## 载入程辑包：'keras'
## The following object is masked from 'package:BiocGenerics':
##
##     normalize
> model_rl=keras_model_sequential()%>%layer_dense(units = 32,input_shape = 32,activation = 'relu')%>%layer_batch_normalization() %>%layer_dropout(0.2)%>%layer_dense(32,'relu')%>%layer_batch_normalization()%>%layer_dropout(0.2)%>%layer_dense(32,activation = 'relu')%>%layer_batch_normalization()%>%layer_dense(units=1,activation = 'sigmoid')
## Loaded Tensorflow version 2.6.0
```

Keras 可以方便地展现你的模型构架。可以看出我们将数据输入后经过了 3 个全连接层，每个全连接层有 32 个神经元，每个全连接层后都紧接一个批次标准化层（你也可以不用），笔者还使用了两个 dropout 层（你同样可以不用）。需要注意的是最后一层，它只有一个单元，因为我们的预测结果仅为一个变量。

```
> model_rl
## Model: "sequential"
## ________________________________________________________________________
##                 Layer (type)              Output Shape      Param #
## ========================================================================
##           dense_3 (Dense)                (None, 32)         1056
## ________________________________________________________________________
##    batch_normalization_2     (BatchNo (None, 32)            128
## ________________________________________________________________________
##       dropout_1 (Dropout)                (None, 32)            0
## ________________________________________________________________________
##           dense_2 (Dense)                (None, 32)         1056
## ________________________________________________________________________
##    batch_normalization_1     (BatchNo (None, 32)            128
## ________________________________________________________________________
##         dropout (Dropout)                (None, 32)            0
## ________________________________________________________________________
##           dense_1 (Dense)                (None, 32)         1056
## ________________________________________________________________________
##       batch_normalization     (BatchNorm (None, 32)          128
## ________________________________________________________________________
```

```
##           dense (Dense)                    (None, 1)            33
## ==================================================================
## Total params: 3,585
## Trainable params: 3,393
## Non-trainable params: 192
## __________________________________________________________________
```

5.3.2 了解你的神经网络层

全连接层 layer_dense(units = 32,input_shape = 32,activation = 'relu') 是最基本的网络层，units 参数是该层的隐藏单元数量。input_shape 是输入数据的维度，只有第一个全连接层需要此参数，后面的层可以省略。activation 是激活函数，Keras 中有许多激活函数（如 relu、linear、sigmoid、tanh、softmax、LeakyReLU、PReLU 等），但是 relu 是最受欢迎的激活函数，效果也通常是最好的。最后一层的激活函数是“sigmoid”，它将输出 0~1 之间的数字，表示结果有多大概率为 1。当你的结果并非 0 和 1 的二元分类而是多元分类时（比如判断结果是 0~9 的哪一个），那最后一层的激活函数需要改为“softmax”。

layer_batch_normalization() 是批次标准化层，通常在卷积层或稠密层后使用。它通过内部保持在训练过程中所观察到的数据的批处理平均值和方差的指数移动平均值来工作。批次标准化的主要作用是有助于梯度传播，从而允许更深层次的网络。在本例中，由于层数并不深，所以可用可不用，具体情况研究者可以自行尝试。

dropout() 是最有效和最常用的神经网络正则化技术之一，应用于层的滤除，包括在训练期间随即丢弃层的多个输出特征，这可以防止神经网络过拟合[①]。层的输出按照 dropout 率的因子按比例缩小，本例中的 0.2 表明随机丢弃 20% 的输出特征。

5.3.3 编译模型

搭建起神经网络之后，我们还需要使用 compile() 函数来编译模型。优化器、损失函数和指标这三个参数将被传递到 compile() 函数中。无论你需要处理什么样的问题，rmsprop 优化器都是一个不错的选择，我们可以使用 optimizer_rmsprop() 来配置优化器参数，这样可以自定义学习率。

因为我们得到的输出结果是概率，所以用交叉熵来表示损失。在处理二元分类问题时 binary_crossentropy 作为损失函数是最好的选择。如果你面临多元分类问题（最后一层的激活函数是“softmax”），那么损失函数应当选择 categorical_crossentropy。

指标是用来评估模型训练表现的，通常我们使用“accuracy”，这样可以对模型的预测准确率一目了然。

```
> model_rl %>% compile(optimizer=optimizer_rmsprop(0.001),loss='binary_crossentropy',metrics=c('accuracy'))
```

5.3.4 训练模型

现在我们可以用 fit() 函数来训练模型了。x 是训练集的输入数据，y 是训练集的分类结果（标签），validation_data 是一个列表，里面包括了验证集的 x 和 y。epochs 是训练轮数。batch_size 是每次传入的样本数。callbacks 是回调功能，它可以让我们在模型训练过程中实现中断训练、保存模型、更改参数、监视模型等功能，所有的回调将被放入列表中传递给 callbacks。本例中我们使用的 callbacks_early_stopping() 可以让模型在无法提高验证集准确率时提早中断训练并保存表现最好的 weights。

① 弗朗索瓦·肖莱，J.J. 阿莱尔，黄倩，等 . R 语言深度学习 [M]. 北京：机械工业出版社，2021.

```
> history_rl= model_rl %>% fit(x=as.matrix((mix_train[,1:32])),y=as.numeric(mix_train[,33]) ,validation_data=list(as.matrix((mix_valid[,1:32])),as.numeric(mix_valid[,33])),epochs=50,batch_size=2048,callbacks=callback_early_stopping('val_accuracy',patience = 20,restore_best_weights = T))
```

训练过程中 Keras 会自动绘制 loss 和 accuracy 的折线图（见图 5-1），你也可以在训练完成后使用 plot() 函数自行绘制，但需要安装 ggplot2 包。

```
> plot（history_rl）
```

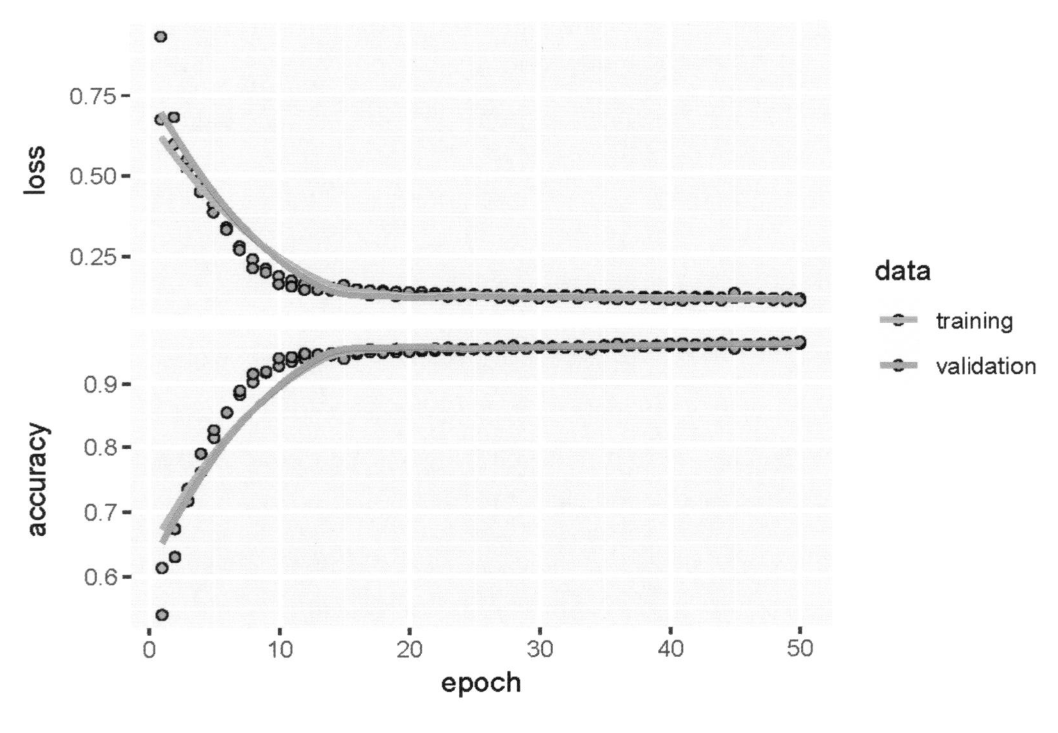

图 5-1　全连接层模型的训练过程

可以看出在 15 轮以后模型基本上就没有显著地改善，训练集和验证集的准确率都在 95% 左右。按照老规矩，接下来我们看看模型在测试集上的表现如何，别忘了，我们有两个测试集，来自两个不同物种的转录组。

5.3.5 使用模型来预测新数据集

```
> predict_1_1=model_rl%>%predict(as.matrix(ra_rpkm_2[,1:32]))
> predict_1_1[which(predict_1_1>0.5)]=1
> predict_1_1[which(predict_1_1<=0.5)]=0
> table(predict_1_1,ra_rpkm_2[,33])
##
##     predict_1_1      0     1
##                0  4092    68
##                1   901  4939
> predict_1_2=model_rl%>%predict(as.matrix(none_omit_rl_sample_valid[,1:32]))
> predict_1_2[which(predict_1_2>0.5)]=1
> predict_1_2[which(predict_1_2<=0.5)]=0
> table(predict_1_2,none_omit_rl_sample_valid[,33])
##
##     predict_1_2      0     1
##                0  9711   278
##                1   367  9644
```

在 ra 测试集上的准确率为 90.31%，rl 测试集上的准确率为 96.78%。因为训练集的大部分数据来自 rl，小部分来自 ra，所以 rl 测试集的预测准确率较高是可以理解的。对于一个由全连接层的简单堆栈而成的网络，它的表现差强人意。

5.4 卷积神经网络

5.4.1 认识卷积层

卷积神经网络通常用于计算机视觉的深度学习，其详细概念和步骤这里不再赘述，你可以从网上了解到详细信息。卷积层和全连接层的根本区别在于：全连接层在其特征空间中学习全局模式（它会考虑所有的 32 个特征），而卷积层使用卷积核将输入划分成许多小块来学习得到新的特征。当我们让计算机学习去识别一只狗时，计算机会将狗的图片划分成许多部分，这些小部分包括了耳朵、鼻子、眼睛、胡须等特征，然后根据这些特征来判断这张图片中的动物是不是狗。

搭建卷积神经网络的过程和全连接层没有什么不同。首先使用 layer_conv_2d() 来加入卷积层，在该函数中你需要定义卷积核的大小、卷积核在图片上移动的步长以及输出特征图的深度，其中的 padding=‘same’表示使用填充的方法来让输入与输出具有一样的高度和宽度。

5.4.2 池化操作

说到卷积神经网络，我们不可避免地需要了解池化操作。池化操作通常分为最大池化和平均池化。以最大池化为例，其实它的作用类似于卷积操作，它对特征图进行下采样，就像跨步卷积。最大池化通常会从特征图中以 2*2 的窗口和 2 的步伐（卷积操作的步伐通常为 1）提取窗口并输出每个通道的最大值，这样以来输出特征图的尺寸会大大减小，从而减少计算量。最大池化往往比平均池化更常用，因为查看不同特征的最大值肯定要比平均值更能说明问题、信息量更大。不过该实验中我们并未用到池化操作，毕竟我们的数据仅有 32 个自变量，远远少于一张图片的上万像素点。

5.4.3 使用卷积神经网络

实际搭建神经网络时，在卷积层之后，我们需要将输出的特征图“铺开”，将三维张量重新变为一维张量，这需要用到 layer_flatten() 函数，然后我们会添加几个全连接层来输出最终结果，这一步与之前全连接层堆栈的网络构建一样。

```
> model_cnn=keras_model_sequential()%>%layer_conv_2d(16,c(2,2),activation =
'relu',input_shape = c(4,4,2))%>%layer_batch_normalization()%>%
+  layer_conv_2d(32,c(2,2),padding = 'same',activation = 'relu') %>%layer_batch_
normalization()%>%
+  layer_flatten()%>%
+  layer_dense(64,'relu')%>%layer_batch_normalization()%>%
+  layer_dense(32,'relu')%>%layer_batch_normalization()%>%
+  layer_dense(32,activation = 'relu')%>%layer_batch_normalization()%>%
+  layer_dense(1,activation = 'sigmoid')
> model_cnn
## Model: "sequential_1"
## ________________________________________________________________
##              Layer (type)              Output Shape    Param #
## ================================================================
##       conv2d_1 (Conv2D)            (None, 3, 3, 16)       144
## ________________________________________________________________
##  batch_normalization_7  (BatchNo (None, 3, 3, 16)        64
## ________________________________________________________________
```

```
##          conv2d (Conv2D)             (None, 3, 3, 32)       2080
## ________________________________________________________________________
##  batch_normalization_6  (BatchNo (None, 3, 3, 32)          128
## ________________________________________________________________________
##            flatten (Flatten)                (None, 288)        0
## ________________________________________________________________________
##           dense_7 (Dense)                   (None, 64)     18496
## ________________________________________________________________________
##  batch_normalization_5        (BatchNo (None, 64)          256
## ________________________________________________________________________
##           dense_6 (Dense)                   (None, 32)      2080
## ________________________________________________________________________
##  batch_normalization_4        (BatchNo (None, 32)          128
## ________________________________________________________________________
##           dense_5 (Dense)                   (None, 32)      1056
## ________________________________________________________________________
##  batch_normalization_3        (BatchNo (None, 32)          128
## ________________________________________________________________________
##           dense_4 (Dense)                    (None, 1)        33
## ========================================================================
## Total params: 24,593
## Trainable params: 24,241
## Non-trainable params: 352
## ________________________________________________________________________
```

在本例中我们使用了两个卷积层，卷积核大小都为（2，2），输出的特征图深度分别为 16 和 32，第二个卷积层还使用了 padding=“same”来填充。所以当格式为（4，4，2）的原始数据输入之后，经过第一个卷积层之后得到的特征图为（3，3，16）；经过第二个卷积层得到的特征图为（3，3，32）。铺开之后的输出为 3*3*32=288。最后通过数个全连接层来输出最终结果。

接下来还是不可或缺的编译，这点与之前没什么不同的。如果你比较细心的话，你会发现 metrics 为“acc”和“accuracy”都是一样的。

```
> model_cnn%>%compile(loss='binary_crossentropy',optimizer=optimizer_rmsprop(0.0002),metrics='acc')
```

5.4.4 改变数据格式

训练模型之前我们需要处理一下数据。一张图片是由像素点构成的，可以用三维张量（高度，宽度，深度）来表示。我们的数据集的特征只是一维张量（32 维向量），所以想要对其使用卷积操作必须先将这 32 维向量重新排列成 3 维张量，我选择的是（4，4，2）。改变数据维度需要用到 array_reshape() 函数，使用方法是 array_reshape（原数据，新格式）。

```
> dim(as.matrix(mix_train[,1:32]))
## [1] 70000    32                    ## 原数据格式
> dim(array_reshape(as.matrix(mix_train[,1:32]),c(70000,4,4,2)))
## [1] 70000    4    4    2          ## 转换后的格式
## 看一下原数据第一个样本
> as.numeric(mix_train[1,1:32])
## [1]    0.8486809    1.5558545    2.1876945    3.0568991    3.0568991
## [6]   16.2811891    1.5940885    8.3869637    3.4841862    0.1468467
## [11]   4.2364479   31.3672574    1.0261323    0.8276928    2.2802058
```

```
## [16]    1.4486104    6.3685397 681.9406843   20.9590311 655.9318511
## [21] 1085.3123821  317.6393412  19.9825764  127.1634970  19.8600556
## [26]  270.0904857   51.9333848   4.2639823   24.8532190  57.9717010
## [31]   36.6241054   15.7125984
## 再看看转换后第一个样本如下
> array_reshape(as.matrix(mix_train[,1:32]),c(70000,4,4,2))[1,,,]
## , , 1
##
##               [,1]        [,2]         [,3]        [,4]
## [1,]     0.8486809    2.187694     3.056899    1.594088
## [2,]     3.4841862    4.236448     1.026132    2.280206
## [3,]     6.3685397   20.959031  1085.312382   19.982576
## [4,]    19.8600556   51.933385    24.853219   36.624105
##
## , , 2
##
##               [,1]        [,2]         [,3]        [,4]
## [1,]     1.5558545    3.056899   16.2811891    8.386964
## [2,]     0.1468467   31.367257    0.8276928    1.448610
## [3,]   681.9406843  655.931851  317.6393412  127.163497
## [4,]   270.0904857    4.263982   57.9717010   15.712598
```

5.4.5 训练模型

转换好数据维度就可以训练模型了，训练过程如图 5-2 所示。

```
> history_juanji=model_cnn%>%fit(x=array_reshape(as.matrix(mix_train[,1:32]
),c(70000,4,4,2)),y=as.numeric(mix_train[,33]),validation_data=list(array_reshape(as.
```

```
matrix(mix_valid[,1:32]),c(20000,4,4,2)),as.numeric(mix_valid[,33])),batch_size=2048
,epoch=100,callbacks=callback_early_stopping('val_acc',patience = 20,restore_best_
weights = T))
> plot(history_juanji)
```

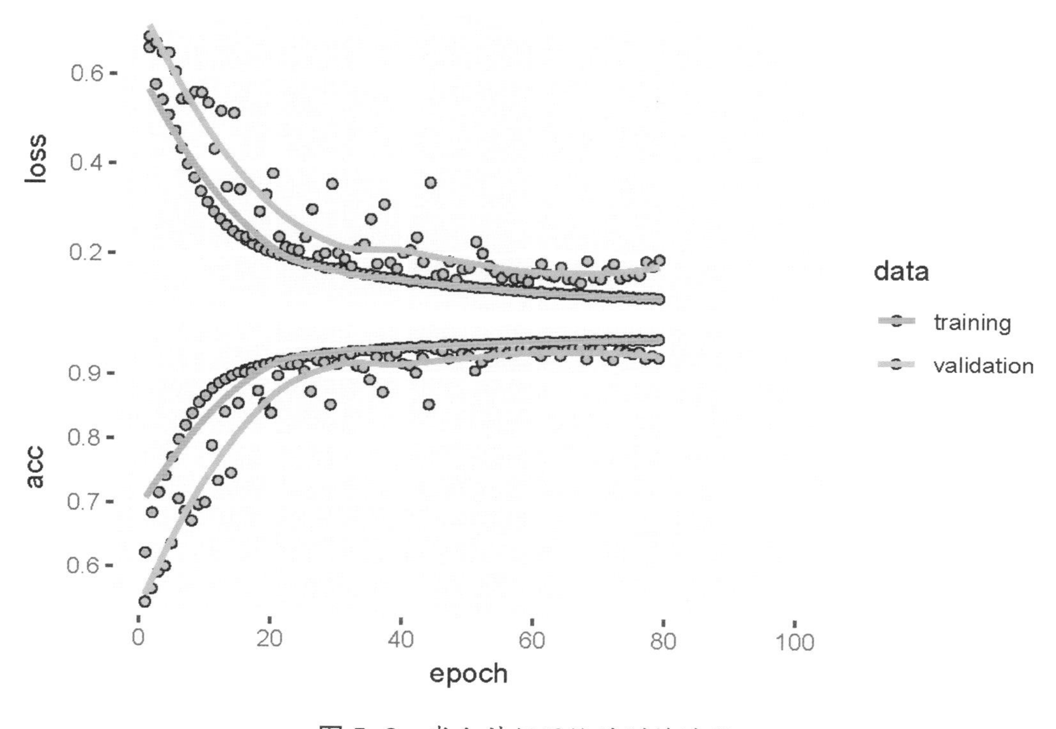

图 5-2　卷积神经网络的训练过程

```
> predict_2_1=model_cnn %>%predict(array_reshape(as.matrix(ra_
rpkm_2[,1:32]),c(10000,4,4,2)))
> predict_2_1[which(predict_2_1>0.5)]=1
> predict_2_1[which(predict_2_1<=0.5)]=0
> table(predict_2_1,ra_rpkm_2[,33])
##
## predict_2_1     0     1
##           0  4210   134
```

```
##               1    783   4873
> predict_2_2=model_cnn %>%predict(array_reshape(as.matrix(none_omit_rl_sample_valid[,1:32]),c(20000,4,4,2)))
> predict_2_2[which(predict_2_2>0.5)]=1
> predict_2_2[which(predict_2_2<=0.5)]=0
> table(predict_2_2,none_omit_rl_sample_valid[,33])
##
## predict_2_2       0       1
##             0  9732     571
##             1   346    9351
```

加入了卷积层之后，模型的训练时间变长了不少，但是模型的表现却没有提升。不必感到失落，我们还有很多方法可以尝试。

5.5 循环神经网络

5.5.1 循环神经网络简介

当我们看到一段话时，之所以我们能理解其含义，是因为我们能够结合前文来解读。试想一下如果我们每看到一个字都会忘记上一个字，那么我们将无法进行阅读理解了。循环神经网络（RNN）与稠密网络和卷积网络的不同之处就在于它通过迭代序列元素来处理一个序列，并可以维护包含它目前所看到的信息状态。说得通俗易懂些，它可以像人类一样通过在脑子里联系前文的方法来阅读一句话。当然，RNN在处理不同的序列时会重置，所以不同的序列在RNN中仍算是相互独立的。

不难猜出，具备联系前文能力的RNN通常被应用于机器的阅读理解以及序列数据的学习（比如根据以前的天气情况来预测未来的天气）。其实 RNN 并不适合我们的数据，因为我们不需要它来做阅读理解，但是尝试一下又有何不可呢？

5.5.2 使用一个简单的 RNN

在 Keras 中使用一个简单的 RNN 需要用到 layer_simple_rnn()。该函数的使用方法并没有太多特殊的地方，但仍有需要你注意的地方：它的输入格式是二维的，这与稠密层的输入不同，所以输入数据之前还是要用 array_reshape() 来改变格式。RNN 的输出格式有两种，如果参数 return_sequences 为 T，那么会得到完整的序列状态（维度不变）；如果 return_sequence 为 F（默认就是 F），那么只返回最后一个时间步的输出（维度为一），这样可以让我们在后面加上全连接层。

```
> model_rnn=keras_model_sequential()%>%
+   layer_simple_rnn(32,'relu',input_shape =c(32,1),return_sequences =
T)%>%layer_dropout(0.2)%>%
+  layer_simple_rnn(32,'relu',return_sequences = T)%>%
+  layer_simple_rnn(32,'relu')%>%
+  layer_dense(1,activation = 'sigmoid')
```

可以看到，笔者使用了三个 layer_simple_rnn() 函数，其中前两个的 return_sequences 参数为 T，这样我们才能将输出结果传递给下一个 layer_simplr_rnn() 函数，否则就会因维度问题而报错。

接下来的过程没有什么差别，需要提醒和笔者的电脑配置一样普通的读者一下，据笔者的试验，在用到循环层的时候，将批次样本数（batch_size）设置较大的话运行起来会非常慢，所以笔者设置为 512。训练过程为图 5-3。

```
> model_rnn%>%compile(loss='binary_crossentropy',optimizer=optimizer_
rmsprop(0.001),metrics='acc')
```

```
> history_rnn= model_rnn%>%fit(x=array_reshape(as.matrix(mix_train[,1:32]),
c(70000,32,1)),y=mix_train$caste,validation_data=list(array_reshape(as.matrix(mix_
valid[,1:32]),c(20000,32,1)),as.numeric(mix_valid$caste)),batch_size=512,epoch=50,call
backs=callback_early_stopping('val_acc',patience = 20,restore_best_weights = T))
> plot(history_rnn)
```

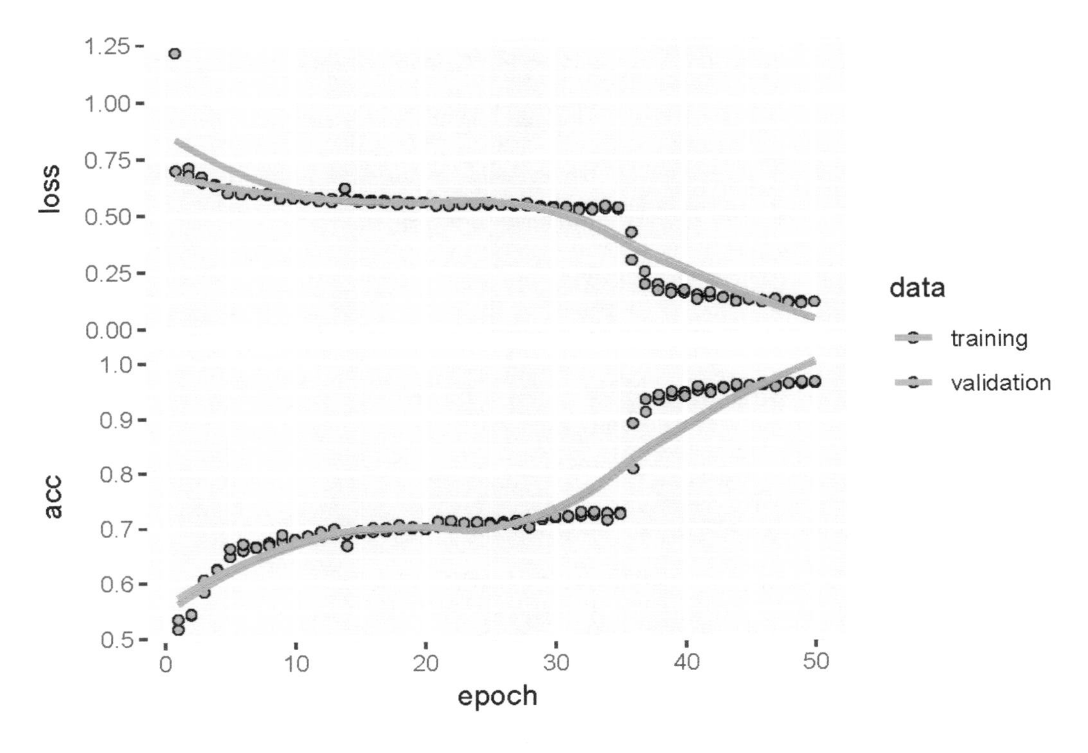

图 5-3　简单 RNN 模型的训练过程

从训练结果中，我们可以看到模型的 loss 和 auc 的变化十分突兀，往往是在长时间的平稳之后突然发生剧烈变化。看来循环层并不是很适合应用于目前的情况中，但也许它能带来一些意外之喜。那我们来接着看看该模型在测试集上的表现。

```
> predict_3_1=model_rnn%>%predict(array_reshape(as.matrix(ra_
rpkm_2[,1:32]),c(10000,32,1)))
```

```
> predict_3_1[which(predict_3_1>0.5)]=1
> predict_3_1[which(predict_3_1<=0.5)]=0
> table(predict_3_1,ra_rpkm_2[,33])
##
## predict_3_1    0    1
##           0 4328  407
##           1  665 4600
> predict_3_2=model_rnn%>%predict(array_reshape(as.matrix(none_omit_rl_sample_
valid[,1:32]),c(20000,32,1)))
> predict_3_2[which(predict_3_2>0.5)]=1
> predict_3_2[which(predict_3_2<=0.5)]=0
> table(predict_3_2,none_omit_rl_sample_valid[,33])
##
## predict_3_2    0    1
##           0 9816  290
##           1  262 9632
```

从对于测试集的预测结果来看，它的表现和稠密层或卷积层在伯仲之间，但它的训练过程确实不像前两者一样步步为营，所以如果没有特别的需求，笔者认为我们不需要优先考虑使用循环层来对付现在的情况。

5.5.3 LSTM 和 GRU

先前我们介绍的是简单 RNN 层，这点你可以从函数名看出。除了 RNN 以外，在 Kreas 中我们还有两个可以选择的循环层，它们分别是 layer_lstm() 函数和 layer_gru() 函数。相较于简单 RNN 层，它们更适合于实际应用，因为简单 RNN 层正如它的名字一样过于简单，虽然理论上简单 RNN 层可以在某一时刻保留之前有关的输入信息，但这种长期依赖在实际中是无法学习的，这是由于梯度消失问题。这类似于那些非循环网络，当你的网络中的层数不断加深时，网络最终会变成无法训练的。LSTM 层和 GRU 层的出现就是为了解决梯度消失问题，并且效果显著。当然该实验中并不适合循环层，所以我们只是来了解一下如何使用它们。

5.5.3.1 使用函数 API 构建模型

使用 LSTM 层需要用到 layer_lstm() 函数，GRU 层则是 layer_gru() 函数，其他方面和 layer_simple_rnn() 函数一样，所以我们要加点新东西来介绍。先前已经说过，定义模型有两种方法：使用 keras_model_sequential() 函数或功能 API。之前我们一直使用的是前者，并且我们的模型构建是使用 %>% 一气呵成构建的。现在我们来使用更为方便灵活的函数 API 来构建模型。

使用函数 API 需要经历三个步骤：定义输入层、定义输出层、用 keras_model(input,output) 函数将他们衔接起来。下面展示了我们至今为止所用到的不同维度的输入层，你需要用 layer_input 来生成它们，这很简单。如果你要使用到很多输入层，你也可以给每个输入层命名加以区分。

```
> API_normal_input=layer_input(32,name='API_normal_input')
> API_cnn_input=layer_input(c(4,4,2),name="API_cnn_input")
> API_rnn_input=layer_input(shape = list(32,1),name = 'API_rnn_input')
```

接下来我们构建输出层，这与老方法构建模型时很像，只不过你要把 keras_model_sequential() 替换为先前定义的输入层。

```
> model_lstm=API_rnn_input%>%layer_batch_normalization()%>%layer_
lstm(units = 32,activation = 'relu',return_sequences = T)%>%layer_batch_
normalization()%>%layer_lstm(units = 64,activation = 'relu')%>%layer_batch_
```

```
normalization()%>%layer_dense(128,'relu')%>%layer_batch_normalization()%>%layer_dense(64,'relu')%>%layer_batch_normalization()%>%layer_dense(32,'relu')%>%layer_batch_normalization()%>%layer_dense(1,activation = 'sigmoid')
```

最后我们用 keras_model() 函数将输入层和输出层结合起来，这样你就得到了一个完整的网络。唯一需要注意的一点是，你需要保证你的网络是“贯通的”，即你的输出结果是由你所给的输入而来的。你可以试着把 keras_model() 函数中的 input 参数改成另外两个已经定义好的输入层的其中一个，然后就会发现 R 报错。

```
> model_lstm=keras_model(API_rnn_input,model_lstm)
> model_lstm
## Model: "model"
## ________________________________________________________________
##              Layer (type)            Output Shape        Param #
## ================================================================
##   API_rnn_input (InputLayer)        [(None, 32, 1)]         0
## ________________________________________________________________
##      batch_normalization_13  (BatchN (None, 32, 1)          4
## ________________________________________________________________
##               lstm_1 (LSTM)          (None, 32, 32)       4352
## ________________________________________________________________
##     batch_normalization_12  (BatchN (None, 32, 32)         128
## ________________________________________________________________
##                lstm (LSTM)             (None, 64)         24832
```

```
## ________________________________________________________________
##          batch_normalization_11      (BatchN (None, 64)          256
## ________________________________________________________________
##                  dense_11 (Dense)             (None, 128)        8320
## ________________________________________________________________
##          batch_normalization_10     (BatchN (None, 128)          512
## ________________________________________________________________
##                  dense_10 (Dense)               (None, 64)        8256
## ________________________________________________________________
##           batch_normalization_9     (BatchNo (None, 64)          256
## ________________________________________________________________
##                   dense_9 (Dense)               (None, 32)        2080
## ________________________________________________________________
##           batch_normalization_8     (BatchNo (None, 32)          128
## ________________________________________________________________
##                   dense_8 (Dense)                (None, 1)          33
## ================================================================
## Total params: 49,157
## Trainable params: 48,515
## Non-trainable params: 642
## ________________________________________________________________
```

5.5.3.2 训练模型

至此我们就得到了一个可以正常进行训练的模型了，后面你可以像之前一样完成接下来的步骤。训练过程为图 5-4。

```
> model_lstm%>%compile(loss='binary_crossentropy',optimizer=optimizer_rmsprop(0.0001),metrics='acc')
> history_lstmmodel=model_lstm%>%fit(list(API_rnn_input=array_reshape(as.matrix(mix_train[,1:32]),dim = c(70000,32,1))),y=as.numeric(mix_train[,33]),validation_data=list(list(API_rnn_input=array_reshape(as.matrix(mix_valid[,1:32]),dim = c(20000,32,1))),mix_valid[,33]),epochs=50,batch_size=512,callbacks=list(callback_early_stopping('val_acc',patience = 20,restore_best_weights = T)))
> plot(history_lstmmodel)
```

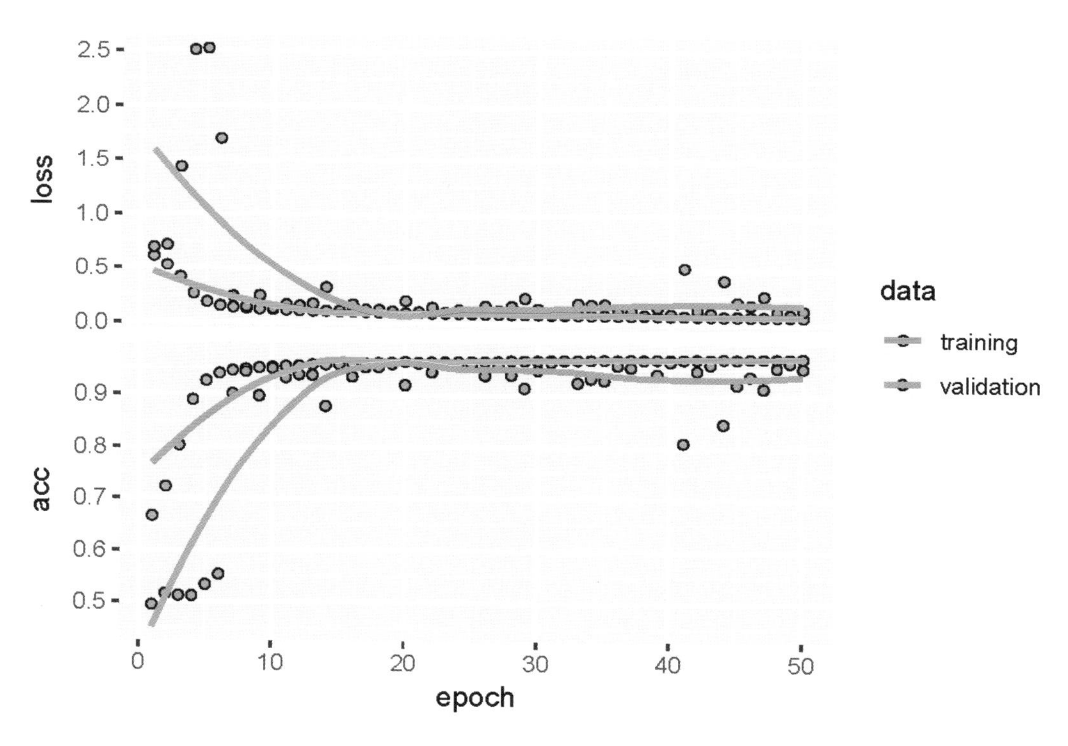

图 5-4　LSTM 模型的训练过程

```
> predict_4_1=model_lstm %>%predict(list(API_rnn_input=array_reshape(as.matrix(ra_rpkm_2[,1:32]),c(10000,32,1))))
> predict_4_1[which(predict_4_1>0.5)]=1
> predict_4_1[which(predict_4_1<=0.5)]=0
```

```
> table(predict_4_1,ra_rpkm_2[,33])
##
## predict_4_1     0    1
##           0  2948   44
##           1  2045 4963
> predict_4_2=model_lstm %>%predict(list(API_rnn_input=array_reshape(as.matrix(none_omit_rl_sample_valid[,1:32]),c(20000,32,1))))
> predict_4_2[which(predict_4_2>0.5)]=1
> predict_4_2[which(predict_4_2<=0.5)]=0
> table(predict_4_2,none_omit_rl_sample_valid[,33])
##
## predict_4_2     0    1
##           0  9704   74
##           1   374 9848
```

不出所料，LSTM 层的效果并不好，尤其是在尖唇散白蚁数据上的表现十分不佳，但它在圆唇散白蚁上的表现却不错，不过很明显 LSTM 不是我们所要的模型。

现在笔者觉得你可以自己使用 GRU 层来构建自己的模型了，操作方法和 LSTM 完全一样。如果你还是觉得无从下手，那你可以看看下面的过程。训练过程为图 5-5。

```
> model_gru=API_rnn_input%>%layer_batch_normalization()%>%layer_gru(32,recurrent_dropout = 0.2,dropout = 0.2,activation = 'relu',return_sequences = T)%>%layer_batch_normalization()%>%layer_gru(32,activation = 'relu',dropout = 0.2,recurrent_dropout = 0.2)%>%layer_batch_normalization()%>%layer_dense(128,'relu')%>%layer_batch_normalization()%>%layer_dense(64,'relu')%>%layer_batch_normalization()%>%layer_dense(32,'relu')%>%layer_batch_normalization()%>%layer_dense(1,activation = 'sigmoid')
> model_gru=keras_model(API_rnn_input,model_gru)
> model_gru%>%compile(loss='binary_crossentropy',optimizer=optimizer_
```

```
rmsprop(0.0001),metrics='acc')
> history_grumodel=model_gru%>%fit(list(API_rnn_input=array_reshape(as.matrix(mix_train[,1:32]),dim = c(70000,32,1))),y=as.numeric(mix_train[,33]),validation_data=list(list(API_rnn_input=array_reshape(as.matrix(mix_valid[,1:32]),dim = c(20000,32,1))),mix_valid[,33]),epochs=100,batch_size=512,callbacks=callback_early_stopping('val_acc',patience = 20,restore_best_weights = T))
> plot(history_grumodel)
```

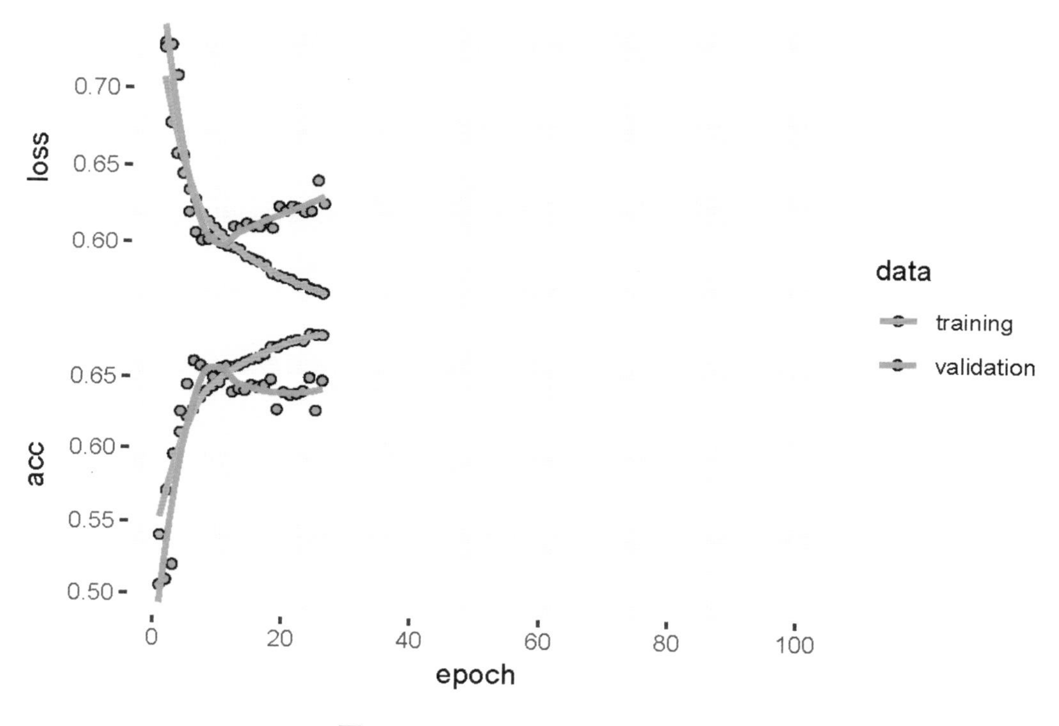

图 5-5　GRU 模型的训练过程

```
> predict_5_1=model_gru%>%predict(list(API_rnn_input=array_reshape(as.matrix(ra_rpkm_2[,1:32]),c(10000,32,1))))
> predict_5_1[which(predict_5_1>0.5)]=1
> predict_5_1[which(predict_5_1<=0.5)]=0
> table(predict_5_1,ra_rpkm_2[,33])
```

```
##
## predict_5_1    0    1
##             0  3912  1538
##             1  1081  3469
> predict_5_2=model_gru%>%predict(list(API_rnn_input=array_reshape(as.matrix(none_omit_rl_sample_valid[,1:32]),c(20000,32,1))))
> predict_5_2[which(predict_5_2>0.5)]=1
> predict_5_2[which(predict_5_2<=0.5)]=0
> table(predict_5_2,none_omit_rl_sample_valid[,33])
##
## predict_5_2    0    1
##             0  5620  2456
##             1  4458  7466
```

训练在 30 轮之前就由于 auc 不再增长而被叫停了。虽然我们知道 RNN 层不适合我们要处理的数据，但笔者还是希望不要在这一步上得过且过，所以笔者打算微调一下模型的参数。这次我们从学习率上着手，笔者想将学习率提高一些，并且在模型的表现在训练一段时间后无法提升的情况下降低学习率。这时候我们需要用到回调中的 callback_reduce_lr_on_plateau() 函数，它可以帮你在训练过程中自动完成学习率的调整（只能下调）。笔者将它设置为 callback_reduce_lr_on_plateau(monitor = 'val_loss',patience = 15,factor = 0.2,mode='auto')，这意味着如果模型的 val_loss 在 15 轮内没有下降的话，学习率就会自动乘以 0.2。训练过程为图 5-6。

```
> model_gru2=API_rnn_input%>%layer_batch_normalization()%>%layer_gru(32,recurrent_dropout = 0.2,dropout = 0.2,activation = 'relu',return_sequences = T)%>%layer_batch_normalization()%>%layer_gru(32,activation = 'relu',dropout = 0.2,recurrent_dropout = 0.2)%>%layer_batch_normalization()%>%layer_dense(128,'relu')%>%layer_batch_normalization()%>%layer_dense(64,'relu')%>%layer_batch_normalization()%>%layer_dense(32,'relu')%>%layer_
```

batch_normalization()%>%layer_dense(1,activation = 'sigmoid')

> model_gru2=keras_model(API_rnn_input,model_gru2)

> model_gru2%>%compile(loss='binary_crossentropy',optimizer=optimizer_rmsprop(0.005),metrics='acc')

> history_grumodel2=model_gru2%>%fit(list(API_rnn_input=array_reshape(as.matrix(mix_train[,1:32]),dim = c(70000,32,1))),y=as.numeric(mix_train[,33]),validation_data=list(list(API_rnn_input=array_reshape(as.matrix(mix_valid[,1:32]),dim = c(20000,32,1))),mix_valid[,33]),epochs=100,batch_size=512,callbacks=list(callback_early_stopping('val_acc',patience = 30,restore_best_weights = T),callback_reduce_lr_on_plateau(monitor = 'val_loss',patience = 15,factor = 0.2,mode='auto')))

这个稠密连接要多些，最好是两三层，本实验中如果只有一层 32 个单元的 layer_dense，在验证集的表现就不好。

> plot(history_grumodel2)

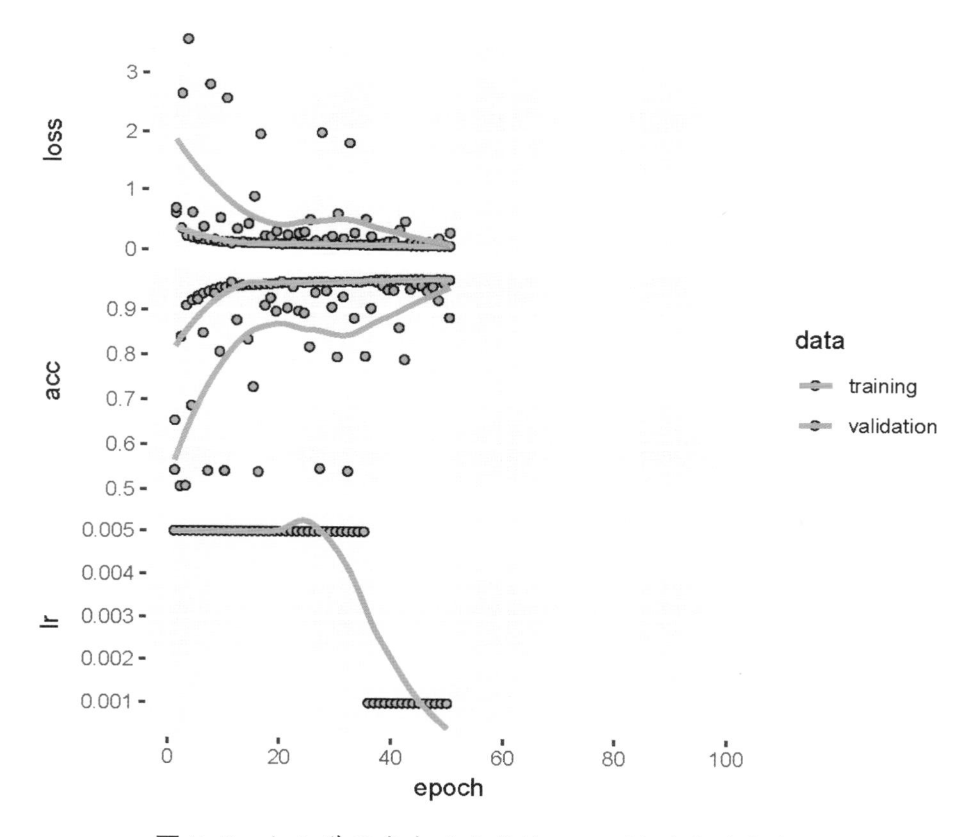

图 5-6　加入学习率自动衰减的 GRU 模型的训练过程

```
> predict_6_1=model_gru2%>%predict(list(API_rnn_input=array_reshape(as.matrix(ra_rpkm_2[,1:32]),c(10000,32,1))))
> predict_6_1[which(predict_6_1>0.5)]=1
> predict_6_1[which(predict_6_1<=0.5)]=0
> table(predict_6_1,ra_rpkm_2[,33])
##
## predict_6_1     0    1
##           0  3668   46
##           1  1325 4961
> predict_6_2=model_gru2%>%predict(list(API_rnn_input=array_reshape(as.matrix(none_omit_rl_sample_valid[,1:32]),c(20000,32,1))))
> predict_6_2[which(predict_6_2>0.5)]=1
> predict_6_2[which(predict_6_2<=0.5)]=0
> table(predict_6_2,none_omit_rl_sample_valid[,33])
##
## predict_6_2     0    1
##           0  9888  185
##           1   190 9737
```

调整了学习率之后模型有了明显的改善，无论是训练集还是验证集的 auc 都达到了 90% 以上。但是它依旧不稳定，验证集的 auc 在 80% 到 90% 之间来回摇摆。模型在测试集的表现比前面的 RNN 模型略好，尤其是其在 rl 测试集的准确率达到了 98% 以上，可是模型在尖唇散白蚁测试集上的表现平平。至此我们对于 RNN 层的使用告一段落，毕竟它不适合我们现在的数据。

5.6 一维卷积

现在让我们来了解一种特殊的卷积神经网络：一维卷积。之所以没有在先前介绍卷积神经网络的时候介绍它而是放在 RNN 之后，是因为它在某些序列处理的问题上不输于 RNN 并且成本极低、训练速度更快，小型的一维卷积网络有时可以代替 RNN 来处理序列。

我们之前使用的是二维卷积，核心操作是用卷积核来提取二维小块并对每个小块进行相同的变换。那么我们在面对一个序列时，可以把它当成一张高度为 1 的图像。同样，这时我们会将卷积核也用一个高度为 1 的窗口来代替，它会在要处理的序列上滑动并对每个块上执行相同的变换。和二维卷积一样，一维卷积也可以使用池化操作，只不过是一维池化。

在 Keras 中，二维卷积层和池化操作需要用到 layer_conv_2d() 函数和 layer_max_pooling_2d() 函数。与之相对应，一维卷积层和池化操作则用 layer_conv_1d() 函数和 layer_max_pooling_1d() 函数。接下来还是用 layer_flatten() 将其展平然后送到稠密层中。训练过程为图 5-7。

```
> model_cnn_singledim=API_rnn_input%>%layer_batch_normalization()%>%layer_conv_1d(32,7,activation = 'relu')%>%layer_batch_normalization()%>%layer_max_pooling_1d(5)%>%layer_batch_normalization()%>%layer_flatten()%>%layer_dense(128,'relu')%>%layer_batch_normalization()%>%layer_dense(64,'relu')%>%layer_batch_normalization()%>%layer_dense(32,'relu')%>%layer_batch_normalization()%>%layer_dense(1,activation = 'sigmoid')
> model_cnn_singledim=keras_model(API_rnn_input,model_cnn_singledim)
> model_cnn_singledim%>%compile(loss='binary_crossentropy',optimizer=optimiz
```

```
er_rmsprop(0.02),metrics='acc')
    > history_cnn_singledim=model_cnn_singledim%>%fit(list(API_rnn_input=array_reshape(as.matrix(mix_train[,1:32]),dim = c(70000,32,1))),y=as.numeric(mix_train[,33]),validation_data=list(list(API_rnn_input=array_reshape(as.matrix(mix_valid[,1:32]),dim = c(20000,32,1))),mix_valid[,33]),epochs=100,batch_size=512,callbacks=list(callback_early_stopping('val_acc',patience = 30,restore_best_weights = T),callback_reduce_lr_on_plateau(monitor = 'val_loss',patience = 10,factor = 0.2,mode='auto')))
    > plot(history_cnn_singledim)
```

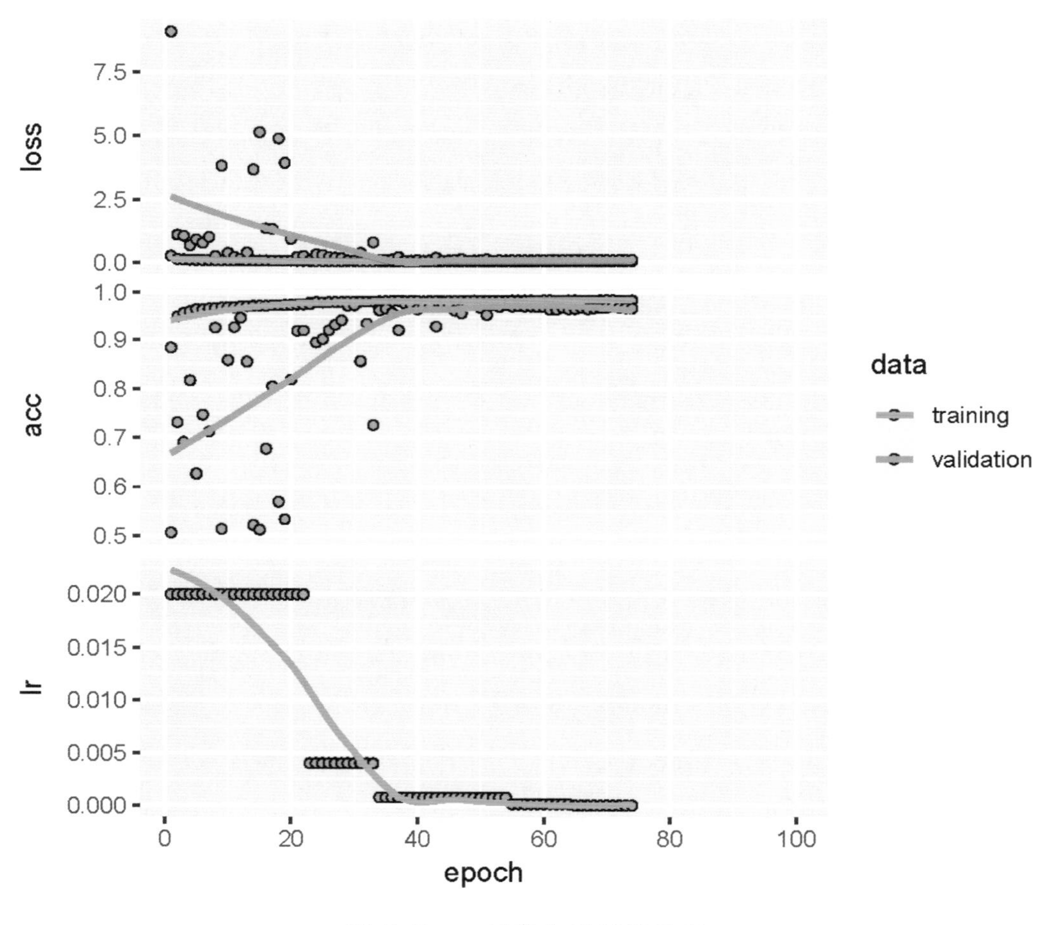

图 5-7　一维卷积的训练过程

```
> predict_7_1=model_cnn_singledim%>%predict(list(API_rnn_input=array_reshape(as.matrix(ra_rpkm_2[,1:32]),c(10000,32,1))))
> predict_7_1[which(predict_7_1>0.5)]=1
> predict_7_1[which(predict_7_1<=0.5)]=0
> table(predict_7_1,ra_rpkm_2[,33])
##
## predict_7_1    0    1
##           0 4562  118
##           1  431 4889
> predict_7_2=model_cnn_singledim%>%predict(list(API_rnn_input=array_reshape(as.matrix(none_omit_rl_sample_valid[,1:32]),c(20000,32,1))))
> predict_7_2[which(predict_7_2>0.5)]=1
> predict_7_2[which(predict_7_2<=0.5)]=0
> table(predict_7_2,none_omit_rl_sample_valid[,33])
##
## predict_7_2    0    1
##           0 9883  144
##           1  195 9778
```

看看我们得到了什么，这是目前为止最好的结果了，模型对两个测试集的预测准确率分别达到了 94.51% 和 98.31%，这又增强了我们对于深度学习在该问题上应用的信心。

5.7 深度可分离卷积

这次我们依然要接触一个与卷积有关的模型：深度可分离卷积。它可以使你的模型更加轻盈、运算速度更快。深度可分离卷积层将输入通道分离，在每个输入通道上执行空间卷积操作，然后将结果会和起来进行逐点卷积（1*1 卷积）再输出。如果你输入中的空间位置高度相关，但不同的通道是相互独立的，那么深度可分离卷积就会很有意义。

在 Keras 中使用深度可分离卷积层需要使用 layer_seperable_conv_2d() 函数，你可以像使用普通的卷积层一样来用它构建模型。训练过程为图 5-8。

```
> model_sepcnn=API_cnn_input%>%layer_batch_normalization()%>%layer_separable_conv_2d(16,c(2,2),activation = 'relu',padding = 'same')%>%layer_batch_normalization()%>%layer_separable_conv_2d(32,c(2,2),activation = 'relu',padding = 'same')%>%layer_batch_normalization()%>%layer_flatten()%>%layer_dropout(0.2)%>%layer_dense(128,'relu')%>%layer_batch_normalization()%>%layer_dense(64,'relu')%>%layer_batch_normalization()%>%layer_dense(32,activation = 'relu')%>%layer_batch_normalization()%>%layer_dense(1,'sigmoid')
> model_sepcnn=keras_model(API_cnn_input,model_sepcnn)
> model_sepcnn%>%compile(loss='binary_crossentropy',optimizer=optimizer_rmsprop(0.01),metrics='acc')
> history_sepcnn=model_sepcnn%>%fit(x=list(API_cnn_input=array_reshape(as.matrix(mix_train[,1:32]),c(70000,4,4,2))),y=mix_train[,33],validation_data=list(list(API_cnn_input=array_reshape(as.matrix(mix_valid[,1:32]),c(20000,4,4,2))),mix_valid[,33]),epochs=100,batch_size=512,callbacks=list(callback_early_stopping('val_acc',patience = 30,restore_best_weights = T),callback_reduce_lr_on_plateau(monitor =
```

```
'val_loss',patience = 10,factor = 0.2,mode='auto')))
> plot(history_sepcnn)
```

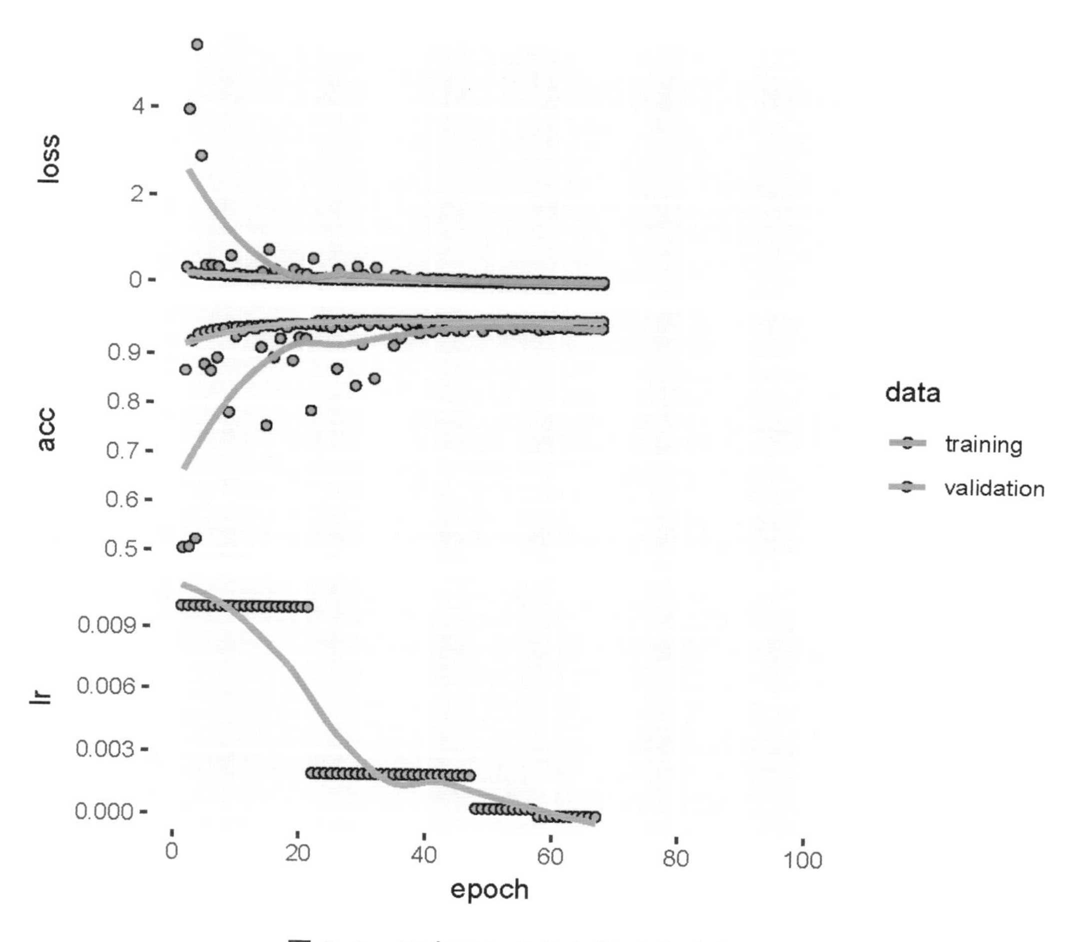

图 5–8　深度可分离卷积模型的训练过程

```
> predict_8_1=model_sepcnn%>%predict(list(API_cnn_input=array_reshape(as.
matrix(ra_rpkm_2[,1:32]),c(10000,4,4,2))))
> predict_8_1[which(predict_8_1>0.5)]=1
> predict_8_1[which(predict_8_1<=0.5)]=0
> table(predict_8_1,ra_rpkm_2[,33])
##
```

```
## predict_8_1      0     1
##            0  4533   131
##            1   460  4876
> predict_8_2=model_sepcnn%>%predict(list(API_cnn_input=array_reshape(as.
matrix(none_omit_rl_sample_valid[,1:32]),c(20000,4,4,2))))
> predict_8_2[which(predict_8_2>0.5)]=1
> predict_8_2[which(predict_8_2<=0.5)]=0
> table(predict_8_2,none_omit_rl_sample_valid[,33])
##
## predict_8_2      0     1
##            0  9763   258
##            1   315  9664
```

结果并没有让我们失望，使用深度可分离卷积层构建的模型同样取得了不错的结果，虽然仍稍逊色于一维卷积模型，但是也许改一改参数可以得到更好的效果，这就交给读者们去尝试了。

5.8 双向循环神经网络

我们知道循环神经网络在处理序列数据时的优势在于它能够像人类一样在记忆中保留前文的信息。此前我们使用的循环层一直是按照顺序来学习而忽略了逆序的重要性，那么按照逆序学习是否可以得到一些不同但有用的信息呢？这完全是有可能的，因为逆序也许能够提供一个新的角度来解读数据。越多的观察角度往往能够使得神经网络学习得更为全面，所以考虑逆序是值得尝试的。

Keras 中提供了 bidirectional() 函数来让你使用双向 RNN，它将循环层实例作为参数，创建该循环层的第二个实例，一个实例按顺序处理输入序列，另一个实例按逆序处理输入序列。在 birectional() 中可以使用 LSTM 和 GRU 来实现双向 RNN，这次我们使用的是 GRU，当然双向 RNN 不适合处理我们的数据，在此只是熟悉其用法。训练过程为图 5-9。

```
> model_bidirection=API_rnn_input%>%layer_batch_normalization()%>%bidirectional(layer_gru(units =32,recurrent_dropout = 0.2,dropout = 0.2,activation = 'relu'))%>%layer_batch_normalization()%>%layer_dense(128,'relu')%>%layer_batch_normalization()%>%layer_dense(64,'relu')%>%layer_batch_normalization()%>%layer_dense(32,'relu')%>%layer_batch_normalization()%>%layer_dense(1,'sigmoid')
> model_bidirection=keras_model(API_rnn_input,model_bidirection)
> model_bidirection%>%compile(loss='binary_crossentropy',optimizer=optimizer_rmsprop(0.02),metrics='acc')
> history_bidirection=model_bidirection%>%fit(list(API_rnn_input=array_reshape(as.matrix(mix_train[,1:32]),dim = c(70000,32,1))),y=as.numeric(mix_train[,33]),validation_data=list(list(API_rnn_input=array_reshape(as.matrix(mix_valid[,1:32]),dim = c(20000,32,1))),mix_valid[,33]),epochs=100,batch_size=512,callbacks=list(callback_early_stopping('val_acc',patience =20,restore_best_weights = T),callback_reduce_lr_on_plateau(monitor = 'val_loss',patience = 10,factor = 0.2,mode='auto')))
> plot(history_bidirection)
```

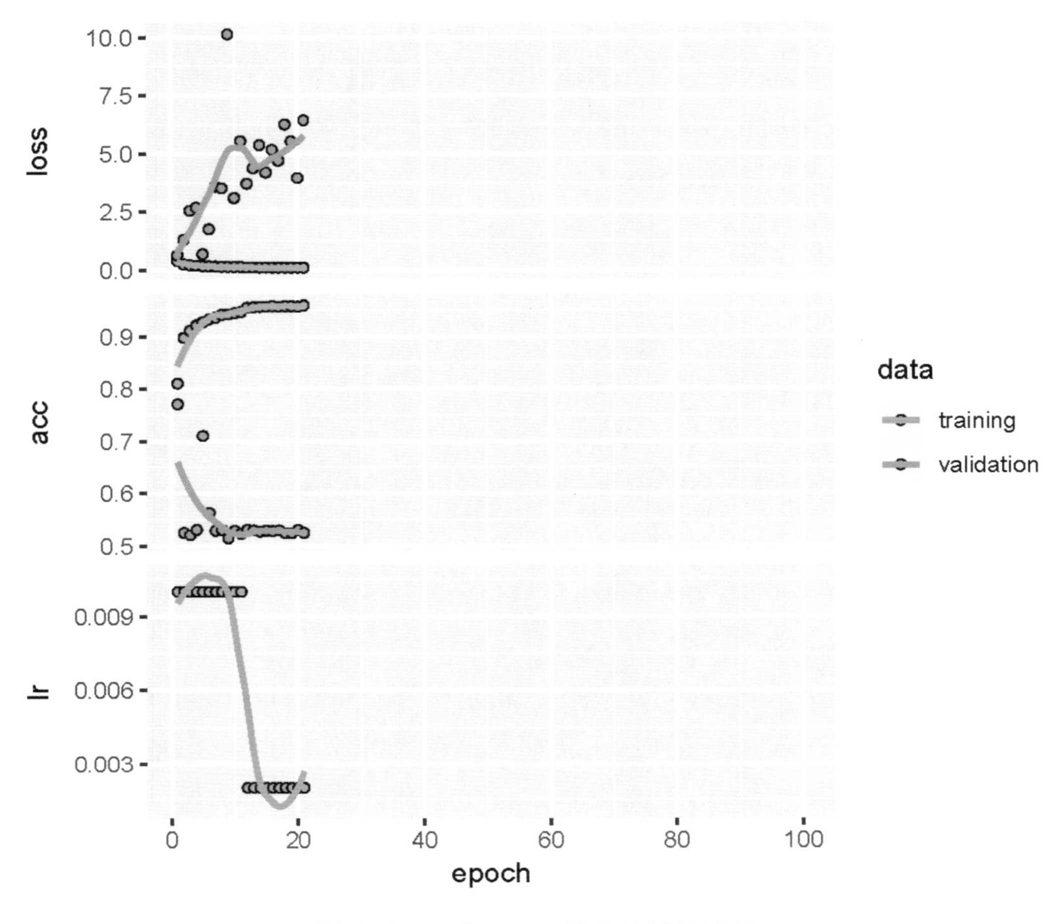

图 5-9 双向 GRU 模型的训练过程

结果可以用惨不忍睹来形容，双向 RNN 训练花费时间很长，但很明显在我们的数据上使用双向 RNN 是走了弯路的。如果你感兴趣，也可以用 LSTM 来构建双向 RNN。下面附上模型在测试集的表现，它创造了准确率新低。

```
> predict_9_1=model_bidirection%>%predict(list(API_rnn_input=array_reshape(as.matrix(ra_rpkm_2[,1:32]),c(10000,32,1))))
> predict_9_1[which(predict_9_1>0.5)]=1
> predict_9_1[which(predict_9_1<=0.5)]=0
> table(predict_9_1,ra_rpkm_2[,33])
##
## predict_9_1      0      1
```

```
##              0   4368   2299
##              1    625   2708
> predict_9_2=model_bidirection%>%predict(list(API_rnn_input=array_reshape(as.matrix(none_omit_rl_sample_valid[,1:32]),c(20000,32,1))))
> predict_9_2[which(predict_9_2>0.5)]=1
> predict_9_2[which(predict_9_2<=0.5)]=0
> table(predict_9_2,none_omit_rl_sample_valid[,33])
##
## predict_9_2      0      1
##              0   9565   3875
##              1    513   6047
```

经过了前面的铺垫与酝酿，我们可以大展身手一番了。之前我们讲过了数种神经网络层以及如何搭建神经网络模型，在下一节中，你将会复习到前面的知识并且将它们融会贯通来构建一个称心如意的神经网络模型。前面我们学习了函数 API 的使用方法，但是目前来看它似乎与 keras_model_sequential() 函数比起来除了更麻烦之外没有什么优点，那么接下来让我们体验一下函数 API 的强大与魅力。

5.9 函数 API

5.9.1 函数 API 简介

使用函数 API 需要给它输入层和输出层，而这两者可以是多个且不同格式的，也就是说我们可以通过多个输入来得到多个输出，这就是函数 API 与 keras_ model_sequential() 函数最大的不同。打个比方，我们可以将图片和介绍文字分别作为不同格式的输入，他们首先会经过一系列适用于各自的网络层，然后将结果汇总，最后分成两路输出得到图片的类型以及评分。这种多输入、多输出的网络可以汇总各类信息，从而能考虑到各方面因素训练出面面俱到模型。

我们之前将自己的数据用 array_reshape() 转换成各种各样的格式使得它们能够适用于全连接层、卷积层、循环层然后分别得出结果，那么现在我们来使用函数 API 将几种格式的数据作为输入，让它们经过各自合适的网络层之后再将结果汇总得到一个输出，这样将各种层的结果连接起来得到最终输出的方法可以让各种网络层的优势发挥出来。

基本的函数 API 使用方法我们前面已经讲过，而将各种不同层的输出结果汇集需要用到 layer_concatenate(list(layer_1,layer_2,layer_3,...,layer_n))，前提是被汇集的层的输出结果要具有同样的格式。如果 layer_1 作为稠密层的输出结果格式为（None,32），layer_2 作为卷积层的输出结果格式为 (None,3,3,32)，那么他们是不可以被连接起来的。但是格式为 (None,32) 的输出结果是可以和（None,64）的输出结果连接的。

5.9.2 利用函数 API 构建多输入模型

接下来我们就来构建一个模型，数据被处理后分别送进稠密网络、卷积网络、深度可分离卷积网络中，然后将三者的输出汇总起来输出预测结果。

```
## 生成输入层
> API_normal_input=layer_input(32,name='API_normal_input')
> API_cnn_input=layer_input(c(4,4,2),name="API_cnn_input")
## 第一部分，全连接层网络
> API_normal=API_normal_input%>%layer_batch_normalization()%>%layer_dense(units = 32,activation = 'relu',kernel_regularizer = regularizer_l2(0.0001))%>%layer_batch_normalization() %>%layer_dropout(0.2)%>%layer_dense(32,'relu')%>%layer_batch_normalization()%>%
```

```
+  layer_dense(units = 32,activation = 'relu')%>%layer_batch_normalization()
```

首先我们使用函数 API 构建了全连接层网络，为了防止由于格式不和而在后面无法使用 layer_concatenate() 连接，我们可以查看该部分的输出格式，从下面可以看出格式为 (None,32)。

```
> API_normal
## KerasTensor(type_spec=TensorSpec(shape=(None, 32), dtype=tf.float32, name=None), name='batch_normalization_14/batchnorm/add_1:0', description="created by layer 'batch_normalization_14'")
## 第二部分，卷积网络
> API_cnn=API_cnn_input%>%layer_batch_normalization()%>%layer_conv_2d(16,c(2,2),activation = 'relu')%>%layer_batch_normalization()%>%
+  layer_conv_2d(32,c(2,2),padding = 'same',activation = 'relu') %>%layer_batch_normalization()%>%
+  layer_flatten()%>%
+  layer_dense(64,'relu')%>%layer_batch_normalization()%>%layer_dense(32,'relu')%>%layer_batch_normalization()
## 查看卷积网络的输出格式
> API_cnn
## KerasTensor(type_spec=TensorSpec(shape=(None, 32), dtype=tf.float32, name=None), name='batch_normalization_18/batchnorm/add_1:0', description="created by layer 'batch_normalization_18'")
## 第三部分，我又构建了 4 个不同的卷积网络，然后将结果连接起来
> API_cnnbranch_1=API_cnn_input%>%layer_batch_normalization()%>%layer_conv_2d(16,c(1,1),strides = 2,activation = 'relu',padding = 'same')%>%layer_batch_normalization()%>%layer_conv_2d(32,c(2,2),activation = 'relu',padding = 'same')%>%layer_batch_normalization()
> API_cnnbranch_2=API_cnn_input%>%layer_batch_normalization()%>%layer_conv_2d(16,c(1,1),activation = 'relu',padding = 'same')%>%layer_batch_
```

```
normalization()%>%layer_conv_2d(32,c(2,2),strides = 2,activation = 'relu',padding = 'same')%>%layer_batch_normalization()%>%layer_conv_2d(32,c(2,2),activation = 'relu',padding = 'same')%>%layer_batch_normalization()
> API_cnnbranch_3=API_cnn_input%>%layer_batch_normalization()%>%layer_average_pooling_2d(pool_size = c(2,2),strides = 2)%>%layer_batch_normalization()%>%layer_conv_2d(32,c(2,2),activation = 'relu',padding = 'same')%>%layer_batch_normalization()
> API_cnnbranch_4=API_cnn_input%>%layer_batch_normalization()%>%layer_conv_2d(16,c(1,1),activation = 'relu',padding = 'same')%>%layer_batch_normalization()%>%layer_conv_2d(32,c(2,2),activation = 'relu',padding = 'same')%>%layer_batch_normalization()%>%layer_conv_2d(32,c(2,2),activation = 'relu',strides = 2)%>%layer_batch_normalization()
## 将四个卷积网络的结果连接
> API_cnn_aggregate=layer_concatenate(list(API_cnnbranch_1,API_cnnbranch_2,API_cnnbranch_3,API_cnnbranch_4))%>%layer_batch_normalization()%>%layer_flatten()%>%layer_dense(64,'relu')%>%layer_batch_normalization()%>%layer_dense(32,'relu')%>%layer_batch_normalization()
## 这是连接之后的输出格式
> API_cnn_aggregate
## KerasTensor(type_spec=TensorSpec(shape=(None, 32), dtype=tf.float32, name=None), name='batch_normalization_37/batchnorm/add_1:0', description="created by layer 'batch_normalization_37'")
## 第四部分，深度可分离卷积网络
> API_sepcnn=API_cnn_input%>%layer_batch_normalization()%>%layer_separable_conv_2d(16,c(2,2),activation = 'relu',padding = 'same')%>%layer_batch_normalization()%>%layer_separable_conv_2d(32,c(2,2),activation = 'relu',padding = 'same')%>%layer_batch_normalization()%>%layer_flatten()%>%layer_dropout(0.2)%>%layer_dense(64,'relu')%>%layer_batch_normalization()%>%layer_dense(32,'relu')%>%layer_batch_normalization()%>%layer_dense(32,activation = 'relu')%>%layer_batch_normalization()
```

```
## 查看深度可分离卷积网络的输出格式
> API_sepcnn
## KerasTensor(type_spec=TensorSpec(shape=(None, 32), dtype=tf.float32, name=None), name='batch_normalization_40/batchnorm/add_1:0', description="created by layer 'batch_normalization_40'")
```

到此为止我们已经将四个部分单独构建完毕，而且他们的输出格式都为 (None,32)。现在我们将四个部分的输出连接起来。

```
> API_aggregate_output=layer_concatenate(list(API_normal,API_cnn,API_cnn_aggregate,API_sepcnn))%>%layer_batch_normalization()%>%layer_dense(32,'relu')%>%layer_batch_normalization()%>%layer_dense(1,'sigmoid')
> API_aggregate_output
## KerasTensor(type_spec=TensorSpec(shape=(None, 1), dtype=tf.float32, name=None), name='dense_22/Sigmoid:0', description="created by layer 'dense_22'")
```

输入的数据有两种不同格式，但都是来自同一数据；输出为连接起来的结果。我们用 keras_model 来构建模型并查看它。

```
> API_aggregate_model=keras_model(list(API_normal_input,API_cnn_input),API_aggregate_output)
```

这是一个较为庞大的神经网络模型，用之前的方法查看的话并不直观明了，所以你可以用 Tensorboard 来查看模型的有向无环图（见图 5-10），这样看起来就一目了然了。Tensorboard 的使用方法在后面训练模型时会进行讲解。

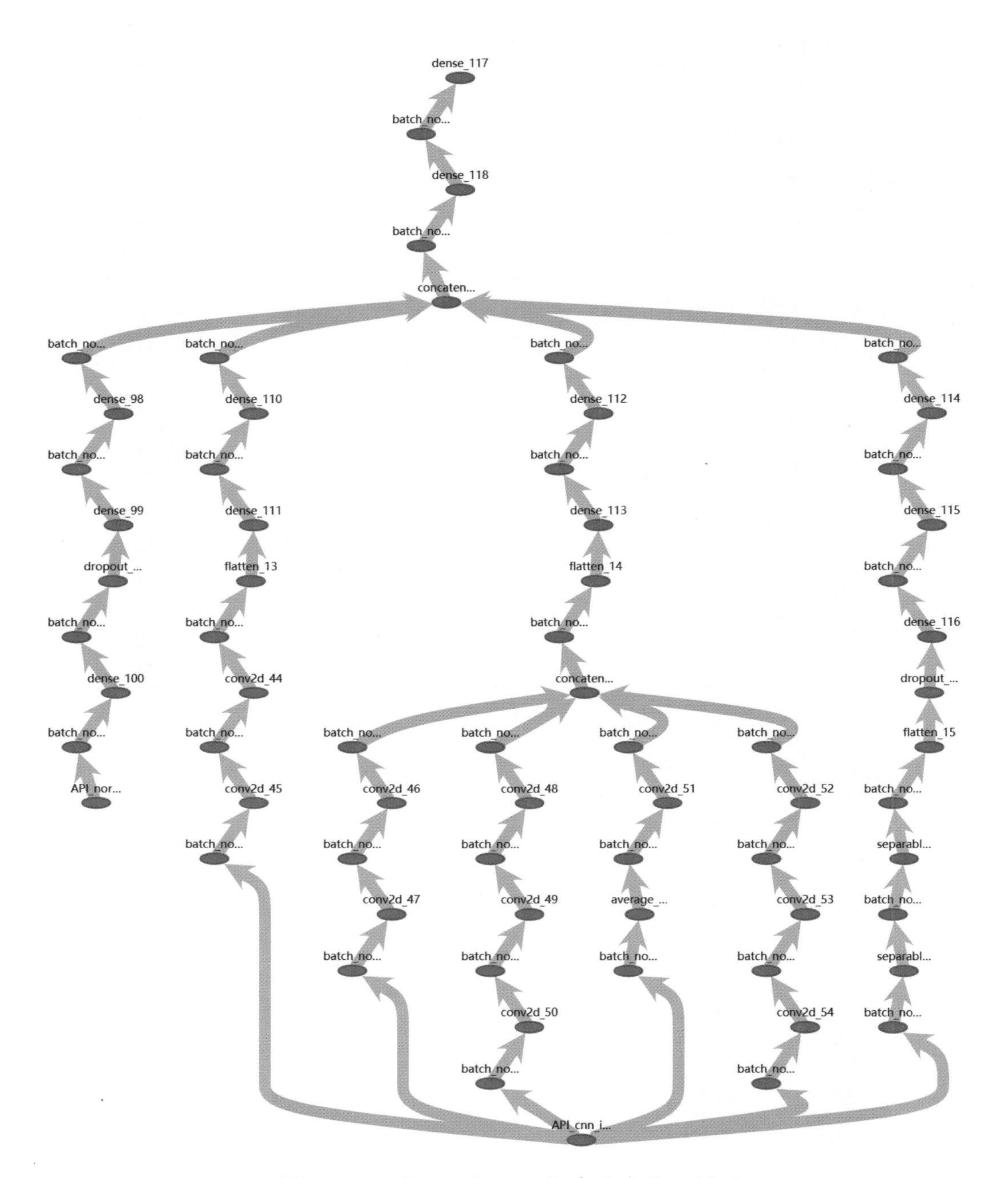

图 5-10 使用函数 API 构建的多输入模型

```
## 编译模型
> API_aggregate_model%>%compile(optimizer=optimizer_rmsprop(0.01),loss='binary_crossentropy',metrics=c('acc'))
```

5.9.3 在训练中加入 Tensorboard

Tensorboard 是一个基于浏览器的可视化工具，可以让你监控实验过程中发生的各种情况以及模型的信息。想要使用 Tensorboard，你需要先新建一个文件夹，然后用 tensorboard() 启动 Tensorboard，最后在训练的回调中加入 callback_tensorboard(log_dir = 新建的文件夹) 并开始训练。一个浏览器将会被打开，你可以在其中查看模型训练过程中的各种数据。你也可以查看自己模型的构成情况并下载原理图。

由于我们有多个输入，所以你在输入 validation_data() 参数时要格外注意，否则这些小括号就足以让人眼花缭乱了。它的格式应该是 validation_data=list(list(输入一，输入二)，输出)，理清楚脉络之后用起来就很得心应手了。训练过程为图 5-11。

```
> dir.create('my_logdir')
> tensorboard('my_logdir',action = 'start')
> history_API_aggregate_model=API_aggregate_model%>%fit(list(API_normal_input=as.matrix(mix_train[,1:32]),API_cnn_input=array_reshape(as.matrix(mix_train[,1:32]),dim = c(70000,4,4,2))),y=as.numeric(mix_train$caste),validation_data=list(list(API_normal_input=as.matrix(mix_valid[,1:32]),API_cnn_input=array_reshape(as.matrix(mix_valid[,1:32]),dim = c(20000,4,4,2))),as.numeric(mix_valid[,33])),epochs=100,batch_size=2048,callbacks=list(callback_early_stopping('val_acc',patience =20,restore_best_weights = T),callback_reduce_lr_on_plateau(monitor = 'val_acc',patience = 10,factor = 0.5,mode='auto'),callback_tensorboard(log_dir = 'my_logdir')))
> plot(history_API_aggregate_model)
```

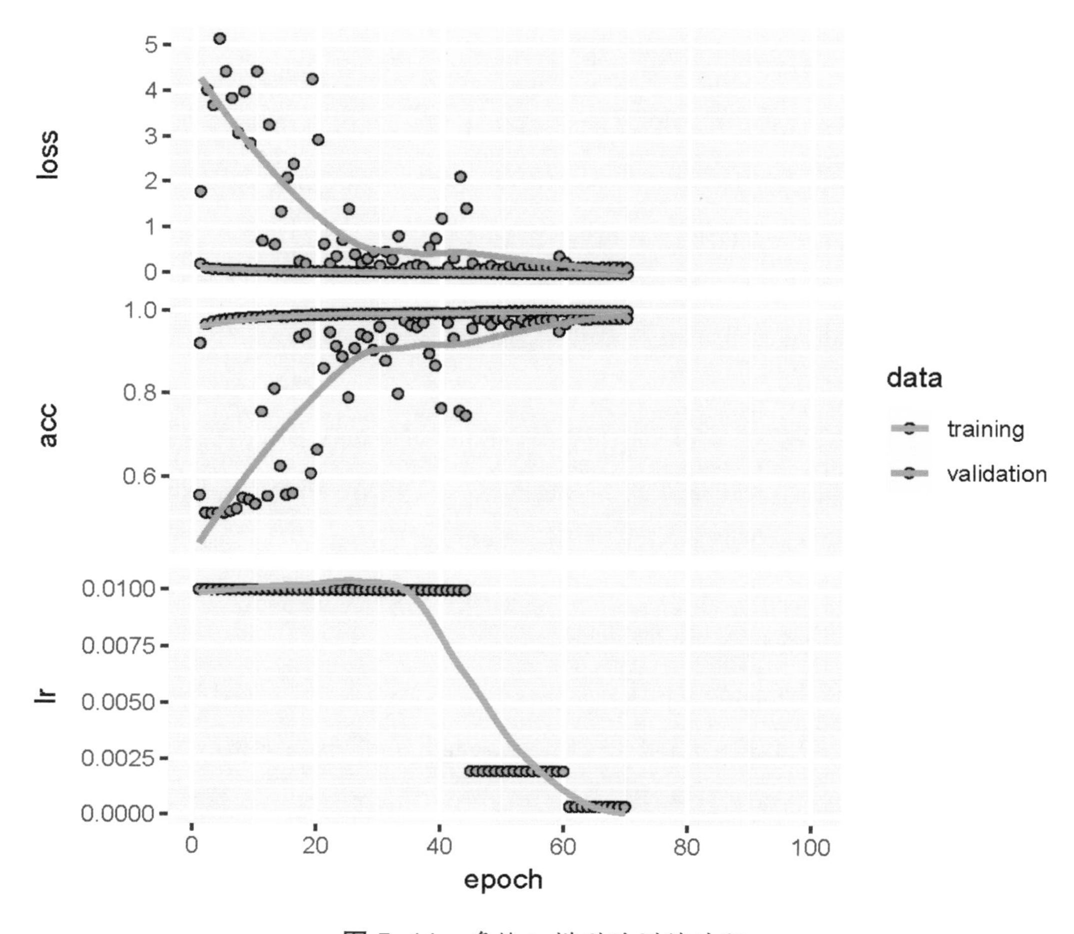

图 5-11　多输入模型的训练过程

```
> predict_10_1=API_aggregate_model%>%predict(list(API_normal_input=as.
matrix(ra_rpkm_2[,1:32]),API_cnn_input=array_reshape(as.matrix(ra_rpkm_2[,1:32])
,c(10000,4,4,2))))
> predict_10_1[predict_10_1>0.5]=1
> predict_10_1[predict_10_1<=0.5]=0
> table(predict_10_1,ra_rpkm_2[,33])
##
## predict_10_1      0      1
##            0   4755     53
##            1    238   4954
```

```
> predict_10_2=API_aggregate_model%>%predict(list(API_normal_input=as.matrix(none_omit_rl_sample_valid[,1:32]),API_cnn_input=array_reshape(as.matrix(none_omit_rl_sample_valid[,1:32]),c(20000,4,4,2))))
> predict_10_2[predict_10_2>0.5]=1
> predict_10_2[predict_10_2<=0.5]=0
> table(predict_10_2,none_omit_rl_sample_valid[,33])
##
## predict_10_2    0    1
##            0 9921  158
##            1  157 9764
```

很明显我们的方法效果极好，在尖唇散白蚁上的预测准确率为97.09%，在圆唇散白蚁上则为98.43%。有时候我们使用数种方法也不能达到满意的结果时，我们可以将这些方法集合起来从而扬长避短，发挥每种方法的优势，互相弥补劣势，这不失为一种解决问题的好方法。没有哪一种模型一定是最好的，它们都只是候补者，面对不同的问题时我们要有灵活的应对策略，才能在众多候补中尝试出满意的结果。

5.10 将新数据用于qda和GBM模型

我们用混合后的数据以及Keras取得了不错的结果，但是这里就产生了一个疑问：到底是混合数据的功劳还是深度学习模型的功劳呢？为了了解这个问题，我们将混合后的数据用在之前表现较好的qda和GBM中，看看能够有多大的改善。

5.10.1 qda

先来尝试 qda 模型，方法与之前一样，现在看来它和 Kreas 比起来确实很容易使用。

```
> library(MASS)
> fit_qda_2=qda(caste~.,mix_train)
> table(ra_rpkm_2$caste,predict(fit_qda_2,ra_rpkm_2)$class)
##
##          0      1
##  0   3860   1133
##  1    402   4605
> table(none_omit_rl_sample_valid$caste,predict(fit_qda_2,none_omit_rl_sample_valid)$class)
##
##          0      1
##  0   8864   1214
##  1    961   8961
```

你还记得之前的结果吗？用混合后的数据之后模型的表现确实有所提升，但是和 Keras 的深度学习模型比起来还是相形见绌。

5.10.2 GBM 模型

接下来使用 GBM 模型，开始之前要将最后一列改成 factor 格式，否则会变成回归而非分类。基于 GBM 的分类原理，该实验中笔者对 GBM 充满信心，笔者觉得它会取得更好的成绩。

```
> library(h2o)
> h2o.init(nthreads = -1,min_mem_size = '40G')
> h2o_mix_train=as.h2o(mix_train)
> h2o_mix_train$caste=h2o.asfactor(h2o_mix_train$caste)
> h2o_mix_valid=as.h2o(mix_valid)
> h2o_mix_valid$caste=h2o.asfactor(h2o_mix_valid$caste)
> h2o_ra_rpkm_2=as.h2o(ra_rpkm_2)
> h2o_ra_rpkm_2$caste=h2o.asfactor(h2o_ra_rpkm_2$caste)
> h2o_none_omit_rl_sample_valid=as.h2o(none_omit_rl_sample_valid)
> h2o_none_omit_rl_sample_valid$caste=h2o.asfactor(h2o_none_omit_rl_sample_
valid$caste)
> fit_mix_gbm=h2o.gbm(x=1:32,y=33,training_frame =h2o_mix_train,validation_
frame =h2o_mix_valid)
> predict_mix_gbm_1=h2o.performance(fit_mix_gbm,h2o_ra_rpkm_2)
> predict_mix_gbm_1
## H2OBinomialMetrics: gbm
##
## MSE:  0.03936381
## RMSE:  0.1984032
## LogLoss:  0.1535695
## Mean Per-Class Error:  0.02331951
## AUC:  0.9943213
## AUCPR:  0.9924662
## Gini:  0.9886427
## R^2:  0.8425445
##
## Confusion Matrix (vertical: actual; across: predicted) for F1-optimal threshold:
##              0      1       Error          Rate
## 0         4807    186    0.037252    =186/4993
## 1           47   4960    0.009387     =47/5007
```

```
## Totals          4854  5146  0.023300   =233/10000
##
## Maximum Metrics: Maximum metrics at their respective thresholds
##                           metric  threshold        value  idx
## 1                         max f1   0.841418     0.977051  132
## 2                         max f2   0.755503     0.989009  152
## 3                   max f0point5   0.878445     0.971839  117
## 4                   max accuracy   0.841418     0.976700  132
## 5                  max precision   0.981567     1.000000    0
## 6                     max recall   0.712299     1.000000  160
## 7                max specificity   0.981567     1.000000    0
## 8               max absolute_mcc   0.841418     0.953767  132
## 9     max min_per_class_accuracy   0.878445     0.971760  117
## 10   max mean_per_class_accuracy   0.841418     0.976680  132
## 11                       max tns   0.981567  4993.000000    0
## 12                       max fns   0.981567  4991.000000    0
## 13                       max fps   0.005388  4993.000000  399
## 14                       max tps   0.712299  5007.000000  160
## 15                       max tnr   0.981567     1.000000    0
## 16                       max fnr   0.981567     0.996804    0
## 17                       max fpr   0.005388     1.000000  399
## 18                       max tpr   0.712299     1.000000  160
##
## Gains/Lift Table: Extract with `h2o.gainsLift(<model>, <data>)` or `h2o.gainsLift(<model>, valid=<T/F>, xval=<T/F>)`
> predict_mix_gbm_2=h2o.performance(fit_mix_gbm,h2o_none_omit_rl_sample_valid)
> predict_mix_gbm_2
## H2OBinomialMetrics: gbm
##
```

```
## MSE:  0.01315349
## RMSE:  0.1146887
## LogLoss:  0.07181591
## Mean Per-Class Error:  0.01142925
## AUC:  0.9991924
## AUCPR:  0.9991258
## Gini:  0.9983848
## R^2:  0.9473828
##
## Confusion Matrix (vertical: actual; across: predicted) for F1-optimal threshold:
##              0      1    Error           Rate
## 0         9936    142 0.014090   =142/10078
## 1           87   9835 0.008768      =87/9922
## Totals   10023   9977 0.011450   =229/20000
##
## Maximum Metrics: Maximum metrics at their respective thresholds
##                         metric  threshold        value  idx
## 1                       max f1   0.483012     0.988492  206
## 2                       max f2   0.367665     0.991751  231
## 3                 max f0point5   0.670743     0.989099  167
## 4                 max accuracy   0.483012     0.988550  206
## 5                max precision   0.986460     1.000000    0
## 6                   max recall   0.109655     1.000000  309
## 7              max specificity   0.986460     1.000000    0
## 8             max absolute_mcc   0.483012     0.977114  206
## 9   max min_per_class_accuracy   0.537116     0.987795  196
## 10 max mean_per_class_accuracy   0.483012     0.988571  206
## 11                     max tns   0.986460 10078.000000    0
## 12                     max fns   0.986460  9882.000000    0
## 13                     max fps   0.006993 10078.000000  399
```

```
## 14                 max tps  0.109655  9922.000000  309
## 15                 max tnr  0.986460     1.000000    0
## 16                 max fnr  0.986460     0.995969    0
## 17                 max fpr  0.006993     1.000000  399
## 18                 max tpr  0.109655     1.000000  309
##
## Gains/Lift Table: Extract with `h2o.gainsLift(<model>, <data>)` or `h2o.gainsLift(<model>, valid=<T/F>, xval=<T/F>)`
```

果然如此，GBM 模型的表现甚至还要比深度学习模型强一点。这是可以理解的，因为 H2O 包 GBM 模型的分类结果依赖于大量决策树的集合，并且每一棵树是在前一棵树的基础上建立的，这比随机森林简单的由大量决策树多数表决的方法更为准确，在我看来它算是加强版的随机森林，如果混合后的训练集包含了一部分来自 ra 转录组数据库的数据，那么模型在对于新的来自该库的数据进行预测时，生成的决策树中每一个节点处的判断条件更容易是“恰到好处”的。但是如果我们用该模型再去预测一个新的转录组数据、新的物种或是 qPCR 结果时，GBM 想必又会被“打回原形”。一个模型的优秀与否在于面对一组新数据时的表现，也就是我们一直强调的泛化性，所以笔者对深度学习模型仍是充满信心。

你可以继续探究下去，比如在我们之前介绍过的其他模型上使用新数据，或是再使用一个新的转录组数据来验证当前的模型，看看最终是哪个模型会胜出。机器学习似乎有一种魔力让人一直试验下去，在写这本书的时候，笔者在自己的数据上花了 500 小时以上来尝试各种模型以及调整自己的数据，不同的数据形式也许会有着不同的最适模型，如果你感兴趣的话可以进行各种各样的尝试，总会有新的发现。

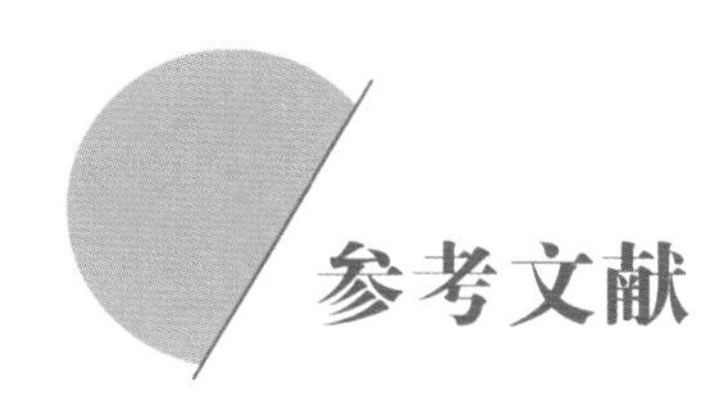

参考文献

程冬保，杨兆芬．白蚁学 [M]. 北京：科学出版社，2014.

高山，欧剑虹，肖凯．R 语言与 Bioconductor 生物信息学应用 [M]. 天津：天津科技翻译出版公司，2014.

弗朗索瓦·肖莱，J.J. 阿莱尔，黄倩，等．R 语言深度学习 [M]. 北京：机械工业出版社，2021.

黄复生．中国动物志，昆虫纲，第十七卷，等翅目 [M]. 北京：科学出版社，2000.

尼格尔·刘易斯，沙瀛．深度学习实践指南：基于 R 语言 [M]. 北京：人民邮电出版社，2018.

薛震，孙玉林．R 语言统计分析与机器学习（微课视频版）[M]. 北京：中国水利水电出版社，2020.

Cory Leismester, 陈光欣．精通机器学习：基于 R（第 2 版）[M]. 人民邮电出版社，2018.

Robert I. Kabacoff, 王小宁，刘撷芯，等．R 语言实战（第 2 版）[M]. 北京：人民邮电出版社，2016.

董丹，苏晓红，邢连喜．类雄激素受体在尖唇散白蚁繁殖蚁和工蚁卵子发生中的免疫细胞化学表达 [J]. 昆虫学报，2008, 51（7）：769-773.

刘明花，张小晶，薛薇，等．圆唇散白蚁补充生殖蚁的类型与建群能力［J］. 昆虫学报，2014, 57（11）：1328-1334.

苏晓红，刘晓，吴佳，等．Bcl-2-like 和 Bax-like 蛋白在白蚁生殖蚁和工蚁精子发生过程中的表达比较分析 [J]. 昆虫学报，2011, 54（10）：1104-1110.

苏晓红，王云霞，魏艳红，等．类雄激素受体在尖唇散白蚁繁殖蚁和工蚁精子发生中的免疫细胞化学定位 [J]. 昆虫学报，2010, 53（2）：221-225.

苏晓红，邢连喜，阴灵芳．雌激素受体在白蚁精子发生过程中的表达［J］.

分子细胞生物学报，2007, 40（2）：230–235.

叶晨旭，宋转转，张文秀，等. 圆唇散白蚁工蚁生殖可塑性相关的性腺发育和基因表达 [J]. 昆虫学报，2022, 65（6）：657–667.

Ashton LA, Griffiths HM, Parr CL, et al. Termites mitigate the effects of drought in tropical rainforest[J]. Science, 2019, 363:174–177.

Bonachela JA, Pringle RM, Sheffer E. Coverdale TC, Guyton JA, Caylor KK. Termite mounds can increase the robustness of dryland ecosystems to climatic change[J]. Science, 2015, 347：651–655.

Caldwell PE, Walkiewicz M, Stern M. Ras activity in the *Drosophila* prothoracic gland regulates body size and developmental rate via ecdysone release[J]. Curr Biol. 2005, 15:1785 – 95.

Cha DS, Datla US, Hollis SE, et al. The Ras–ERK MAPK regulatory network controls dedifferentiation in *Caenorhabditis elegans* germline[J]. Biochim Biophys Acta, 2012, 1823:1847–55.

Elliott KL, Stay B. Changes in juvenile hormone synthesis in the termite *Reticulitermes flavipes* during development of soldiers and neotenic reproductives from groups of isolated workers[J]. Journal of Insect Physiology, 2008, 54: 492–500.

Fujita A, Watanabe H. Inconspicuous matured males of worker form are produced in orphaned colonies of *Reticulitermes speratus* (Isoptera: Rhinotermitidae) and participate in reproduction[J]. Journal of Insect Physiology, 2010, 56(11)：1510–1515.

Garrido D, Bourouh M, Bonneil E, et al. Cyclin B3 activates the Anaphase–Promoting Complex/Cyclosome in meiosis and mitosis[J]. Plos Genetics, 2020, 16(11): e1009184.

Guan WZ, Qiu LJ, Zhang B, et al. Characterization and localization of cyclin B3 transcript in both oocyte and spermatocyte of the rainbow trout (*Oncorhynchus mykiss*)[J]. PEERJ, 2019, 7: e7396.

Isasti–Sanchez J, Munz–Zeise F, Lancino M, et al. Transient opening of tricellular vertices controls paracellular transport through the follicle epithelium during *Drosophila* oogenesis[J]. Developmental Cell, 2021, 56: 1083–1099.

Jin F, Hamada M, Malureanu L, et al. Cdc20 is critical for meiosis I and fertility of female mice[J]. Plos Genetics, 2010, 6(9): e1001147.

Karasu ME, Bouftas N, Keeney S, et al. Cyclin B3 promotes anaphase I onset in oocyte meiosis[J]. Journal of Cell Biology, 2019, 218 (4) : 1265–1281.

Korb J. A central regulator of termite caste polyphenism[J]. Advances in Insect Physiology, 2015, 83, 295–313.

Lara-Gonzalez P, Moyle MW, Budrewicz J, et al. The G2-to-M transition is ensured by a dual mechanism that protects Cyclin B from Degradation by Cdc20-activated APC/C[J]. Development Cell, 2019, 51(3): 313–325.

Li J, Qian WP, Sun QY. Cyclins regulating oocyte meiotic cell cycle progression[J]. Biology of Reproduction, 2019, 101(5) : 878–881.

Little TM and Jordan PW. PLK1 is required for chromosome compaction and microtubule organization in mouse oocytes[J]. Moleular Biology of the Cell, 2020, 31(12):1206–1217.

Liu T, Wang Q, Li W et al. Gcn5 determines the fate of *Drosophila* germline stem cells through degradation of Cyclin A[J]. FASEB Journal, 2017, 31(5): 2185–2194.

Nguyen AL, Schindler K. Specialize and divide (twice): Functions of three aurora kinase homologs in mammalian oocyte meiotic maturation[J]. Trends in Genetics, 2017, 33(5) : 349–363.

Oguchi K, Sugime Y, Shimoji H, et al. Male neotenic reproductives accelerate additional differentiation of female reproductives by lowering JH titer in termites[J]. Scientific Reports, 2020, 10(1): 9435.

Servili E, Trus M, Maayan D, et al. beta-Subunit of the voltage-gated Ca2+ channel Cav1.2 drives signaling to the nucleus via H-Ras[J]. Proc Natl Acad Sci USA, 2018, 115:8624–33.

Shi F, Feng X. Decabromodiphenyl ethane exposure damaged the asymmetric division of mouse oocytes by inhibiting the inactivation of *cyclin-dependent kinase* 1[J]. The FASEB Journal, 2021, 35(4): e21449.

Shimada K, Maekawa K. Changes in endogenous cellulase gene expression levels and reproductive characteristics of primary and secondary reproductives with colony development of the termite *Reticulitermes speratus* (Isoptera: Rhinotermitidae)[J]. Journal of Insect Physiology, 2010, 56:1118-1124.

Su X, Liu H, Yang X, et al. Characterization of the transcriptomes and cuticular protein gene expression of alate adult, brachypterous neotenic and adultoid reproductives of *Reticulitermes labralis*[J]. Scientific Reports, 2016, 6:34183, 1-9.

Su X, Yang X, Li J, et al. The transition path from female workers to neotenic reproductives in the termite *Reticulitermes labralis*[J]. Evolution & Development, 2017, 19: 218-226.

Su XH, Chen JL, Zhang XJ, et al. Testicular development and modes of apoptosis during spermatogenesis in various castes of the termite *Reticulitermes labralis* (Isoptera:Rhinotermitidae)[J]. Arthropod Structure & Development, 2015, 44: 630-638.

Su XH, Xue W, Liu H, et al. The development of adultoid reproductives and brachypterous neotenic reproductives from the last instar nymphs in *Reticulitermes labralis* (Isoptera: Rhinotermitidae): a comparative study[J]. Journal of Insect Science, 2015, (1): 1.

Su XH, Wei YH, Liu MH. Ovarian development and modes of apoptosis during oogenesis in various castes of the termite *Reticulitermes aculabialis*[J]. Physiological Entomology, 2014, 39:44-52.

Wu C, Ulyshen MD, Shu C, et al. Stronger effects of termites than microbes on wood decomposition in a subtropical forest[J]. Forest Ecology and Mangagement, 2021, 493:1-10.

Ye C, Rasheed H, Ran Y, et al. Transcriptome changes reveal the genetic mechanisms of the reproductive plasticity of workers in lower termites[J]. BMC Genomics, 2019, 20:702, 1-13.

Zhou ZY, Fu HT, Jin SB, et al. Function analysis and molecular characterization of cyclin A in-ovary development of oriental river prawn, *Macrobrachium nipponense*[J]. Gene, 2021, 788: 145583.